1章 ベクトル

1 平面上のベクトル

練習 1 右の図のベクトル $\vec{a}$ と次の関係にあるベクトル[illegible]て求めよ。

(1) 同じ向きのベクトル
(2) 大きさの等しいベクトル
(3) 等しいベクトル
(4) 逆ベクトル

(1) 大きさは考えずに，$\vec{a}$ と平行で矢印の向きが同じベクトルであるから

　$\vec{e}$，$\vec{f}$

◀向きは，各ベクトルを対角線とする四角形をもとに考える。

(2) 向きは考えずに，$\vec{a}$ と大きさが等しいベクトルであるから

　$\vec{c}$，$\vec{e}$，$\vec{g}$，$\vec{h}$

(3) $\vec{a}$ と平行，矢印の向きが同じで，大きさも等しいベクトルであるから

　$\vec{e}$

◀(1)と(2)のどちらにも入っているベクトルを求めればよい。

(4) $\vec{a}$ と平行，矢印の向きが反対で，大きさが等しいベクトルであるから

　$\vec{h}$

練習 2 右の図の 3 つのベクトル $\vec{a}$，$\vec{b}$，$\vec{c}$ について，次のベクトルを図示せよ。ただし，始点は O とせよ。

(1) $\vec{a}+\dfrac{1}{2}\vec{b}$　　(2) $\vec{a}+\dfrac{1}{2}\vec{b}-\vec{c}$

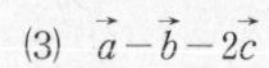

(3) $\vec{a}-\vec{b}-2\vec{c}$

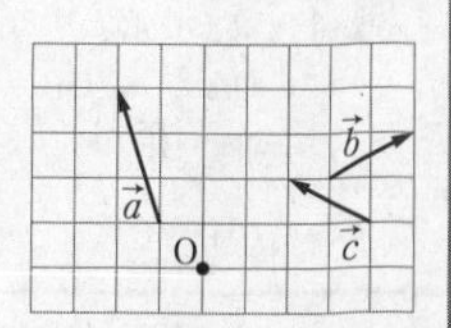

(1)

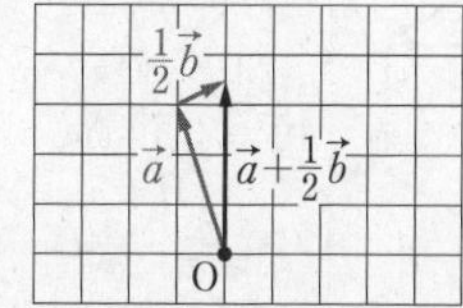

◀(1)において，$\dfrac{1}{2}\vec{b}$ は $\vec{b}$ と同じ向きで大きさが $\dfrac{1}{2}$ 倍のベクトルである。求めるベクトルは，$\vec{a}$ の終点に $\dfrac{1}{2}\vec{b}$ の始点を重ねると，$\vec{a}$ の始点から $\dfrac{1}{2}\vec{b}$ の終点へ向かうベクトルである。

(2) $\vec{a}+\dfrac{1}{2}\vec{b}-\vec{c}$

$=\left(\vec{a}+\dfrac{1}{2}\vec{b}\right)+(-\vec{c})$

と考えて，(1)の結果を利用すると，**右の図** のようになる。

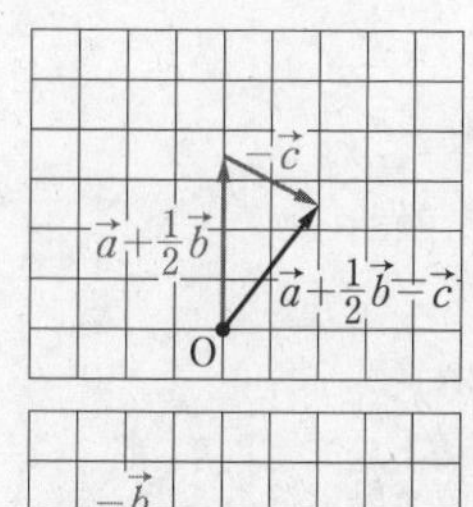

(3) $\vec{a}-\vec{b}-2\vec{c}$

$=\vec{a}+(-\vec{b})+(-2\vec{c})$

と考えると，**右の図** のようになる。

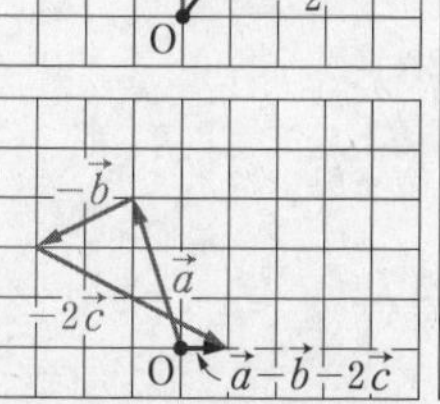

〔1〕 等式 $\overrightarrow{AC}-\overrightarrow{DC}=\overrightarrow{BD}-\overrightarrow{BA}$ が成り立つことを証明せよ。

〔2〕 平面上に2つのベクトル $\vec{a}$, $\vec{b}$ がある。

(1) $\vec{p}=\vec{a}+\vec{b}$, $\vec{q}=\vec{a}-\vec{b}$ のとき，$2(\vec{p}-3\vec{q})+3(\vec{p}+4\vec{q})$ を $\vec{a}$, $\vec{b}$ で表せ。

(2) $\vec{b}-3\vec{x}+5\vec{a}=2(\vec{a}+5\vec{b}-\vec{x})$ を満たす $\vec{x}$ を $\vec{a}$, $\vec{b}$ で表せ。

(3) $3\vec{x}+\vec{y}=9\vec{a}-7\vec{b}$, $2\vec{x}-\vec{y}=\vec{a}-8\vec{b}$ を同時に満たす $\vec{x}$, $\vec{y}$ を $\vec{a}$, $\vec{b}$ で表せ。

$$\overrightarrow{AC}-\overrightarrow{DC}-(\overrightarrow{BD}-\overrightarrow{BA})=\overrightarrow{AC}-\overrightarrow{DC}-\overrightarrow{BD}+\overrightarrow{BA}$$
$$=(\overrightarrow{AC}+\overrightarrow{CD})+(\overrightarrow{DB}+\overrightarrow{BA})$$
$$=\overrightarrow{AD}+\overrightarrow{DA}=\overrightarrow{AA}=\vec{0}$$

よって，$\overrightarrow{AC}-\overrightarrow{DC}=\overrightarrow{BD}-\overrightarrow{BA}$ が成り立つ。

◀(左辺)−(右辺)$=\vec{0}$ を示す。

◀$-\overrightarrow{DC}=\overrightarrow{CD}$, $-\overrightarrow{BD}=\overrightarrow{DB}$

〔2〕 (1) $2(\vec{p}-3\vec{q})+3(\vec{p}+4\vec{q})=2\vec{p}-6\vec{q}+3\vec{p}+12\vec{q}=5\vec{p}+6\vec{q}$
$$=5(\vec{a}+\vec{b})+6(\vec{a}-\vec{b})=\boldsymbol{11\vec{a}-\vec{b}}$$

◀まず，$\vec{p}$, $\vec{q}$ について式を整理し，$\vec{p}=\vec{a}+\vec{b}$ と $\vec{q}=\vec{a}-\vec{b}$ を代入する。

(2) $\vec{b}-3\vec{x}+5\vec{a}=2(\vec{a}+5\vec{b}-\vec{x})$ より $\vec{b}-3\vec{x}+5\vec{a}=2\vec{a}+10\vec{b}-2\vec{x}$
$$-\vec{x}=-3\vec{a}+9\vec{b}$$

よって　$\boldsymbol{\vec{x}=3\vec{a}-9\vec{b}}$

◀x についての1次方程式 $b-3x+5a=2(a+5b-x)$ と同じ手順で解けばよい。

(3) $3\vec{x}+\vec{y}=9\vec{a}-7\vec{b}$ …①，$2\vec{x}-\vec{y}=\vec{a}-8\vec{b}$ …② とおく。

①＋② より　$5\vec{x}=10\vec{a}-15\vec{b}$

①×2−②×3 より　$5\vec{y}=15\vec{a}+10\vec{b}$

よって　$\boldsymbol{\vec{x}=2\vec{a}-3\vec{b}}$, $\boldsymbol{\vec{y}=3\vec{a}+2\vec{b}}$

◀x, y の連立方程式 $\begin{cases}3x+y=9a-7b\\2x-y=a-8b\end{cases}$ と同じ手順で解けばよい。

練習 4　Oを中心とする正六角形ABCDEFにおいて，辺DEの中点をMとする。
$\overrightarrow{OA}=\vec{a}$, $\overrightarrow{OB}=\vec{b}$ とするとき，次のベクトルを $\vec{a}$, $\vec{b}$ で表せ。

(1) $\overrightarrow{BF}$　(2) $\overrightarrow{FD}$　(3) $\overrightarrow{AM}$　(4) $\overrightarrow{FM}$

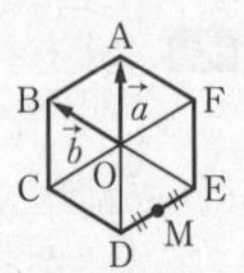

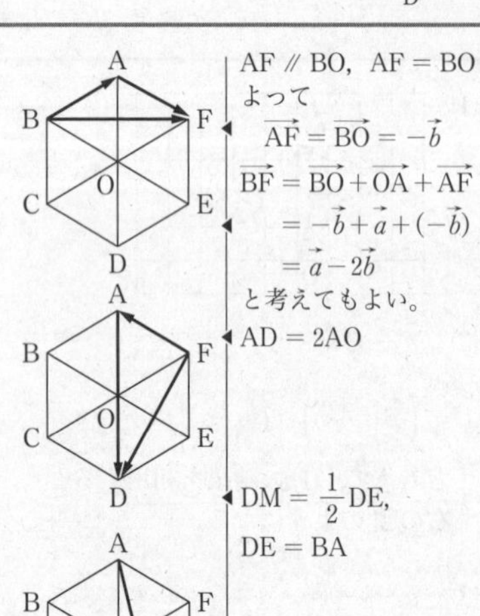

(1) $\overrightarrow{BF}=\overrightarrow{BA}+\overrightarrow{AF}$
$$=(\overrightarrow{OA}-\overrightarrow{OB})+\overrightarrow{BO}$$
$$=\vec{a}-\vec{b}-\vec{b}$$
$$=\boldsymbol{\vec{a}-2\vec{b}}$$

AF // BO, AF = BO
◀よって
$\overrightarrow{AF}=\overrightarrow{BO}=-\vec{b}$

◀$\overrightarrow{BF}=\overrightarrow{BO}+\overrightarrow{OA}+\overrightarrow{AF}$
$=-\vec{b}+\vec{a}+(-\vec{b})$
$=\vec{a}-2\vec{b}$
と考えてもよい。

(2) $\overrightarrow{FD}=\overrightarrow{FA}+\overrightarrow{AD}$
$$=\vec{b}+(-2\vec{a})$$
$$=\boldsymbol{-2\vec{a}+\vec{b}}$$

◀AD = 2AO

(3) $\overrightarrow{AM}=\overrightarrow{AD}+\overrightarrow{DM}$
$$=\overrightarrow{AD}+\frac{1}{2}\overrightarrow{BA}$$
$$=-2\vec{a}+\frac{1}{2}(\vec{a}-\vec{b})$$
$$=\boldsymbol{-\frac{3}{2}\vec{a}-\frac{1}{2}\vec{b}}$$

◀$\mathrm{DM}=\frac{1}{2}\mathrm{DE}$,
DE = BA

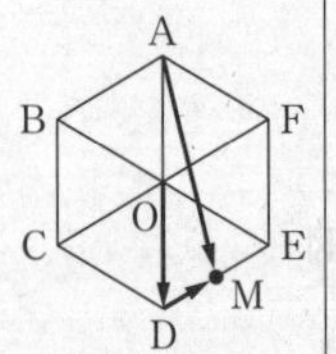

(4) $\overrightarrow{FM}=\overrightarrow{FE}+\overrightarrow{EM}$

$=\overrightarrow{AO}+\frac{1}{2}\overrightarrow{AB}$

$=-\vec{a}+\frac{1}{2}(\vec{b}-\vec{a})$

$=-\frac{3}{2}\vec{a}+\frac{1}{2}\vec{b}$

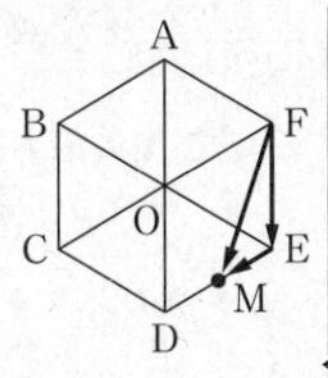

(3)を利用して

$\overrightarrow{FM}=\overrightarrow{FA}+\overrightarrow{AM}$

$=\vec{b}+\left(-\frac{3}{2}\vec{a}-\frac{1}{2}\vec{b}\right)$

$=-\frac{3}{2}\vec{a}+\frac{1}{2}\vec{b}$

としてもよい。

練習 5 正六角形ABCDEFにおいて，$\overrightarrow{AB}=\vec{a}$，$\overrightarrow{AF}=\vec{b}$ とするとき
(1) $\overrightarrow{AC}$，$\overrightarrow{AE}$ を $\vec{a}$，$\vec{b}$ で表せ。
(2) $\overrightarrow{AC}=\vec{p}$，$\overrightarrow{AE}=\vec{q}$ とするとき，$\overrightarrow{AD}$ を $\vec{p}$，$\vec{q}$ で表せ。

(1) 右の図のように，正六角形の中心をOとする。

$\overrightarrow{AC}=\overrightarrow{AB}+\overrightarrow{BO}+\overrightarrow{OC}$

$=\vec{a}+\vec{b}+\vec{a}$

$=2\vec{a}+\vec{b}$

$\overrightarrow{AE}=\overrightarrow{AF}+\overrightarrow{FO}+\overrightarrow{OE}$

$=\vec{b}+\vec{a}+\vec{b}$

$=\vec{a}+2\vec{b}$

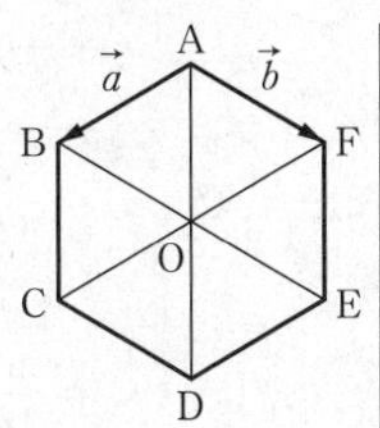

(2) (1)より $\begin{cases}\vec{p}=2\vec{a}+\vec{b} & \cdots① \\ \vec{q}=\vec{a}+2\vec{b} & \cdots②\end{cases}$

①×2−②より

$2\vec{p}-\vec{q}=3\vec{a}$ すなわち $\vec{a}=\frac{2}{3}\vec{p}-\frac{1}{3}\vec{q}$

②×2−①より

$-\vec{p}+2\vec{q}=3\vec{b}$ すなわち $\vec{b}=-\frac{1}{3}\vec{p}+\frac{2}{3}\vec{q}$

よって

$\overrightarrow{AD}=2\overrightarrow{AO}=2\vec{a}+2\vec{b}$

$=2\left(\frac{2}{3}\vec{p}-\frac{1}{3}\vec{q}\right)+2\left(-\frac{1}{3}\vec{p}+\frac{2}{3}\vec{q}\right)$

$=\frac{2}{3}\vec{p}+\frac{2}{3}\vec{q}$

2元1次連立方程式 $\begin{cases}p=2x+y \\ q=x+2y\end{cases}$ と同じ手順で解けばよい。

①+②より

$\vec{p}+\vec{q}=3(\vec{a}+\vec{b})$

よって

$\overrightarrow{AD}=2\overrightarrow{AO}=2(\vec{a}+\vec{b})$

$=\frac{2}{3}(\vec{p}+\vec{q})$

と考えてもよい。

練習 6 平行四辺形OABCの対角線OBを3等分する点をOに近い方からそれぞれP，Qとし，対角線ACを4等分する点でAに最も近い点をK，Cに最も近い点をLとする。このとき，四角形PKQLは平行四辺形であることを示せ。

$\overrightarrow{OA}=\vec{a}$，$\overrightarrow{OC}=\vec{c}$ とおく。

四角形OABCは平行四辺形であるから

$\overrightarrow{CB}=\overrightarrow{OA}=\vec{a}$，　$\overrightarrow{AB}=\overrightarrow{OC}=\vec{c}$

$\overrightarrow{OB}=\overrightarrow{OA}+\overrightarrow{AB}=\vec{a}+\vec{c}$

CB = OA かつ CB // OA
AB = OC かつ AB // OC

また，O，P，Q，Bは一直線上にあり，OP = PQ = QB であるから

$\overrightarrow{\mathrm{OP}} = \dfrac{1}{3}\overrightarrow{\mathrm{OB}} = \dfrac{1}{3}(\vec{a}+\vec{c})$, $\overrightarrow{\mathrm{OQ}} = \dfrac{2}{3}\overrightarrow{\mathrm{OB}} = \dfrac{2}{3}(\vec{a}+\vec{c})$

対角線ACを4等分する点でAに最も近い点がK，Cに最も近い点がLであるから

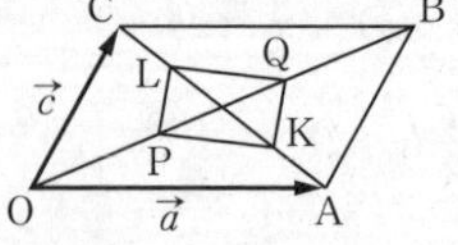

$$\overrightarrow{\mathrm{AK}} = \frac{1}{4}\overrightarrow{\mathrm{AC}} = \frac{1}{4}(\vec{c}-\vec{a})$$

$$\overrightarrow{\mathrm{AL}} = \frac{3}{4}\overrightarrow{\mathrm{AC}} = \frac{3}{4}(\vec{c}-\vec{a})$$

ゆえに

$$\overrightarrow{\mathrm{OK}} = \overrightarrow{\mathrm{OA}}+\overrightarrow{\mathrm{AK}} = \vec{a}+\frac{1}{4}(\vec{c}-\vec{a}) = \frac{1}{4}(3\vec{a}+\vec{c})$$

$$\overrightarrow{\mathrm{OL}} = \overrightarrow{\mathrm{OA}}+\overrightarrow{\mathrm{AL}} = \vec{a}+\frac{3}{4}(\vec{c}-\vec{a}) = \frac{1}{4}(\vec{a}+3\vec{c})$$

よって

$$\overrightarrow{\mathrm{PK}} = \overrightarrow{\mathrm{OK}}-\overrightarrow{\mathrm{OP}}$$

$$= \frac{1}{4}(3\vec{a}+\vec{c})-\frac{1}{3}(\vec{a}+\vec{c}) = \frac{5}{12}\vec{a}-\frac{1}{12}\vec{c}$$

◀ $\overrightarrow{\mathrm{PK}}$ と $\overrightarrow{\mathrm{LQ}}$ をそれぞれ $\vec{a}$, $\vec{c}$ を用いて表す。

$$\overrightarrow{\mathrm{LQ}} = \overrightarrow{\mathrm{OQ}}-\overrightarrow{\mathrm{OL}}$$

$$= \frac{2}{3}(\vec{a}+\vec{c})-\frac{1}{4}(\vec{a}+3\vec{c}) = \frac{5}{12}\vec{a}-\frac{1}{12}\vec{c}$$

$\overrightarrow{\mathrm{PK}} = \overrightarrow{\mathrm{LQ}}$ が成り立つから，四角形PKQLは平行四辺形である。

◀ $\overrightarrow{\mathrm{PL}}$ と $\overrightarrow{\mathrm{KQ}}$ を $\vec{a}$, $\vec{c}$ を用いて表し，$\overrightarrow{\mathrm{PL}} = \overrightarrow{\mathrm{KQ}}$ を示してもよい。

p.25 問題編 1 平面上のベクトル

問題 1 右の図において，次の条件を満たすベクトルの組をすべて求めよ。

(1) 大きさの等しいベクトル

(2) 互いに逆ベクトル

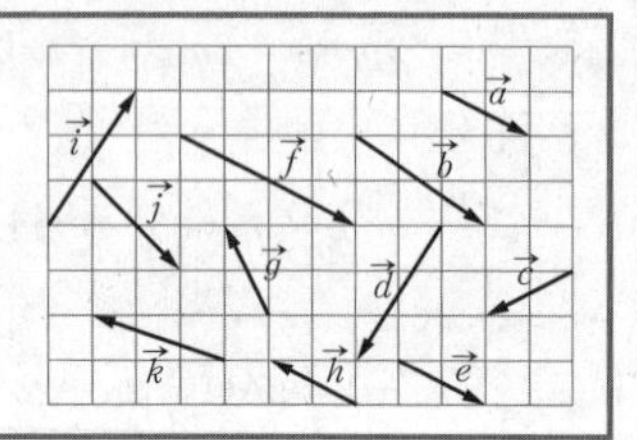

(1) 向きは考えずに，大きさが等しいベクトルであるから

$\boldsymbol{\vec{a}}$ **と** $\boldsymbol{\vec{c}}$ **と** $\boldsymbol{\vec{e}}$ **と** $\boldsymbol{\vec{g}}$ **と** $\boldsymbol{\vec{h}}$，　$\boldsymbol{\vec{b}}$ **と** $\boldsymbol{\vec{d}}$ **と** $\boldsymbol{\vec{i}}$

(2) 互いに平行，矢印の向きが反対で，大きさが等しいベクトルであるから

$\boldsymbol{\vec{a}}$ **と** $\boldsymbol{\vec{h}}$，　$\boldsymbol{\vec{e}}$ **と** $\boldsymbol{\vec{h}}$，　$\boldsymbol{\vec{d}}$ **と** $\boldsymbol{\vec{i}}$

問題 2 右の図の3つのベクトル $\vec{a}$, $\vec{b}$, $\vec{c}$ について，次のベクトルを図示せよ。ただし，始点はOとせよ。

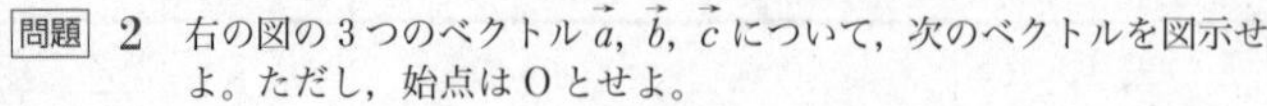

(1) $\vec{d} = \dfrac{3}{2}(\vec{b}-\vec{a})+\dfrac{1}{2}(3\vec{a}+2\vec{c})+\dfrac{1}{2}\vec{b}$

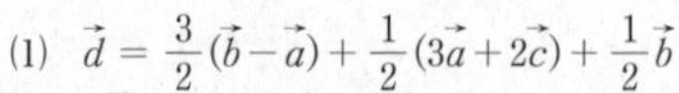

(2) $\vec{e} = (2\vec{a}-\vec{b})+(\vec{b}-\vec{c})+(\vec{c}-\vec{a})$

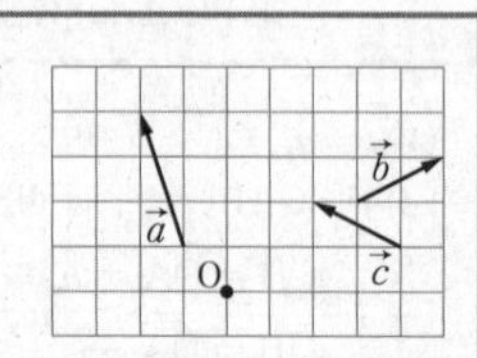

(1) $\vec{d}=\frac{3}{2}(\vec{b}-\vec{a})+\frac{1}{2}(3\vec{a}+2\vec{c})+\frac{1}{2}\vec{b}$

$=\frac{3}{2}\vec{b}-\frac{3}{2}\vec{a}+\frac{3}{2}\vec{a}+\vec{c}+\frac{1}{2}\vec{b}$

$=2\vec{b}+\vec{c}$

よって，**右の図** のようになる。

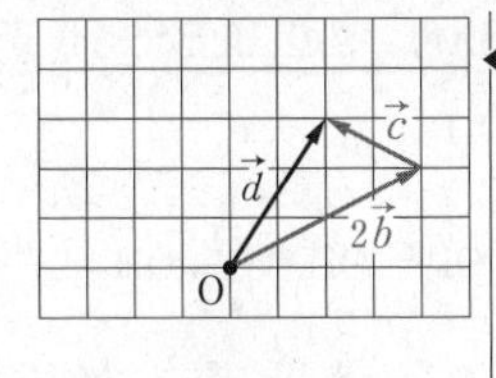

◀計算をして，式を簡単にしてから，ベクトルを考える。

(2) $\vec{e}=(2\vec{a}-\vec{b})+(\vec{b}-\vec{c})+(\vec{c}-\vec{a})$

$=2\vec{a}-\vec{b}+\vec{b}-\vec{c}+\vec{c}-\vec{a}$

$=\vec{a}$

よって，**右の図** のようになる。

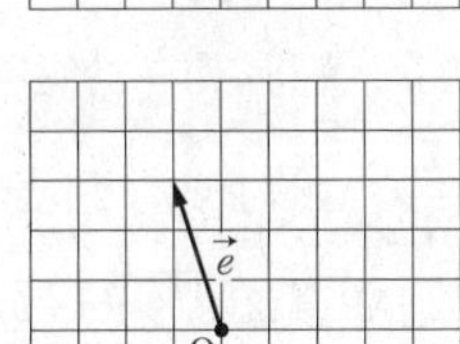

問題 **3** $\vec{x}+\vec{y}+2\vec{z}=3\vec{a}$，$2\vec{x}-3\vec{y}-2\vec{z}=8\vec{a}+4\vec{b}$，$-\vec{x}+2\vec{y}+6\vec{z}=-2\vec{a}-9\vec{b}$ を同時に満たす $\vec{x}$，$\vec{y}$，$\vec{z}$ を $\vec{a}$，$\vec{b}$ で表せ。

$\vec{x}+\vec{y}+2\vec{z}=3\vec{a}$ $\cdots$ ①

$2\vec{x}-3\vec{y}-2\vec{z}=8\vec{a}+4\vec{b}$ $\cdots$ ②

$-\vec{x}+2\vec{y}+6\vec{z}=-2\vec{a}-9\vec{b}$ $\cdots$ ③　とおく。

①＋② より　$3\vec{x}-2\vec{y}=11\vec{a}+4\vec{b}$ $\cdots$ ④

①×3－③ より　$4\vec{x}+\vec{y}=11\vec{a}+9\vec{b}$ $\cdots$ ⑤

④＋⑤×2 より　$11\vec{x}=33\vec{a}+22\vec{b}$

よって　$\vec{x}=3\vec{a}+2\vec{b}$ $\cdots$ ⑥

これを ⑤ に代入すると　$4(3\vec{a}+2\vec{b})+\vec{y}=11\vec{a}+9\vec{b}$

よって　$\vec{y}=-\vec{a}+\vec{b}$ $\cdots$ ⑦

⑥，⑦ を ① に代入すると　$(3\vec{a}+2\vec{b})+(-\vec{a}+\vec{b})+2\vec{z}=3\vec{a}$

よって　$\vec{z}=\frac{1}{2}\vec{a}-\frac{3}{2}\vec{b}$

すなわち　$\boldsymbol{\vec{x}=3\vec{a}+2\vec{b},\ \vec{y}=-\vec{a}+\vec{b},\ \vec{z}=\frac{1}{2}\vec{a}-\frac{3}{2}\vec{b}}$

◀ x，y，z についての連立3元1次方程式

$$\begin{cases}x+y+2z=3a\\2x-3y-2z=8a+4b\\-x+2y+6z=-2a-9b\end{cases}$$

と同じ手順で解けばよい。

問題 **4** 正八角形 ABCDEFGH において，$\overrightarrow{AB}=\vec{a}$，$\overrightarrow{AH}=\vec{b}$ とするとき，次のベクトルを $\vec{a}$，$\vec{b}$ で表せ。

(1) $\overrightarrow{AD}$　　(2) $\overrightarrow{AG}$

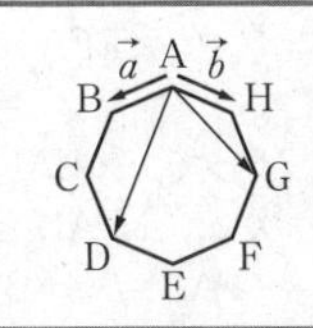

---

(1) 正八角形の外接円の中心を O，OA と BH の交点を P とする。

正八角形の 1 つの内角の大きさは

$180°\times(8-2)\div8=135°$

ゆえに

$\angle OHP=\angle OHA-\angle AHP$

$=\frac{1}{2}\times135°-\frac{1}{2}(180°-135°)$

$=45°$

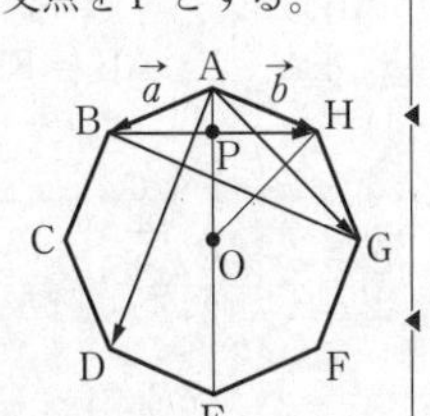

◀ n 角形の内角の和は $180°\times(n-2)$

◀ △ABH は二等辺三角形

よって，$\triangle$OHP は直角二等辺三角形であり

$$\mathrm{OP}=\frac{1}{\sqrt{2}}\mathrm{OH}$$

$$\mathrm{AP}=\mathrm{OA}-\mathrm{OP}=\mathrm{OH}-\frac{1}{\sqrt{2}}\mathrm{OH}=\frac{2-\sqrt{2}}{2}\mathrm{OH}$$

◀ OA = OH

$$\overrightarrow{\mathrm{AP}}=\overrightarrow{\mathrm{AB}}+\frac{1}{2}\overrightarrow{\mathrm{BH}}=\vec{a}+\frac{1}{2}(\vec{b}-\vec{a})=\frac{1}{2}(\vec{a}+\vec{b}),$$

◀ P は線分 BH の中点

$\mathrm{AE}=2\mathrm{OH}=2\cdot\dfrac{2}{2-\sqrt{2}}\mathrm{AP}=2(2+\sqrt{2})\mathrm{AP}$ より

$$\overrightarrow{\mathrm{AE}}=2(2+\sqrt{2})\overrightarrow{\mathrm{AP}}=(2+\sqrt{2})(\vec{a}+\vec{b})$$

よって

$$\overrightarrow{\mathrm{AD}}=\overrightarrow{\mathrm{AE}}+\overrightarrow{\mathrm{ED}}=(2+\sqrt{2})(\vec{a}+\vec{b})+(-\vec{b})$$

$$=\boldsymbol{(2+\sqrt{2})\vec{a}+(1+\sqrt{2})\vec{b}}$$

◀ $\overrightarrow{\mathrm{ED}}=-\vec{b}$

(2) $\mathrm{BH}=2\mathrm{PH}=2\mathrm{OP}=\sqrt{2}\mathrm{OH}=\sqrt{2}\mathrm{OG}$, $\overrightarrow{\mathrm{BH}}=\vec{b}-\vec{a}$ であるから

$$\overrightarrow{\mathrm{OG}}=\frac{1}{\sqrt{2}}\overrightarrow{\mathrm{BH}}=\frac{1}{\sqrt{2}}(\vec{b}-\vec{a})$$

◀ $\triangle$OHP は直角二等辺三角形

よって

$$\overrightarrow{\mathrm{AG}}=\overrightarrow{\mathrm{AO}}+\overrightarrow{\mathrm{OG}}=\frac{2+\sqrt{2}}{2}(\vec{a}+\vec{b})+\frac{1}{\sqrt{2}}(\vec{b}-\vec{a})$$

$$=\boldsymbol{\vec{a}+(1+\sqrt{2})\vec{b}}$$

◀ $\overrightarrow{\mathrm{AO}}=\frac{1}{2}\overrightarrow{\mathrm{AE}}$

問題 5 1辺の長さが1の正五角形 ABCDE において，$\overrightarrow{\mathrm{AB}}=\vec{a}$, $\overrightarrow{\mathrm{AE}}=\vec{b}$ とする。対角線 AC と BE の交点を F とおくとき，$\overrightarrow{\mathrm{AF}}$ を $\vec{a}$, $\vec{b}$ で表せ。

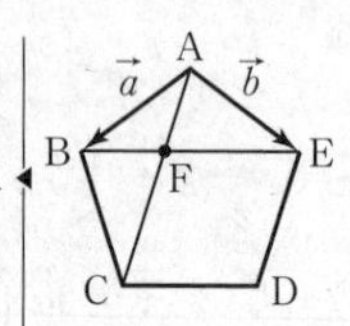

正五角形の1つの内角の大きさは

$$180°\times(5-2)\div5=108°$$

$\triangle$BCA, $\triangle$ABE は頂角が 108°，2つの底角がそれぞれ 36° の合同な二等辺三角形である。

また，$\triangle$EAF において

$$\angle\mathrm{EAF}=\angle\mathrm{EAB}-\angle\mathrm{BAC}=108°-36°=72°$$

$$\angle\mathrm{EFA}=\angle\mathrm{FAB}+\angle\mathrm{FBA}=36°+36°=72°$$

◀ $\triangle$FAB において $\angle$EFA は $\angle$AFB の外角である。

よって，$\angle\mathrm{EAF}=\angle\mathrm{EFA}$ より　　$\mathrm{AE}=\mathrm{FE}=1$

次に，$\triangle$FAB と $\triangle$ABE において

$\angle\mathrm{FAB}=\angle\mathrm{FBA}=\angle\mathrm{ABE}=\angle\mathrm{AEB}=36°$ より

$$\triangle\mathrm{FAB}\backsim\triangle\mathrm{ABE}$$

よって　　$\mathrm{FA}:\mathrm{AB}=\mathrm{AB}:\mathrm{BE}$

ここで，$\mathrm{FA}=\mathrm{FB}=x$ とおくと，$\mathrm{AB}=\mathrm{FE}=1$ より

$$x:1=1:(x+1)$$

◀ $\mathrm{BE}=\mathrm{BF}+\mathrm{FE}=x+1$

$x(x+1)=1$ より　　$x^2+x-1=0$

$x>0$ であるから　　$x=\dfrac{-1+\sqrt{5}}{2}$

◀ 2次方程式の解の公式

したがって

$$\overrightarrow{AF}=\overrightarrow{AB}+\overrightarrow{BF}$$
$$=\overrightarrow{AB}+\frac{x}{x+1}\overrightarrow{BE}$$
$$=\vec{a}+\frac{-1+\sqrt{5}}{1+\sqrt{5}}(\vec{b}-\vec{a})$$
$$=\vec{a}+\frac{3-\sqrt{5}}{2}(\vec{b}-\vec{a})$$
$$=\boldsymbol{\frac{\sqrt{5}-1}{2}\vec{a}+\frac{3-\sqrt{5}}{2}\vec{b}}$$

◀ $BF:FE=x:1$

◀ $\overrightarrow{BE}=\overrightarrow{AE}-\overrightarrow{AB}$
$=\vec{b}-\vec{a}$

問題 **6** 平行四辺形ABCDの辺AB，BC，CD，DAの中点をそれぞれK，L，M，Nとし，線分KL，LM，MN，NKの中点をそれぞれP，Q，R，Sとする。
(1) 四角形KLMN，四角形PQRSはともに平行四辺形であることを示せ。
(2) PQ // AD であることを示せ。

(1) $\overrightarrow{AB}=\vec{b}$，$\overrightarrow{AD}=\vec{d}$ とおく。
四角形ABCDは平行四辺形であるから
$\overrightarrow{DC}=\overrightarrow{AB}=\vec{b}$，$\overrightarrow{BC}=\overrightarrow{AD}=\vec{d}$
K，L，M，Nはそれぞれ辺AB，BC，CD，DAの中点であるから

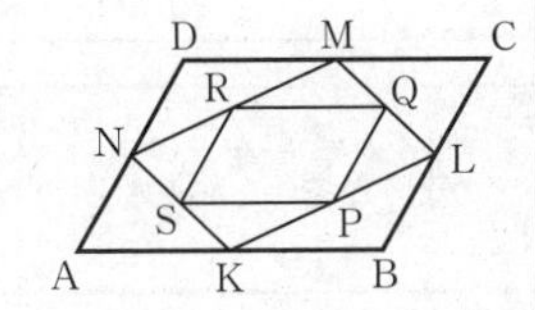

$$\overrightarrow{AK}=\frac{1}{2}\overrightarrow{AB}=\frac{1}{2}\vec{b}$$
$$\overrightarrow{AL}=\overrightarrow{AB}+\frac{1}{2}\overrightarrow{BC}=\vec{b}+\frac{1}{2}\vec{d}$$
$$\overrightarrow{AM}=\overrightarrow{AD}+\frac{1}{2}\overrightarrow{DC}=\frac{1}{2}\vec{b}+\vec{d}$$
$$\overrightarrow{AN}=\frac{1}{2}\overrightarrow{AD}=\frac{1}{2}\vec{d}$$

よって　$\overrightarrow{KL}=\overrightarrow{AL}-\overrightarrow{AK}=\vec{b}+\frac{1}{2}\vec{d}-\frac{1}{2}\vec{b}=\frac{1}{2}(\vec{b}+\vec{d})$

$$\overrightarrow{NM}=\overrightarrow{AM}-\overrightarrow{AN}=\frac{1}{2}\vec{b}+\vec{d}-\frac{1}{2}\vec{d}=\frac{1}{2}(\vec{b}+\vec{d})$$

◀ $\overrightarrow{KL}$ と $\overrightarrow{NM}$ をそれぞれ $\vec{b}$，$\vec{d}$ を用いて表す。

◀ $\overrightarrow{KN}$ と $\overrightarrow{LM}$ を $\vec{b}$，$\vec{d}$ を用いて表し，$\overrightarrow{KN}=\overrightarrow{LM}$ を示してもよい。

$\overrightarrow{KL}=\overrightarrow{NM}$ が成り立つから，四角形KLMNは平行四辺形である。
次に，P，Q，R，Sはそれぞれ辺KL，LM，MN，NKの中点であるから

$$\overrightarrow{AP}=\overrightarrow{AK}+\frac{1}{2}\overrightarrow{KL}=\overrightarrow{AK}+\frac{1}{2}(\overrightarrow{AL}-\overrightarrow{AK})$$
$$=\frac{1}{2}(\overrightarrow{AK}+\overrightarrow{AL})=\frac{1}{2}\left(\frac{1}{2}\vec{b}+\vec{b}+\frac{1}{2}\vec{d}\right)=\frac{1}{4}(3\vec{b}+\vec{d})$$

◀ 点Pは線分KLの中点であるから
$\overrightarrow{AP}=\frac{1}{2}(\overrightarrow{AK}+\overrightarrow{AL})$
としてもよい。

$$\overrightarrow{AQ}=\overrightarrow{AL}+\frac{1}{2}\overrightarrow{LM}=\overrightarrow{AL}+\frac{1}{2}(\overrightarrow{AM}-\overrightarrow{AL})$$
$$=\frac{1}{2}(\overrightarrow{AL}+\overrightarrow{AM})=\frac{1}{2}\left(\vec{b}+\frac{1}{2}\vec{d}+\frac{1}{2}\vec{b}+\vec{d}\right)=\frac{3}{4}(\vec{b}+\vec{d})$$
$$\overrightarrow{AR}=\overrightarrow{AN}+\frac{1}{2}\overrightarrow{NM}=\overrightarrow{AN}+\frac{1}{2}(\overrightarrow{AM}-\overrightarrow{AN})$$
$$=\frac{1}{2}(\overrightarrow{AN}+\overrightarrow{AM})=\frac{1}{2}\left(\frac{1}{2}\vec{d}+\frac{1}{2}\vec{b}+\vec{d}\right)=\frac{1}{4}(\vec{b}+3\vec{d})$$

$\overrightarrow{AS} = \overrightarrow{AN} + \frac{1}{2}\overrightarrow{NK} = \overrightarrow{AN} + \frac{1}{2}(\overrightarrow{AK} - \overrightarrow{AN})$

$= \frac{1}{2}(\overrightarrow{AN} + \overrightarrow{AK}) = \frac{1}{2}\left(\frac{1}{2}\vec{d} + \frac{1}{2}\vec{b}\right) = \frac{1}{4}(\vec{b} + \vec{d})$

よって

$\overrightarrow{PQ} = \overrightarrow{AQ} - \overrightarrow{AP} = \frac{3}{4}(\vec{b} + \vec{d}) - \frac{1}{4}(3\vec{b} + \vec{d}) = \frac{1}{2}\vec{d}$

$\overrightarrow{SR} = \overrightarrow{AR} - \overrightarrow{AS} = \frac{1}{4}(\vec{b} + 3\vec{d}) - \frac{1}{4}(\vec{b} + \vec{d}) = \frac{1}{2}\vec{d}$

したがって，$\overrightarrow{PQ} = \overrightarrow{SR}$ が成り立つから，四角形 PQRS は平行四辺形である。

(2) (1)の結果より，$\overrightarrow{PQ} = \frac{1}{2}\vec{d} = \frac{1}{2}\overrightarrow{AD}$ であるから　$\overrightarrow{PQ} \parallel \overrightarrow{AD}$

すなわち　PQ // AD

p.25 本質を問う 1

1 $s\vec{a} + t\vec{b} = s'\vec{a} + t'\vec{b} \iff s = s'$ かつ $t = t'$ …① は常に成り立つとは限らない。①が常に成り立つためには，どのような条件を加えるとよいか述べよ。また，その条件を加えたとき，①が成り立つことを示せ。

「**$\vec{a} \neq \vec{0}$，$\vec{b} \neq \vec{0}$，$\vec{a}$ と $\vec{b}$ が平行でないとき**」という条件を加えるとよい。

◀ $\vec{a}$ と $\vec{b}$ が1次独立である。

$\vec{a} \neq \vec{0}$，$\vec{b} \neq \vec{0}$，$\vec{a}$ と $\vec{b}$ が平行でないとき，

「$s\vec{a} + t\vec{b} = s'\vec{a} + t'\vec{b} \iff s = s'$ かつ $t = t'$」が成り立つことを証明する。

◀ 例えば $-\vec{a} = \vec{b}$ のとき
$s\vec{a} + t(-\vec{a}) = s'\vec{a} + t'(-\vec{a})$
$\iff (s-t)\vec{a} = (s'-t')\vec{a}$
これは，$s = 2$，$t = 1$，$s' = 3$，$t' = 2$ のときに成り立つ。

$s = s'$ かつ $t = t' \Longrightarrow s\vec{a} + t\vec{b} = s'\vec{a} + t'\vec{b}$ は明らかに成り立つ。

$s\vec{a} + t\vec{b} = s'\vec{a} + t'\vec{b}$ のとき　$(s - s')\vec{a} = (t' - t)\vec{b}$　…②

ここで，$s \neq s'$ と仮定すると　$\vec{a} = \frac{t' - t}{s - s'}\vec{b}$　…③

③は $\vec{a} \parallel \vec{b}$ または $\vec{a} = \vec{0}$ であることを示している。

◀ $t \neq t'$ のとき　$\vec{a} \parallel \vec{b}$
$t = t'$ のとき　$\vec{a} = \vec{0}$

これは，$\vec{a}$ と $\vec{b}$ が平行でなく，かつ $\vec{a} \neq \vec{0}$ であることに矛盾する。

よって　$s = s'$

これを②に代入すると　$(t' - t)\vec{b} = \vec{0}$

$\vec{b} \neq \vec{0}$ であるから，$t' - t = 0$ より　$t = t'$

したがって，$s\vec{a} + t\vec{b} = s'\vec{a} + t'\vec{b} \Longrightarrow s = s'$ かつ $t = t'$ は成り立つ。

2 $\vec{a} \neq \vec{0}$，$\vec{b} \neq \vec{0}$，$\vec{a}$ と $\vec{b}$ が平行でないとき，$\vec{a}$ と $\vec{b}$ は1次独立であるという。このとき，

「$\begin{cases} \vec{a} \text{ と } \vec{b} \text{ が1次独立である} \\ \vec{b} \text{ と } \vec{c} \text{ が1次独立である} \end{cases} \Longrightarrow \vec{a}$ と $\vec{c}$ は1次独立である」は正しいかどうか述べよ。

例えば，O を中心とする右の図のような正六角形において，

$\vec{a} = \overrightarrow{OA}$，$\vec{b} = \overrightarrow{OB}$，$\vec{c} = \overrightarrow{BC}$ とする。

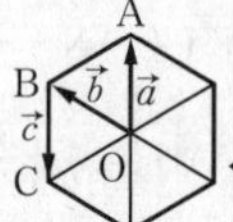

◀ $\vec{a}$ と $\vec{b}$ はともに $\vec{0}$ でなく，平行でない。

$\vec{a}$ と $\vec{b}$ は1次独立であり，$\vec{b}$ と $\vec{c}$ は1次独立であるが，

◀ $\vec{b}$ と $\vec{c}$ はともに $\vec{0}$ でなく，平行でない。

$\vec{a}$ と $\vec{c}$ は平行であり，1次独立ではない。

よって　**正しくない。**

p.26 Let's Try! 1

① 1辺の長さが1の正六角形 ABCDEF に対して，$\overrightarrow{AB}=\vec{a_1}$，$\overrightarrow{BC}=\vec{a_2}$，$\overrightarrow{CD}=\vec{a_3}$，$\overrightarrow{DE}=\vec{a_4}$，$\overrightarrow{EF}=\vec{a_5}$，$\overrightarrow{FA}=\vec{a_6}$ とする。

(1) $|\vec{a_1}+\vec{a_2}|$ と $|\vec{a_4}+\vec{a_6}|$ の値を求めよ。

(2) $\vec{a_i}+\vec{a_j}$ $(i<j)$ は15通りの i，j の組み合わせがある。今，$P(i,\ j)=|\vec{a_i}+\vec{a_j}|$ とするとき，$P(i,\ j)$ のとり得るすべての値を求めよ。

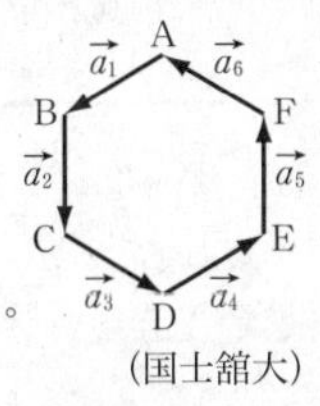

(国士舘大)

(1) 正六角形の中心をOとする。

$$|\vec{a_1}+\vec{a_2}|=|\overrightarrow{AC}|=AC$$

$\triangle ABC$ は $AB=BC=1$，$\angle ABC=120°$

よって　$AC^2=1^2+1^2-2\cdot1\cdot1\cos120°=3$

◀ 余弦定理

$AC>0$ より　$AC=\sqrt{3}$

ゆえに　$|\vec{a_1}+\vec{a_2}|=\sqrt{3}$

また，右の図より　$|\vec{a_4}+\vec{a_6}|=|\overrightarrow{DE}+\overrightarrow{EO}|=|\overrightarrow{DO}|=1$

(2) (ア) $j-i=1$ のとき

◀ i と j の差で場合分けをする。$j-i>0$ より $j-i=1,\ 2,\ 3,\ 4,\ 5$ の5つの場合について調べればよい。

$|\vec{a_1}+\vec{a_2}|=|\overrightarrow{AC}|=\sqrt{3}$，　$|\vec{a_2}+\vec{a_3}|=|\overrightarrow{BD}|=\sqrt{3}$，

$|\vec{a_3}+\vec{a_4}|=|\overrightarrow{CE}|=\sqrt{3}$，　$|\vec{a_4}+\vec{a_5}|=|\overrightarrow{DF}|=\sqrt{3}$，

$|\vec{a_5}+\vec{a_6}|=|\overrightarrow{EA}|=\sqrt{3}$

いずれの場合も　$P(i,\ j)=\sqrt{3}$

(イ) $j-i=2$ のとき

$|\vec{a_1}+\vec{a_3}|=|\overrightarrow{AB}+\overrightarrow{BO}|=|\overrightarrow{AO}|=1$，

$|\vec{a_2}+\vec{a_4}|=|\overrightarrow{BC}+\overrightarrow{CO}|=|\overrightarrow{BO}|=1$，

$|\vec{a_3}+\vec{a_5}|=|\overrightarrow{CD}+\overrightarrow{DO}|=|\overrightarrow{CO}|=1$，

$|\vec{a_4}+\vec{a_6}|=|\overrightarrow{DE}+\overrightarrow{EO}|=|\overrightarrow{DO}|=1$

いずれの場合も　$P(i,\ j)=1$

(ウ) $j-i=3$ のとき

$|\vec{a_1}+\vec{a_4}|=|\vec{0}|=0$，　$|\vec{a_2}+\vec{a_5}|=|\vec{0}|=0$，

$|\vec{a_3}+\vec{a_6}|=|\vec{0}|=0$

いずれの場合も　$P(i,\ j)=0$

(エ) $j-i=4$ のとき

$|\vec{a_1}+\vec{a_5}|=|\overrightarrow{AB}+\overrightarrow{OA}|=|\overrightarrow{OB}|=1$，

$|\vec{a_2}+\vec{a_6}|=|\overrightarrow{BC}+\overrightarrow{OB}|=|\overrightarrow{OC}|=1$

いずれの場合も　$P(i,\ j)=1$

(オ) $j-i=5$ のとき

$|\vec{a_1}+\vec{a_6}|=|\overrightarrow{FB}|=\sqrt{3}$

よって　$P(i,\ j)=\sqrt{3}$

(ア)～(オ)より，$\mathrm{P}(i,\ j)$ のとり得る値は　$\mathbf{0,\ 1,\ \sqrt{3}}$

②　$\vec{a}=\vec{c}-3\vec{d}$ …①，$\vec{b}=-\frac{1}{2}\vec{c}+\vec{d}$ …② のとき

(1)　$\vec{c}$，$\vec{d}$ を $\vec{a}$，$\vec{b}$ を用いて表せ。

(2)　$(\vec{c}-4\vec{d})\parallel\vec{a}$ のとき，$\vec{a}\parallel\vec{b}$ を示せ。ただし，$\vec{c}-4\vec{d}$，$\vec{a}$，$\vec{b}$ は零ベクトルではないとする。

（専修大）

(1)　①＋②×2 より　　$\vec{a}+2\vec{b}=-\vec{d}$

よって　　$\vec{d}=-\vec{a}-2\vec{b}$　　…③

① より $\vec{c}=\vec{a}+3\vec{d}$ となり，これに ③ を代入すると

$$\vec{c}=\vec{a}+3(-\vec{a}-2\vec{b})=-2\vec{a}-6\vec{b}$$

ゆえに　　$\boldsymbol{\vec{c}=-2\vec{a}-6\vec{b},\ \vec{d}=-\vec{a}-2\vec{b}}$

(2)　$\vec{c}-4\vec{d}=-2\vec{a}-6\vec{b}-4(-\vec{a}-2\vec{b})=2\vec{a}+2\vec{b}$

$\vec{c}-4\vec{d}\neq\vec{0}$，$\vec{a}\neq\vec{0}$，$(\vec{c}-4\vec{d})\parallel\vec{a}$ より，$\vec{c}-4\vec{d}=k\vec{a}$（$k$ は実数）とおける。

よって　　$2\vec{a}+2\vec{b}=k\vec{a}$

$\vec{b}$ について解くと　　$\vec{b}=\frac{k-2}{2}\vec{a}$

$\vec{a}\neq\vec{0}$，$\vec{b}\neq\vec{0}$ であり，$\frac{k-2}{2}$ は実数であるから　　$\vec{a}\parallel\vec{b}$

◀与えられた2つの式を連立させて $\vec{c}$，$\vec{d}$ を求める。

◀ベクトルの計算は，和，差，実数倍について，文字式と同様に取り扱える。

◀$\vec{c}-4\vec{d}$ を $\vec{a}$，$\vec{b}$ で表す。

◀$2\vec{b}=(k-2)\vec{a}$

③　五角形ABCDEは，半径1の円に内接し，

$\angle\mathrm{EAD}=30°$，$\angle\mathrm{ADE}=\angle\mathrm{BAD}=\angle\mathrm{CDA}=60°$

を満たしている。

$\overrightarrow{\mathrm{AB}}=\vec{a}$，$\overrightarrow{\mathrm{AE}}=\vec{b}$ とおくとき，$\overrightarrow{\mathrm{BC}}$，$\overrightarrow{\mathrm{AC}}$ を $\vec{a}$，$\vec{b}$ を用いてそれぞれ表せ。

（センター試験　改）

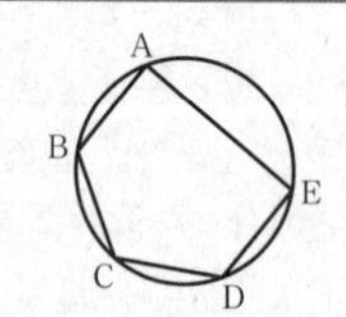

$\angle\mathrm{BAE}=\angle\mathrm{EAD}+\angle\mathrm{BAD}=30°+60°=90°$

より，BE は円の直径である。

また

$\angle\mathrm{AED}=180°-(\angle\mathrm{ADE}+\angle\mathrm{EAD})=90°$

より，AD も円の直径である。

よって，BE と AD の交点は円の中心であり，その点を O とする。

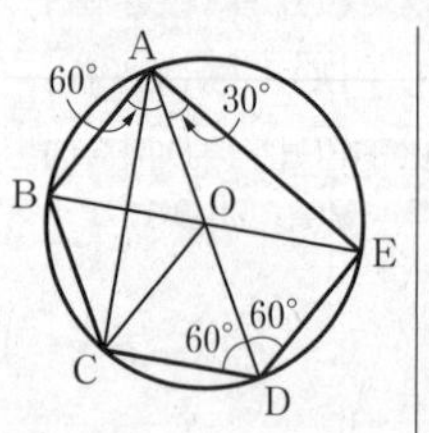

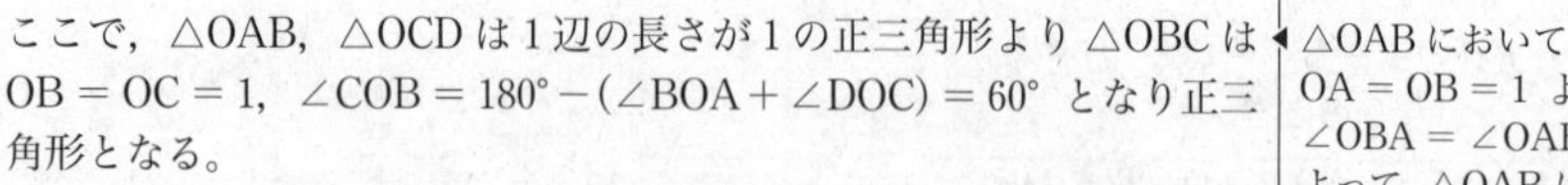

ここで，△OAB，△OCD は1辺の長さが1の正三角形より △OBC は $\mathrm{OB}=\mathrm{OC}=1$，$\angle\mathrm{COB}=180°-(\angle\mathrm{BOA}+\angle\mathrm{DOC})=60°$ となり正三角形となる。

したがって，四角形 OABC は1辺の長さが1のひし形となる。

ゆえに

$$\overrightarrow{\mathrm{BC}}=\overrightarrow{\mathrm{AO}}=\overrightarrow{\mathrm{AB}}+\overrightarrow{\mathrm{BO}}$$

$$=\overrightarrow{\mathrm{AB}}+\frac{1}{2}\overrightarrow{\mathrm{BE}}$$

$$=\overrightarrow{\mathrm{AB}}+\frac{1}{2}(\overrightarrow{\mathrm{AE}}-\overrightarrow{\mathrm{AB}})=\boldsymbol{\frac{1}{2}(\vec{a}+\vec{b})}$$

◀△OAB において
OA = OB = 1 より
∠OBA = ∠OAB = 60°
よって，△OAB は正三角形である。

◀点 O は BE の中点である。

$$\overrightarrow{AC}=\overrightarrow{AB}+\overrightarrow{BC}=\vec{a}+\frac{1}{2}(\vec{a}+\vec{b})=\frac{3}{2}\vec{a}+\frac{1}{2}\vec{b}$$

④ 平面上に中心O，半径1の円 K がある。異なる2点A，Bがあり，直線ABは，円 K と交点をもたないものとする。点Pを円 K 上の点とし，点Qを $2\overrightarrow{PA}=\overrightarrow{BQ}$ を満たすようにとる。線分ABと線分PQの交点をMとする。

(1) $\overrightarrow{OM}$ を $\overrightarrow{OA}$ と $\overrightarrow{OB}$ を用いて表せ。

(2) $3\overrightarrow{OM}=\overrightarrow{OD}$ を満たす点をDとする。$\overrightarrow{DQ}$ の大きさを求めよ。

(1) $\triangle MPA \backsim \triangle MQB$ で相似比は $1:2$ より

$AM:MB=1:2$

よって
$$\overrightarrow{OM}=\overrightarrow{OA}+\overrightarrow{AM}$$
$$=\overrightarrow{OA}+\frac{1}{3}\overrightarrow{AB}$$
$$=\overrightarrow{OA}+\frac{1}{3}(\overrightarrow{OB}-\overrightarrow{OA})$$
$$=\frac{2}{3}\overrightarrow{OA}+\frac{1}{3}\overrightarrow{OB}$$

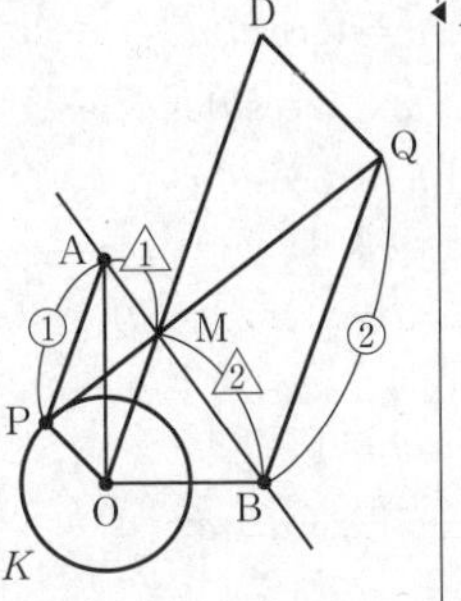
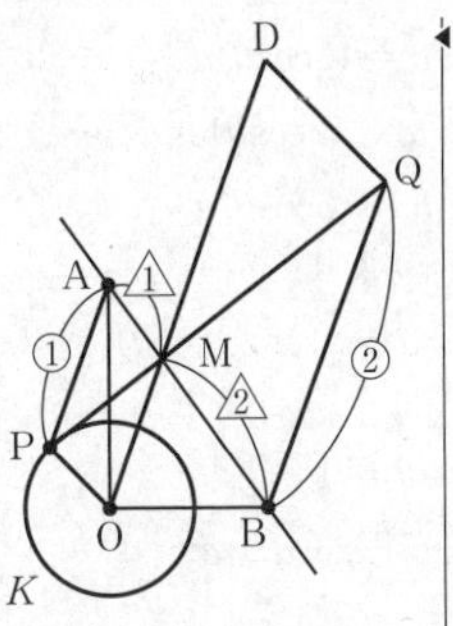

◀ $AP \parallel QB$ より $\triangle MPA \backsim \triangle MQB$

(2) $\overrightarrow{DQ}=\overrightarrow{DO}+\overrightarrow{OB}+\overrightarrow{BQ}$
$$=-3\overrightarrow{OM}+\overrightarrow{OB}+2\overrightarrow{PA}$$
$$=(-2\overrightarrow{OA}-\overrightarrow{OB})+\overrightarrow{OB}+2\overrightarrow{PA}$$
$$=-2(\overrightarrow{OA}-\overrightarrow{PA})=-2(\overrightarrow{OA}+\overrightarrow{AP})=-2\overrightarrow{OP}$$

◀ $\overrightarrow{DO}=-\overrightarrow{OD}=-3\overrightarrow{OM}$

◀ (1)の結果を代入する。

よって　$|\overrightarrow{DQ}|=|-2\overrightarrow{OP}|=2|\overrightarrow{OP}|=2$

◀ $|\overrightarrow{OP}|=1$

〔別解〕

$\triangle MOP \backsim \triangle MDQ$ で相似比 $1:2$ より　$OP:DQ=1:2$

$OP=1$ より　$|\overrightarrow{DQ}|=2$

◀ $MP:MQ=MO:MD=1:2$, $\angle OMP=\angle DMQ$

⑤ Oを中心とする半径1の円に内接する正五角形ABCDEに対し，$\angle AOB=\theta$, $\overrightarrow{OA}=\vec{a}$, $\overrightarrow{OB}=\vec{b}$, $\overrightarrow{OC}=\vec{c}$, $\overrightarrow{OD}=\vec{d}$, $\overrightarrow{OE}=\vec{e}$ とおく。

(1) $\vec{b}$ を $\vec{a}$, $\vec{c}$, θ を用いて表せ。

(2) $\vec{a}+\vec{b}+\vec{c}+\vec{d}+\vec{e}=\vec{0}$ を示せ。

(1) ACとOBの交点をHとする。

$\triangle OAH$ と $\triangle OCH$ において

$OA=OC=1$

$\angle AOB=\angle COB=\theta$

OHは共通

であるから　$\triangle OAH \equiv \triangle OCH$

ゆえに　$AH=CH$

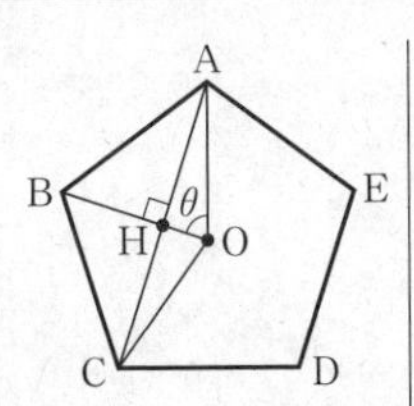

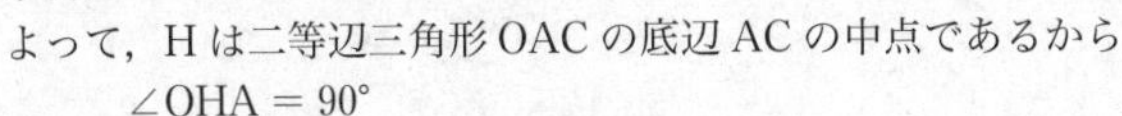
よって，Hは二等辺三角形OACの底辺ACの中点であるから

$\angle OHA=90°$

ゆえに　$|\overrightarrow{OH}|=OA\cos\theta=\cos\theta$

また　$\overrightarrow{OH}=\overrightarrow{OA}+\overrightarrow{AH}$

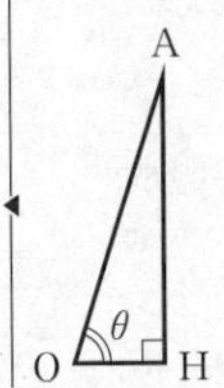

$$= \overrightarrow{\mathrm{OA}} + \frac{1}{2}\overrightarrow{\mathrm{AC}}$$

$$= \overrightarrow{\mathrm{OA}} + \frac{1}{2}(\overrightarrow{\mathrm{OC}} - \overrightarrow{\mathrm{OA}}) = \frac{1}{2}(\vec{a}+\vec{c})$$

$|\vec{b}| = 1$ であるから

$$\vec{b} = \frac{1}{\cos\theta}\overrightarrow{\mathrm{OH}} = \boldsymbol{\frac{1}{2\cos\theta}(\vec{a}+\vec{c})}$$

◀ $\overrightarrow{\mathrm{OH}}$ と同じ向きの単位ベクトル $\vec{b}$ は

$$\vec{b} = \frac{\overrightarrow{\mathrm{OH}}}{|\overrightarrow{\mathrm{OH}}|} = \frac{\overrightarrow{\mathrm{OH}}}{\cos\theta}$$

(2) (1) より　$\vec{a}+\vec{c} = (2\cos\theta)\vec{b}$　…①

同様にして　$\vec{b}+\vec{d} = (2\cos\theta)\vec{c}$　…②

$\vec{c}+\vec{e} = (2\cos\theta)\vec{d}$　…③

$\vec{d}+\vec{a} = (2\cos\theta)\vec{e}$　…④

$\vec{e}+\vec{b} = (2\cos\theta)\vec{a}$　…⑤

①＋②＋③＋④＋⑤ より

$$2(\vec{a}+\vec{b}+\vec{c}+\vec{d}+\vec{e}) = (2\cos\theta)(\vec{a}+\vec{b}+\vec{c}+\vec{d}+\vec{e})$$

$$2(1-\cos\theta)(\vec{a}+\vec{b}+\vec{c}+\vec{d}+\vec{e}) = \vec{0}$$

$\theta = 72°$ より　$\cos\theta \neq 1$

◀ $\theta = 360° \div 5 = 72°$

したがって　$\vec{a}+\vec{b}+\vec{c}+\vec{d}+\vec{e} = \vec{0}$

2 平面上のベクトルの成分と内積

練習 7　2つのベクトル $\vec{a}$, $\vec{b}$ が $\vec{a}-2\vec{b}=(-5,\ -8)$, $2\vec{a}-\vec{b}=(2,\ -1)$ を満たすとき
(1) $\vec{a}$, $\vec{b}$ を成分表示せよ。また，その大きさをそれぞれ求めよ。
(2) $\vec{c}=(6,\ 11)$ を $k\vec{a}+l\vec{b}$ の形に表せ。ただし，k, l は実数とする。

(1)　$\vec{a}-2\vec{b}=(-5,\ -8)$ …①
$2\vec{a}-\vec{b}=(2,\ -1)$ …②
とおく。
②×2 ①より　$3\vec{a}=(9,\ 6)$
よって　$\boldsymbol{\vec{a}=(3,\ 2)}$
②−①×2 より　$3\vec{b}=(12,\ 15)$
よって　$\boldsymbol{\vec{b}=(4,\ 5)}$
したがって　$|\vec{a}|=\sqrt{3^2+2^2}=\boldsymbol{\sqrt{13}}$
$|\vec{b}|=\sqrt{4^2+5^2}=\boldsymbol{\sqrt{41}}$

◀$\vec{a}=(a_1,\ a_2)$ のとき $|\vec{a}|=\sqrt{{a_1}^2+{a_2}^2}$

(2)　$k\vec{a}+l\vec{b}=k(3,\ 2)+l(4,\ 5)=(3k+4l,\ 2k+5l)$
これが $\vec{c}=(6,\ 11)$ に等しいから

$$\begin{cases}3k+4l=6 & \cdots ③\\ 2k+5l=11 & \cdots ④\end{cases}$$

③, ④を解くと　$k=-2$, $l=3$
したがって　$\boldsymbol{\vec{c}=-2\vec{a}+3\vec{b}}$

◀③×5−④×4 より $7k=-14$ であるから　$k=-2$

練習 8　平面上に3点 A(1, −2), B(3, 1), C(−1, 2) がある。
(1) $\overrightarrow{AB}$, $\overrightarrow{AC}$ を成分表示せよ。また，その大きさをそれぞれ求めよ。
(2) $\overrightarrow{AB}$ と同じ向きの単位ベクトルを成分表示せよ。
(3) $\overrightarrow{AC}$ と平行で，大きさが5のベクトルを成分表示せよ。

(1)　$\overrightarrow{AB}=(3-1,\ 1-(-2))=\boldsymbol{(2,\ 3)}$
よって　$|\overrightarrow{AB}|=\sqrt{2^2+3^2}=\boldsymbol{\sqrt{13}}$
$\overrightarrow{AC}=(-1-1,\ 2-(-2))=\boldsymbol{(-2,\ 4)}$
よって　$|\overrightarrow{AC}|=\sqrt{(-2)^2+4^2}=\boldsymbol{2\sqrt{5}}$

(2)　$\overrightarrow{AB}$ と同じ向きの単位ベクトルは

$$\frac{\overrightarrow{AB}}{|\overrightarrow{AB}|}=\frac{\overrightarrow{AB}}{\sqrt{13}}=\frac{\sqrt{13}}{13}\overrightarrow{AB}=\frac{\sqrt{13}}{13}(2,\ 3)=\boldsymbol{\left(\frac{2\sqrt{13}}{13},\ \frac{3\sqrt{13}}{13}\right)}$$

◀$\vec{a}$ と同じ向きの単位ベクトルは　$\dfrac{\vec{a}}{|\vec{a}|}$

(3)　$\overrightarrow{AC}$ と平行な単位ベクトルは $\pm\dfrac{\overrightarrow{AC}}{|\overrightarrow{AC}|}$ であるから，
$\overrightarrow{AC}$ と平行で大きさが5のベクトルは

$$5\times\left(\pm\frac{\overrightarrow{AC}}{|\overrightarrow{AC}|}\right)=\pm\frac{5}{2\sqrt{5}}\overrightarrow{AC}=\pm\frac{\sqrt{5}}{2}(-2,\ 4)$$

すなわち　$\boldsymbol{(-\sqrt{5},\ 2\sqrt{5})}$　または　$\boldsymbol{(\sqrt{5},\ -2\sqrt{5})}$

練習 9　平面上に3点A(2, 3), B(5, −6), C(−3, −4)がある。
(1)　四角形ABCDが平行四辺形となるとき，点Dの座標を求めよ。
(2)　4点A, B, C, Dが平行四辺形の4つの頂点となるとき，点Dの座標をすべて求めよ。

点Dの座標を$(a,\ b)$とおく。

(1)　四角形ABCDが平行四辺形になるとき　$\overrightarrow{AD}=\overrightarrow{BC}$

$\overrightarrow{AD}=(a-2,\ b-3)$
$\overrightarrow{BC}=(-3-5,\ -4-(-6))$
$=(-8,\ 2)$

よって　$(a-2,\ b-3)=(-8,\ 2)$

成分を比較すると　$\begin{cases} a-2=-8 \\ b-3=2 \end{cases}$

ゆえに，$a=-6,\ b=5$ より
D(−6, 5)

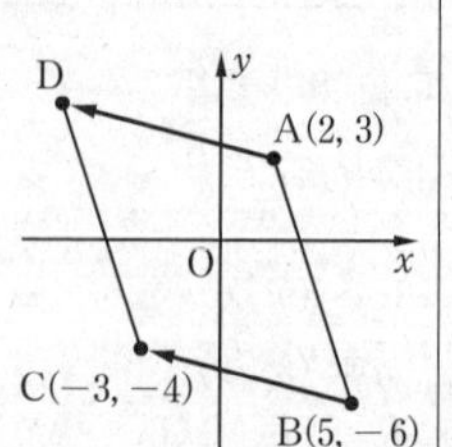

◀ $\overrightarrow{BA}=\overrightarrow{CD}$ より $a,\ b$ を求めてもよい。

(2)　(ア)　四角形ABCDが平行四辺形になるとき
(1)より　D(−6, 5)

(イ)　四角形ABDCが平行四辺形になるとき　$\overrightarrow{AC}=\overrightarrow{BD}$

$\overrightarrow{AC}=(-3-2,\ -4-3)=(-5,\ -7)$
$\overrightarrow{BD}=(a-5,\ b+6)$

よって　$(a-5,\ b+6)=(-5,\ -7)$
ゆえに，$a=0,\ b=-13$ より　D(0, −13)

(ウ)　四角形ADBCが平行四辺形になるとき　$\overrightarrow{AD}=\overrightarrow{CB}$

$\overrightarrow{CB}=(5-(-3),\ -6-(-4))=(8,\ -2)$
$\overrightarrow{AD}=(a-2,\ b-3)$

よって　$(a-2,\ b-3)=(8,\ -2)$
ゆえに，$a=10,\ b=1$ より　D(10, 1)

(ア)〜(ウ)より，点Dの座標は
(−6, 5), (0, −13), (10, 1)

◀ 4点A, B, C, Dの順序によって3つの場合がある。

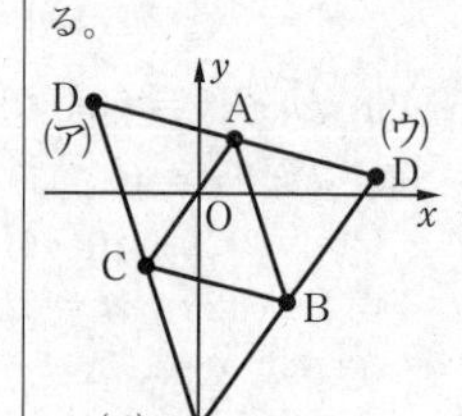

練習 10　3つのベクトル $\vec{a}=(2,\ -4)$, $\vec{b}=(3,\ -1)$, $\vec{c}=(-2,\ 1)$ について
(1)　$\vec{a}+t\vec{b}$ の大きさの最小値，およびそのときの実数tの値を求めよ。
(2)　$\vec{a}+t\vec{b}$ と $\vec{c}$ が平行となるとき，実数tの値を求めよ。

(1)　$\vec{a}+t\vec{b}=(2,\ -4)+t(3,\ -1)$
$=(2+3t,\ -4-t)$　…①

よって　$|\vec{a}+t\vec{b}|^2=(2+3t)^2+(-4-t)^2$
$=10t^2+20t+20$
$=10(t+1)^2+10$

ゆえに，$|\vec{a}+t\vec{b}|^2$ は $t=-1$ のとき最小値10をとる。
このとき，$|\vec{a}+t\vec{b}|$ も最小となり，最小値は　$\sqrt{10}$
したがって

$t=-1$ のとき　最小値 $\sqrt{10}$

◀ $|\vec{a}+t\vec{b}|^2$ をtの式で表す。tの2次式となるから，平方完成して最小値を求める。

(2) $(\vec{a}+t\vec{b}) \parallel \vec{c}$ のとき，k を実数として $\vec{a}+t\vec{b}=k\vec{c}$ と表される。

①より　$(2+3t,\ -4-t)=(-2k,\ k)$

よって　$\begin{cases} 2+3t=-2k \\ -4-t=k \end{cases}$

これを連立して解くと　$k=-10$，$\boldsymbol{t=6}$

◀ x 成分，y 成分がともに等しい。

練習 11　1辺の長さが1の正六角形ABCDEFにおいて，次の内積を求めよ。

(1) $\overrightarrow{AD}\cdot\overrightarrow{AF}$　　(2) $\overrightarrow{AD}\cdot\overrightarrow{BC}$　　(3) $\overrightarrow{DA}\cdot\overrightarrow{BE}$

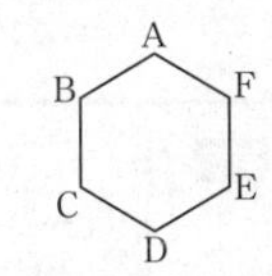

(1) $|\overrightarrow{AD}|=2$，$|\overrightarrow{AF}|=1$，$\overrightarrow{AD}$ と $\overrightarrow{AF}$ のなす角は $60°$

よって　$\overrightarrow{AD}\cdot\overrightarrow{AF}=2\times1\times\cos60°=\boldsymbol{1}$

(2) $|\overrightarrow{AD}|=2$，$|\overrightarrow{BC}|=1$，$\overrightarrow{AD}$ と $\overrightarrow{BC}$ のなす角は $0°$

よって　$\overrightarrow{AD}\cdot\overrightarrow{BC}=2\times1\times\cos0°=\boldsymbol{2}$

(3) $|\overrightarrow{DA}|=2$，$|\overrightarrow{BE}|=2$，$\overrightarrow{DA}$ と $\overrightarrow{BE}$ のなす角は $120°$

よって　$\overrightarrow{DA}\cdot\overrightarrow{BE}=2\times2\times\cos120°=\boldsymbol{-2}$

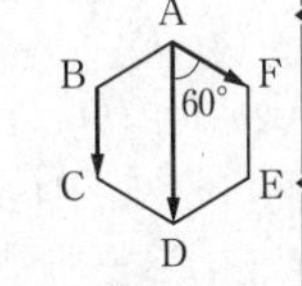

◀ 正六角形の中心をOとして，△AOFは正三角形より　∠OAF $=60°$

◀ $\overrightarrow{AD}$ と $\overrightarrow{BC}$ は向きが同じであるから，なす角は $0°$

◀ $\overrightarrow{BE}$ を平行移動して $\overrightarrow{DA}$ と始点を一致させてなす角を考える。

練習 12　〔1〕 次の2つのベクトル $\vec{a}$，$\vec{b}$ のなす角 θ $(0°\leqq\theta\leqq180°)$ を求めよ。

(1) $|\vec{a}|=2$，$|\vec{b}|=\sqrt{3}$，$\vec{a}\cdot\vec{b}=-3$　　(2) $\vec{a}=(-1,\ 2)$，$\vec{b}=(2,\ -4)$

〔2〕 平面上の2つのベクトル $\vec{a}=(1,\ x)$，$\vec{b}=(4,\ 2)$ について，$\vec{a}$ と $\vec{b}$ のなす角が $45°$ であるとき，x の値を求めよ。

〔1〕 (1) $\cos\theta=\dfrac{\vec{a}\cdot\vec{b}}{|\vec{a}||\vec{b}|}=\dfrac{-3}{2\times\sqrt{3}}=-\dfrac{\sqrt{3}}{2}$

$0°\leqq\theta\leqq180°$ より　$\boldsymbol{\theta=150°}$

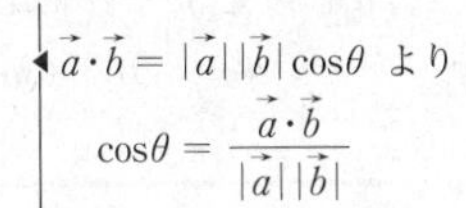

◀ $\vec{a}\cdot\vec{b}=|\vec{a}||\vec{b}|\cos\theta$ より　$\cos\theta=\dfrac{\vec{a}\cdot\vec{b}}{|\vec{a}||\vec{b}|}$

(2) $\vec{a}\cdot\vec{b}=-1\times2+2\times(-4)=-10$

$|\vec{a}|=\sqrt{(-1)^2+2^2}=\sqrt{5}$，$|\vec{b}|=\sqrt{2^2+(-4)^2}=\sqrt{20}=2\sqrt{5}$ より

$\cos\theta=\dfrac{\vec{a}\cdot\vec{b}}{|\vec{a}||\vec{b}|}=\dfrac{-10}{\sqrt{5}\times2\sqrt{5}}=-1$

$0°\leqq\theta\leqq180°$ より　$\boldsymbol{\theta=180°}$

◀ $\vec{a}=(a_1,\ a_2)$，$\vec{b}=(b_1,\ b_2)$ のとき　$\vec{a}\cdot\vec{b}=a_1b_1+a_2b_2$　$|\vec{a}|=\sqrt{a_1{}^2+a_2{}^2}$

◀ 図示すれば $\theta=180°$ は明らかである。

〔2〕 $\vec{a}=(1,\ x)$，$\vec{b}=(4,\ 2)$ であるから

$\vec{a}\cdot\vec{b}=1\times4+x\times2=2x+4$

$|\vec{a}|=\sqrt{1+x^2}$，$|\vec{b}|=\sqrt{4^2+2^2}=2\sqrt{5}$

$\vec{a}$ と $\vec{b}$ のなす角が $45°$ であるから

$2x+4=\sqrt{x^2+1}\cdot2\sqrt{5}\cdot\cos45°$

$\sqrt{2}(x+2)=\sqrt{5(x^2+1)}$　…①

両辺を2乗すると　$2(x+2)^2=5(x^2+1)$

◀ $\vec{a}=(a_1,\ a_2)$，$\vec{b}=(b_1,\ b_2)$ のとき　$\vec{a}\cdot\vec{b}=a_1b_1+a_2b_2$

◀ $\vec{a}\cdot\vec{b}=|\vec{a}||\vec{b}|\cos\theta$

◀ $\cos45°=\dfrac{1}{\sqrt{2}}$

整理すると　$3x^2-8x-3=0$

$(3x+1)(x-3)=0$

よって　$x=-\frac{1}{3},\ 3$

これらはともに ① を満たすから　$\boldsymbol{x=-\frac{1}{3},\ 3}$

◀ ① を2乗して求めているから，実際に代入して確かめる。

練習 13 (1) $|\vec{a}|=\sqrt{3}$，$|\vec{b}|=2$，$|\vec{a}-\vec{b}|=1$ のとき，$\vec{a}$ と $\vec{b}$ のなす角 θ を求めよ。

(2) $|\vec{a}|=4$，$|\vec{b}|=\sqrt{3}$，$\vec{a}$ と $\vec{b}$ のなす角が 150° である。$\vec{a}+3\vec{b}$ と $3\vec{a}+2\vec{b}$ のなす角 θ を求めよ。

(1) $|\vec{a}-\vec{b}|^2=(\vec{a}-\vec{b})\cdot(\vec{a}-\vec{b})$

$=|\vec{a}|^2-2\vec{a}\cdot\vec{b}+|\vec{b}|^2$

$|\vec{a}|=\sqrt{3}$，$|\vec{b}|=2$，$|\vec{a}-\vec{b}|=1$ を代入すると

$1^2=(\sqrt{3})^2-2\vec{a}\cdot\vec{b}+2^2$

$1=3-2\vec{a}\cdot\vec{b}+4$ より　$\vec{a}\cdot\vec{b}=3$

よって　$\cos\theta=\frac{\vec{a}\cdot\vec{b}}{|\vec{a}||\vec{b}|}=\frac{3}{\sqrt{3}\times 2}=\frac{\sqrt{3}}{2}$

$0^\circ\leqq\theta\leqq 180^\circ$ より　$\boldsymbol{\theta=30^\circ}$

◀ まず，$\vec{a}\cdot\vec{b}$ を求める。$|\vec{a}-\vec{b}|$ を2乗して，$\vec{a}\cdot\vec{b}$ をつくり出す。

◀ $\vec{a}\cdot\vec{a}=|\vec{a}|^2$

(2) $\vec{a}\cdot\vec{b}=|\vec{a}||\vec{b}|\cos 150^\circ=4\times\sqrt{3}\times\left(-\frac{\sqrt{3}}{2}\right)=-6$

よって

$(\vec{a}+3\vec{b})\cdot(3\vec{a}+2\vec{b})=3|\vec{a}|^2+11\vec{a}\cdot\vec{b}+6|\vec{b}|^2$

$=3\times 4^2+11\times(-6)+6\times(\sqrt{3})^2$

$=0$

$\vec{a}+3\vec{b}$ と $3\vec{a}+2\vec{b}$ はともに $\vec{0}$ ではないから

$(\vec{a}+3\vec{b})\perp(3\vec{a}+2\vec{b})$　すなわち　$\boldsymbol{\theta=90^\circ}$

◀ まず $\vec{a}$ と $\vec{b}$ の内積を求める。

練習 14 (1) $\vec{a}=(2,\ x+1)$，$\vec{b}=(1,\ 1)$ について，$\vec{a}$ と $\vec{b}$ が垂直のとき x の値を求めよ。

(2) $\vec{a}=(-2,\ 3)$ と垂直で大きさが2のベクトル $\vec{p}$ を求めよ。

(1) $\vec{a}\cdot\vec{b}=2\times 1+(x+1)\times 1=x+3$

$\vec{a}$ と $\vec{b}$ が垂直のとき，$\vec{a}\cdot\vec{b}=0$ であるから

$x+3=0$ より　$\boldsymbol{x=-3}$

◀ $\vec{a}=(a_1,\ a_2)$，$\vec{b}=(b_1,\ b_2)$ のとき
$\vec{a}\cdot\vec{b}=a_1b_1+a_2b_2$

(2) $\vec{p}=(x,\ y)$ とおく。

$\vec{a}\perp\vec{p}$ より　$\vec{a}\cdot\vec{p}=-2x+3y=0$　…①

$|\vec{p}|=2$ より　$|\vec{p}|^2=x^2+y^2=4$　…②

① より　$y=\frac{2}{3}x$　…③

③ を ② に代入すると　$x^2+\left(\frac{2}{3}x\right)^2=4$

◀ $\vec{a}\perp\vec{p}$ より $\vec{a}\cdot\vec{p}=0$

$\dfrac{13}{9}x^2=4$ より　　$x=\pm\dfrac{6\sqrt{13}}{13}$

◀ $x^2=\dfrac{36}{13}$

③より，$x=\dfrac{6\sqrt{13}}{13}$ のとき　　$y=\dfrac{4\sqrt{13}}{13}$

$x=-\dfrac{6\sqrt{13}}{13}$ のとき　　$y=-\dfrac{4\sqrt{13}}{13}$

よって　　$\vec{p}=\left(\dfrac{6\sqrt{13}}{13},\ \dfrac{4\sqrt{13}}{13}\right),\ \left(-\dfrac{6\sqrt{13}}{13},\ -\dfrac{4\sqrt{13}}{13}\right)$

◀ $\vec{p}$ は2つ存在する。

練習 15　$\vec{0}$ でない2つのベクトル $\vec{a}$，$\vec{b}$ について，$|\vec{a}|=|\vec{b}|$ が成り立っている。$3\vec{a}+\vec{b}$ と $\vec{a}-3\vec{b}$ が垂直であるとき，次の問に答えよ。

(1) $\vec{a}$ と $\vec{b}$ のなす角 θ $(0°\leqq\theta\leqq180°)$ を求めよ。

(2) $\vec{a}-2\vec{b}$ と $\vec{a}+t\vec{b}$ が垂直であるとき，t の値を求めよ。

(1) $(3\vec{a}+\vec{b})\perp(\vec{a}-3\vec{b})$ であるから

$$(3\vec{a}+\vec{b})\cdot(\vec{a}-3\vec{b})=0$$

$$3\vec{a}\cdot\vec{a}-9\vec{a}\cdot\vec{b}+\vec{b}\cdot\vec{a}-3\vec{b}\cdot\vec{b}=0$$

$$3|\vec{a}|^2-8\vec{a}\cdot\vec{b}-3|\vec{b}|^2=0\quad\cdots①$$

◀ $\vec{a}\cdot\vec{a}=|\vec{a}|^2$

ここで，$|\vec{a}|=|\vec{b}|$ より　　$|\vec{a}|^2=|\vec{b}|^2$

①に代入すると　　$3|\vec{a}|^2-8\vec{a}\cdot\vec{b}-3|\vec{a}|^2=0$

よって　　$\vec{a}\cdot\vec{b}=0$

$\vec{a}\neq\vec{0}$，$\vec{b}\neq\vec{0}$ であるから　　$\vec{a}\perp\vec{b}$

したがって　　$\boldsymbol{\theta=90°}$

◀ $\vec{a}\neq\vec{0}$，$\vec{b}\neq\vec{0}$ のとき $\vec{a}\cdot\vec{b}=0\Longleftrightarrow\vec{a}\perp\vec{b}$

(2) $\vec{a}-2\vec{b}$ と $\vec{a}+t\vec{b}$ が垂直であるとき

$$(\vec{a}-2\vec{b})\cdot(\vec{a}+t\vec{b})=0$$

よって　　$|\vec{a}|^2+(t-2)\vec{a}\cdot\vec{b}-2t|\vec{b}|^2=0$

◀ $\vec{a}\cdot\vec{a}=|\vec{a}|^2$

(1)より $|\vec{a}|^2=|\vec{b}|^2$，$\vec{a}\cdot\vec{b}=0$ であるから　　$|\vec{a}|^2-2t|\vec{a}|^2=0$

$$(1-2t)|\vec{a}|^2=0$$

$|\vec{a}|\neq0$ であるから　　$1-2t=0$

◀ $\vec{a}\neq\vec{0}$ より　$|\vec{a}|\neq0$

したがって，求める t の値は　　$\boldsymbol{t=\dfrac{1}{2}}$

練習 16　$\triangle$OAB において，$\overrightarrow{\mathrm{OA}}=\vec{a}$，$\overrightarrow{\mathrm{OB}}=\vec{b}$ とおくと，$|\vec{a}|=4$，$|\vec{b}|=5$，$|\vec{a}+\vec{b}|=5$ である。$\angle\mathrm{AOB}=\theta$ とするとき，次の値を求めよ。

(1) $\cos\theta$　　　　(2) $\triangle$OAB の面積 S

(1) $|\vec{a}+\vec{b}|=5$ の両辺を2乗すると

$$|\vec{a}+\vec{b}|^2=5^2$$

$$|\vec{a}|^2+2\vec{a}\cdot\vec{b}+|\vec{b}|^2=25$$

◀ $|\vec{a}+\vec{b}|$ を2乗して，$|\vec{a}|$，$|\vec{b}|$，$\vec{a}\cdot\vec{b}$ をつくり出す。

$|\vec{a}|=4$，$|\vec{b}|=5$ を代入すると

$$16+2\vec{a}\cdot\vec{b}+25=25$$

よって　　$\vec{a}\cdot\vec{b}=-8$

◀ $|\vec{a}+\vec{b}|^2$
$=(\vec{a}+\vec{b})\cdot(\vec{a}+\vec{b})$
$=\vec{a}\cdot\vec{a}+2\vec{a}\cdot\vec{b}+\vec{b}\cdot\vec{b}$
$=|\vec{a}|^2+2\vec{a}\cdot\vec{b}+|\vec{b}|^2$

したがって　　$\cos\theta = \dfrac{\vec{a}\cdot\vec{b}}{|\vec{a}||\vec{b}|} = \dfrac{-8}{4\times 5} = -\dfrac{2}{5}$

(2)　$0° < \theta < 180°$ より，$\sin\theta > 0$ であるから

$$\sin\theta = \sqrt{1-\cos^2\theta}$$
$$= \sqrt{1-\left(-\frac{2}{5}\right)^2} = \frac{\sqrt{21}}{5}$$

したがって　　$S = \dfrac{1}{2}|\vec{a}||\vec{b}|\sin\theta$

$$= \frac{1}{2}\cdot 4\cdot 5\cdot \frac{\sqrt{21}}{5} = \mathbf{2\sqrt{21}}$$

◀△OAB の面積 S は $S = \dfrac{1}{2}\mathrm{OA}\cdot\mathrm{OB}\cdot\sin\theta$ で求められるから，まず，(1) の結果から $\sin\theta$ を求める。

練習 17　△ABC の面積を S とするとき，例題 17 を用いて，次の問に答えよ。
(1)　$|\overrightarrow{\mathrm{AB}}| = 2$，$|\overrightarrow{\mathrm{AC}}| = 3$，$\overrightarrow{\mathrm{AB}}\cdot\overrightarrow{\mathrm{AC}} = 2$ であるとき，S の値を求めよ。
(2)　3 点 A(0, 0)，B(1, 4)，C(2, 3) とするとき，S の値を求めよ。

(1)　$S = \dfrac{1}{2}\sqrt{|\overrightarrow{\mathrm{AB}}|^2|\overrightarrow{\mathrm{AC}}|^2 - (\overrightarrow{\mathrm{AB}}\cdot\overrightarrow{\mathrm{AC}})^2}$ より

$$S = \frac{1}{2}\sqrt{2^2\cdot 3^2 - 2^2} = \frac{4\sqrt{2}}{2} = \mathbf{2\sqrt{2}}$$

(2)　$\overrightarrow{\mathrm{AB}} = (1,\ 4)$，$\overrightarrow{\mathrm{AC}} = (2,\ 3)$ であるから

$$S = \frac{1}{2}|1\cdot 3 - 2\cdot 4| = \mathbf{\frac{5}{2}}$$

◀$\overrightarrow{\mathrm{AB}} = (x_1,\ y_1)$，$\overrightarrow{\mathrm{AC}} = (x_2,\ y_2)$ のとき △ABC $= \dfrac{1}{2}|x_1y_2 - x_2y_1|$

Plus One

information

△ABC の面積 S，$\vec{a} = \overrightarrow{\mathrm{AB}}$，$\vec{b} = \overrightarrow{\mathrm{AC}}$ とおくとき，$S = \dfrac{1}{2}\sqrt{|\vec{a}|^2|\vec{b}|^2 - (\vec{a}\cdot\vec{b})^2}$ を証明する問題は，広島大学（2015 年），京都教育大学（2021 年）の入試で出題されている。

チャレンジ《1》　座標軸を設定し A(a, b)，B($-c$, 0)，C(c, 0) とおき，2 点間の距離の公式を用いて中線定理を証明せよ。

A(a, b)，B($-c$, 0)，C(c, 0) とおくと
　　M(0, 0)
このとき

$$\mathrm{AB}^2 + \mathrm{AC}^2 = (a+c)^2 + b^2 + (a-c)^2 + b^2$$
$$= 2(a^2 + b^2 + c^2)$$
$$2(\mathrm{AM}^2 + \mathrm{BM}^2) = 2(a^2 + b^2 + c^2)$$

よって　　$\mathrm{AB}^2 + \mathrm{AC}^2 = 2(\mathrm{AM}^2 + \mathrm{BM}^2)$

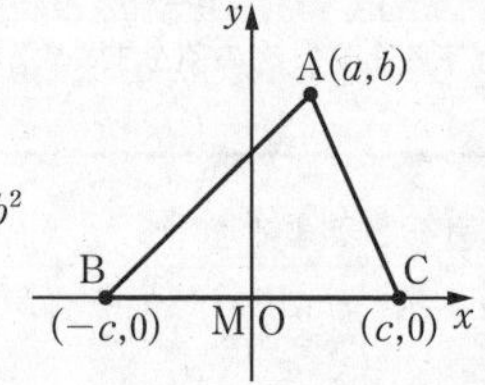

◀一般性を失わないように，x 軸上の点を用いて，計算を簡単にする。

◀$\mathrm{AM}^2 = a^2 + b^2$

Plus One

平面図形の性質を利用して，中線定理を証明することもできる。

〔証明〕

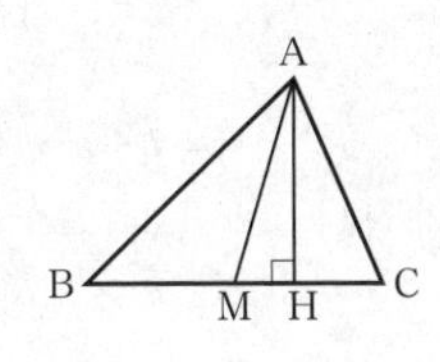

(ア)　$\angle ABC < 90°$, $\angle ACB < 90°$ のとき

A から辺 BC に垂線 AH を下ろす。

△ABH において，三平方の定理により

$$AB^2 = AH^2 + BH^2$$

△ACH において，三平方の定理により

$$AC^2 = AH^2 + CH^2$$

よって

$$AB^2 + AC^2 = 2AH^2 + BH^2 + CH^2 \quad \cdots ①$$

ここで，$BH = BM + MH$，$CH = CM - MH$，$BM = CM$ より

$$\begin{aligned} BH^2 + CH^2 &= (BM + MH)^2 + (CM - MH)^2 \\ &= BM^2 + 2BM\cdot MH + MH^2 + CM^2 - 2CM\cdot MH + MH^2 \\ &= 2BM^2 + 2MH^2 \end{aligned}$$

これを ① に代入すると

$$\begin{aligned} AB^2 + AC^2 &= 2(AH^2 + BM^2 + MH^2) \\ &= 2(AH^2 + MH^2 + BM^2) \\ &= 2(AM^2 + BM^2) \end{aligned}$$

← △AMH において，三平方の定理により $AH^2 + MH^2 = AM^2$

よって　$AB^2 + AC^2 = 2(AM^2 + BM^2)$

(イ) $\angle ABC < 90°$，$\angle ACB \geqq 90°$ のとき，(ウ) $\angle ABC \geqq 90°$，$\angle ACB < 90°$ のとき，も同様に考えることができる。

また，ベクトルを用いる方法について，**Play Back** 1 の探究例題 1 (1) では始点を A にして考えたが，BC の中点 M を始点として考えることもできる。

〔証明〕

$\overrightarrow{MA} = \vec{a}$，$\overrightarrow{MB} = \vec{b}$ とおくと　$\overrightarrow{MC} = -\vec{b}$

よって　$\overrightarrow{AB} = \overrightarrow{MB} - \overrightarrow{MA} = \vec{b} - \vec{a}$

$\overrightarrow{AC} = \overrightarrow{MC} - \overrightarrow{MA} = -\vec{b} - \vec{a}$

ゆえに

$$\begin{aligned} AB^2 + AC^2 &= |\overrightarrow{AB}|^2 + |\overrightarrow{AC}|^2 \\ &= |\vec{b} - \vec{a}|^2 + |-\vec{b} - \vec{a}|^2 \\ &= (|\vec{b}|^2 - 2\vec{a}\cdot\vec{b} + |\vec{a}|^2) + (|\vec{b}|^2 + 2\vec{a}\cdot\vec{b} + |\vec{a}|^2) \\ &= 2(|\vec{a}|^2 + |\vec{b}|^2) \\ &= 2(|\overrightarrow{MA}|^2 + |\overrightarrow{MB}|^2) = 2(AM^2 + BM^2) \end{aligned}$$

したがって　$AB^2 + AC^2 = 2(AM^2 + BM^2)$

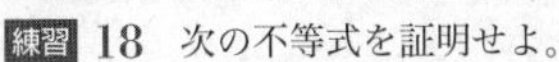

練習 18　次の不等式を証明せよ。

(1) $\vec{a}\cdot\vec{b} + \vec{b}\cdot\vec{c} + \vec{c}\cdot\vec{a} \leqq |\vec{a}|^2 + |\vec{b}|^2 + |\vec{c}|^2$　　(2) $2|\vec{a}| - 3|\vec{b}| \leqq |2\vec{a} + 3\vec{b}| \leqq 2|\vec{a}| + 3|\vec{b}|$

(1) (右辺) − (左辺) $= |\vec{a}|^2 + |\vec{b}|^2 + |\vec{c}|^2 - (\vec{a}\cdot\vec{b} + \vec{b}\cdot\vec{c} + \vec{c}\cdot\vec{a})$

$$= \frac{1}{2}(|\vec{a}|^2 - 2\vec{a}\cdot\vec{b} + |\vec{b}|^2) + \frac{1}{2}(|\vec{b}|^2 - 2\vec{b}\cdot\vec{c} + |\vec{c}|^2)$$

◀ $\vec{a}$，$\vec{b}$，$\vec{c}$ に関して対称である。

$+\frac{1}{2}(|\vec{c}|^2-2\vec{c}\cdot\vec{a}+|\vec{a}|^2)$

$=\frac{1}{2}|\vec{a}-\vec{b}|^2+\frac{1}{2}|\vec{b}-\vec{c}|^2+\frac{1}{2}|\vec{c}-\vec{a}|^2 \geqq 0$

◀ $|\vec{a}-\vec{b}|^2 \geqq 0$, $|\vec{b}-\vec{c}|^2 \geqq 0$, $|\vec{c}-\vec{a}|^2 \geqq 0$

よって　$\vec{a}\cdot\vec{b}+\vec{b}\cdot\vec{c}+\vec{c}\cdot\vec{a} \leqq |\vec{a}|^2+|\vec{b}|^2+|\vec{c}|^2$

(2)　[1]　$|2\vec{a}+3\vec{b}| \leqq 2|\vec{a}|+3|\vec{b}|$ を示す。

$(2|\vec{a}|+3|\vec{b}|)^2-|2\vec{a}+3\vec{b}|^2$

$=(4|\vec{a}|^2+12|\vec{a}||\vec{b}|+9|\vec{b}|^2)-(4|\vec{a}|^2+12\vec{a}\cdot\vec{b}+9|\vec{b}|^2)$

$=12(|\vec{a}||\vec{b}|-\vec{a}\cdot\vec{b}) \geqq 0$

◀ 左辺，右辺ともに 0 以上であるから (右辺)^2 − (左辺)$^2 \geqq 0$ を示す。

よって　$(2|\vec{a}|+3|\vec{b}|)^2 \geqq |2\vec{a}+3\vec{b}|^2$

◀ $|\vec{a}||\vec{b}|-\vec{a}\cdot\vec{b}$
$=|\vec{a}||\vec{b}|(1-\cos\theta) \geqq 0$
例題 18 参照。

$2|\vec{a}|+3|\vec{b}| \geqq 0$，$|2\vec{a}+3\vec{b}| \geqq 0$ より

$2|\vec{a}|+3|\vec{b}| \geqq |2\vec{a}+3\vec{b}|$

[2]　$2|\vec{a}|-3|\vec{b}| \leqq |2\vec{a}+3\vec{b}|$ を示す。

(ア)　$2|\vec{a}|-3|\vec{b}|<0$ のとき，$|2\vec{a}+3\vec{b}| \geqq 0$ であるから，明らかに成り立つ。

(イ)　$2|\vec{a}|-3|\vec{b}| \geqq 0$ のとき

$|2\vec{a}+3\vec{b}|^2-(2|\vec{a}|-3|\vec{b}|)^2$

$=(4|\vec{a}|^2+12\vec{a}\cdot\vec{b}+9|\vec{b}|^2)-(4|\vec{a}|^2-12|\vec{a}||\vec{b}|+9|\vec{b}|^2)$

$=12(\vec{a}\cdot\vec{b}+|\vec{a}||\vec{b}|) \geqq 0$

◀ 左辺，右辺ともに 0 以上であるから (右辺)^2 − (左辺)$^2 \geqq 0$ を示す。

よって　$|2\vec{a}+3\vec{b}|^2 \geqq (2|\vec{a}|-3|\vec{b}|)^2$

◀ $\vec{a}\cdot\vec{b}+|\vec{a}||\vec{b}|$
$=|\vec{a}||\vec{b}|(\cos\theta+1) \geqq 0$
例題 18 参照。

$|2\vec{a}+3\vec{b}| \geqq 0$，$2|\vec{a}|-3|\vec{b}| \geqq 0$ より

$|2\vec{a}+3\vec{b}| \geqq 2|\vec{a}|-3|\vec{b}|$

(ア)，(イ) より　$|2\vec{a}+3\vec{b}| \geqq 2|\vec{a}|-3|\vec{b}|$

[1]，[2] より　$2|\vec{a}|-3|\vec{b}| \leqq |2\vec{a}+3\vec{b}| \leqq 2|\vec{a}|+3|\vec{b}|$

〔別解〕

[2]　$2|\vec{a}|-3|\vec{b}| \leqq |2\vec{a}+3\vec{b}|$ を示す。

[1] より　$|2\vec{a}+3\vec{b}| \leqq 2|\vec{a}|+3|\vec{b}|$ であるから

$2\vec{a}$ を $2\vec{a}+3\vec{b}$，$3\vec{b}$ を $-3\vec{b}$ に置き換えると

$|(2\vec{a}+3\vec{b})+(-3\vec{b})| \leqq |2\vec{a}+3\vec{b}|+|-3\vec{b}|$

よって　$|2\vec{a}| \leqq |2\vec{a}+3\vec{b}|+|3\vec{b}|$

ゆえに　$2|\vec{a}|-3|\vec{b}| \leqq |2\vec{a}+3\vec{b}|$

練習 19　$\vec{a}$，$\vec{b}$ が $|\vec{a}+2\vec{b}|=\sqrt{2}$，$|2\vec{a}-\vec{b}|=1$ を満たすとき，$|3\vec{a}+\vec{b}|$ のとり得る値の範囲を求めよ。

$\vec{a}+2\vec{b}=\vec{p}$ …①，$2\vec{a}-\vec{b}=\vec{q}$ …② とおくと　$|\vec{p}|=\sqrt{2}$，$|\vec{q}|=1$

①＋②×2 より，$5\vec{a}=\vec{p}+2\vec{q}$ となり　$\vec{a}=\frac{\vec{p}+2\vec{q}}{5}$

①×2−② より，$5\vec{b}=2\vec{p}-\vec{q}$ となり　$\vec{b}=\frac{2\vec{p}-\vec{q}}{5}$

よって　$3\vec{a}+\vec{b}=\dfrac{3\vec{p}+6\vec{q}}{5}+\dfrac{2\vec{p}-\vec{q}}{5}=\dfrac{5\vec{p}+5\vec{q}}{5}=\vec{p}+\vec{q}$

ゆえに　$|3\vec{a}+\vec{b}|^2=|\vec{p}+\vec{q}|^2=|\vec{p}|^2+2\vec{p}\cdot\vec{q}+|\vec{q}|^2$

$=2+2\vec{p}\cdot\vec{q}+1$

$=3+2\vec{p}\cdot\vec{q}$

ここで，$-|\vec{p}||\vec{q}| \leqq \vec{p}\cdot\vec{q} \leqq |\vec{p}||\vec{q}|$ であるから

$-2\sqrt{2} \leqq 2\vec{p}\cdot\vec{q} \leqq 2\sqrt{2}$

$3-2\sqrt{2} \leqq 3+2\vec{p}\cdot\vec{q} \leqq 3+2\sqrt{2}$

したがって

$3-2\sqrt{2} \leqq |3\vec{a}+\vec{b}|^2 \leqq 3+2\sqrt{2}$

$|3\vec{a}+\vec{b}| \geqq 0$ より

$\sqrt{3-2\sqrt{2}} \leqq |3\vec{a}+\vec{b}| \leqq \sqrt{3+2\sqrt{2}}$

すなわち　$\boldsymbol{\sqrt{2}-1 \leqq |3\vec{a}+\vec{b}| \leqq \sqrt{2}+1}$

$|\vec{p}|=\sqrt{2}$，$|\vec{q}|=1$ のとき，$|3\vec{a}+\vec{b}|$ の範囲は

◀ $|3\vec{a}+\vec{b}|^2$ の範囲から考える。

◀ $\vec{p}\cdot\vec{q}$ のとり得る値の範囲が分かれば，$|3\vec{a}+\vec{b}|^2$ の範囲が分かる。$\vec{p}\cdot\vec{q}$ のとり得る値の範囲として，例題 18 (1) の不等式を用いる。

◀ $\sqrt{3-2\sqrt{2}}=\sqrt{(\sqrt{2}-1)^2}$

$\sqrt{3+2\sqrt{2}}=\sqrt{(\sqrt{2}+1)^2}$

チャレンジ 〈2〉
(1)　不等式 $(a^2+b^2+c^2)(x^2+y^2+z^2) \geqq (ax+by+cz)^2$ を証明せよ。
(2)　実数 x，y，z が $x^2+y^2+z^2=1$ を満たすとき，$3x+4y+5z$ の最大値を求めよ。

(1)　$\vec{p}=(a,\ b,\ c)$，$\vec{q}=(x,\ y,\ z)$ とおくと

(左辺) $=|\vec{p}|^2|\vec{q}|^2$，(右辺) $=(\vec{p}\cdot\vec{q})^2$

ここで，$-|\vec{p}||\vec{q}| \leqq \vec{p}\cdot\vec{q} \leqq |\vec{p}||\vec{q}|$ であるから

$(|\vec{p}||\vec{q}|)^2 \geqq (\vec{p}\cdot\vec{q})^2$

したがって　$(a^2+b^2+c^2)(x^2+y^2+z^2) \geqq (ax+by+cz)^2$

(2)　$\vec{p}=(3,\ 4,\ 5)$，$\vec{q}=(x,\ y,\ z)$ とおくと

$3x+4y+5z=\vec{p}\cdot\vec{q}$

$|\vec{p}|=\sqrt{3^2+4^2+5^2}=5\sqrt{2}$，$|\vec{q}|=\sqrt{x^2+y^2+z^2}-1$ であるから

$\vec{p}\cdot\vec{q} \leqq |\vec{p}||\vec{q}|=5\sqrt{2}$

よって，求める最大値は　$\boldsymbol{5\sqrt{2}}$

等号が成立するのは，$\vec{p} /\!/ \vec{q}$ のときである。よって，$x \neq 0$，$y \neq 0$，$z \neq 0$ のとき

◀ $\dfrac{a}{x}=\dfrac{b}{y}=\dfrac{c}{z}$ の場合である。

◀ $\vec{p}=(a, b, c)$，$\vec{q}=(x, y, z)$ とすると

$\vec{p}\cdot\vec{q}=ax+by+cz$

p.46　問題編 2　平面上のベクトルの成分と内積

問題 7　3つの単位ベクトル $\vec{a}$，$\vec{b}$，$\vec{c}$ が $\vec{a}+\vec{b}+\vec{c}=\vec{0}$ を満たしている。
$\vec{a}=(1,\ 0)$ のとき，$\vec{b}$，$\vec{c}$ を成分表示せよ。

$\vec{b}=(x,\ y)$ とおく。

$\vec{a}+\vec{b}+\vec{c}=\vec{0}$ より　$\vec{c}=-\vec{a}-\vec{b}=(-1-x,\ -y)$

$|\vec{b}|=|\vec{c}|=1$ であるから　$|\vec{b}|^2=|\vec{c}|^2=1$

◀ $\vec{b}$，$\vec{c}$ は単位ベクトル

よって　$\begin{cases} x^2+y^2=1 & \cdots ① \\ (-1-x)^2+(-y)^2=1 & \cdots ② \end{cases}$

② より　$x^2+2x+y^2=0$　$\cdots ③$

③ − ① より $2x=-1$ であるから　$x=-\dfrac{1}{2}$

これを ① に代入すると $y^2=\frac{3}{4}$ より　　$y=\pm\frac{\sqrt{3}}{2}$

したがって　　$\vec{b}=\left(-\frac{1}{2},\ \frac{\sqrt{3}}{2}\right)$, $\vec{c}=\left(-\frac{1}{2},\ -\frac{\sqrt{3}}{2}\right)$

または　　$\vec{b}=\left(-\frac{1}{2},\ -\frac{\sqrt{3}}{2}\right)$, $\vec{c}=\left(-\frac{1}{2},\ \frac{\sqrt{3}}{2}\right)$

◀下の図のような配置になっている。

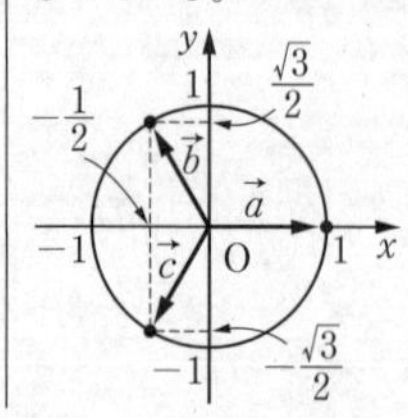

問題 **8**　平面上に 2 点 A$(x+1,\ 3-x)$, B$(1-2x,\ 4)$ がある。$\overrightarrow{AB}$ の大きさが 13 となるとき，$\overrightarrow{AB}$ と平行な単位ベクトルを成分表示せよ。

$\overrightarrow{AB}=((1-2x)-(x+1),\ 4-(3-x))=(-3x,\ x+1)$　　$\cdots$①

よって　　$|\overrightarrow{AB}|^2=(-3x)^2+(x+1)^2$
$=9x^2+(x^2+2x+1)$
$=10x^2+2x+1$

◀$\vec{a}=(a_1,\ a_2)$ のとき $|\vec{a}|=\sqrt{a_1{}^2+a_2{}^2}$
これより $|\vec{a}|^2=a_1{}^2+a_2{}^2$

$|\overrightarrow{AB}|=13$ より，$|\overrightarrow{AB}|^2=169$ であるから

$10x^2+2x+1=169$
$5x^2+x-84=0$
$(5x+21)(x-4)=0$

◀$10x^2+2x-168=0$ より $5x^2+x-84=0$

ゆえに　　$x=-\frac{21}{5},\ 4$

$\overrightarrow{AB}$ と平行な単位ベクトルは　　$\pm\frac{\overrightarrow{AB}}{|\overrightarrow{AB}|}=\pm\frac{1}{13}\overrightarrow{AB}$

◀$\overrightarrow{AB}$ の大きさは 13 であることに注意する。

(ア)　$x=-\frac{21}{5}$ のとき

①より　　$\overrightarrow{AB}=\left(\frac{63}{5},\ -\frac{16}{5}\right)$

よって，$\overrightarrow{AB}$ と平行な単位ベクトルは　　$\pm\frac{1}{13}\left(\frac{63}{5},\ -\frac{16}{5}\right)$

すなわち　　$\left(\frac{63}{65},\ -\frac{16}{65}\right)$ または $\left(-\frac{63}{65},\ \frac{16}{65}\right)$

(イ)　$x=4$ のとき

①より　　$\overrightarrow{AB}=(-12,\ 5)$

よって，$\overrightarrow{AB}$ と平行な単位ベクトルは　　$\pm\frac{1}{13}(-12,\ 5)$

すなわち　　$\left(-\frac{12}{13},\ \frac{5}{13}\right)$ または $\left(\frac{12}{13},\ -\frac{5}{13}\right)$

(ア), (イ) より，求める単位ベクトルは

$\left(\frac{63}{65},\ -\frac{16}{65}\right)$, $\left(-\frac{63}{65},\ \frac{16}{65}\right)$, $\left(-\frac{12}{13},\ \frac{5}{13}\right)$, $\left(\frac{12}{13},\ -\frac{5}{13}\right)$

問題 **9** 平面上の4点 $A(1,\ 2)$, $B(-2,\ 7)$, $C(p,\ q)$, $D(r,\ r+3)$ について，四角形ABCDがひし形となるとき，定数 p, q, r の値を求めよ。

四角形ABCDがひし形になるとき

$|\overrightarrow{AD}|=|\overrightarrow{AB}|$ …① かつ $\overrightarrow{AB}=\overrightarrow{DC}$ …②

◀ AD＝AB かつ AB∥DC かつ AB＝DC

$\overrightarrow{AB}=(-2-1,\ 7-2)=(-3,\ 5)$ より

$|\overrightarrow{AB}|^2=(-3)^2+5^2=34$

$\overrightarrow{AD}=(r-1,\ (r+3)-2)=(r-1,\ r+1)$ より

$|\overrightarrow{AD}|^2=(r-1)^2+(r+1)^2=2r^2+2$

◀ $(r-1)^2+(r+1)^2$
$=(r^2-2r+1)+(r^2+2r+1)$
$=2r^2+2$

① より　$2r^2+2=34$

$r^2=16$

よって　$r=\pm4$

(ア) $r=4$ のとき

点Dの座標は $(4,\ 7)$ であるから

$\overrightarrow{DC}=(p-4,\ q-7)$

② より　$(-3,\ 5)=(p-4,\ q-7)$

よって　$p=1,\ q=12$

(イ) $r=-4$ のとき

点Dの座標は $(-4,\ -1)$ であるから

$\overrightarrow{DC}=(p+4,\ q+1)$

◀ $\overrightarrow{DC}=(p-(-4),\ q-(-1))$
$=(p+4,\ q+1)$

② より　$(-3,\ 5)=(p+4,\ q+1)$

よって　$p=-7,\ q=4$

(ア), (イ) より，求める p, q, r の値は

$p=1,\ q=12,\ r=4$　または　$p=-7,\ q=4,\ r=-4$

問題 **10** $\vec{a}=(1,\ 1)$, $\vec{b}=(-1,\ 0)$, $\vec{c}=(1,\ 2)$ に対して，$\vec{c}$ が $(m^2-3)\vec{a}+m\vec{b}$ と平行になるような自然数 m を求めよ。　(関西大)

$\vec{a}=(1,\ 1)$, $\vec{b}=(-1,\ 0)$ より

$(m^2-3)\vec{a}+m\vec{b}=(m^2-3,\ m^2-3)+(-m,\ 0)$
$=(m^2-m-3,\ m^2-3)$

$\vec{c}=(1,\ 2)$ と平行であるから，k を実数とすると

$(m^2-m-3,\ m^2-3)=k(1,\ 2)$

◀ $\vec{a}\parallel\vec{b}$ のとき $\vec{b}=k\vec{a}$ となる実数 k が存在する。

よって　$\begin{cases} m^2-m-3=k & \cdots① \\ m^2-3=2k & \cdots② \end{cases}$

① より，$k=m^2-m-3$ を ② に代入すると

$m^2-3=2(m^2-m-3)$

$m^2-2m-3=0$

$(m-3)(m+1)=0$ となり　$m=-1,\ 3$

m は自然数より　**$m=3$**

問題 11 1辺の長さが1の正六角形ABCDEFにおいて，次の内積を求めよ。

(1) $\overrightarrow{AB}\cdot\overrightarrow{BE}$　　(2) $(\overrightarrow{AB}+\overrightarrow{FE})\cdot\overrightarrow{AD}$

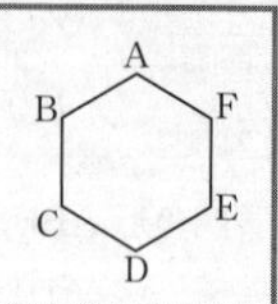

(1) $|\overrightarrow{AB}|=1$, $|\overrightarrow{BE}|=2$, $\overrightarrow{AB}$ と $\overrightarrow{BE}$ のなす角は
　$120°$

◀ $\overrightarrow{AB}$ と $\overrightarrow{BE}$ のなす角は，始点を一致させて考える。

よって

$$\overrightarrow{AB}\cdot\overrightarrow{BE}=1\times2\times\cos120°=\mathbf{-1}$$

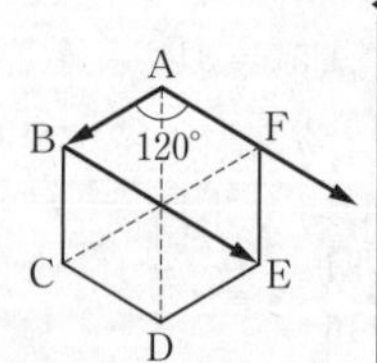

(2) $\overrightarrow{AB}+\overrightarrow{FE}=\overrightarrow{AB}+\overrightarrow{BC}=\overrightarrow{AC}$

よって　$(\overrightarrow{AB}+\overrightarrow{FE})\cdot\overrightarrow{AD}=\overrightarrow{AC}\cdot\overrightarrow{AD}$

$|\overrightarrow{AC}|=\sqrt{3}$，$|\overrightarrow{AD}|=2$，$\overrightarrow{AC}$ と $\overrightarrow{AD}$ のなす角は　$30°$

よって　$\overrightarrow{AC}\cdot\overrightarrow{AD}=\sqrt{3}\times2\times\cos30°=3$

したがって　$(\overrightarrow{AB}+\overrightarrow{FE})\cdot\overrightarrow{AD}=\mathbf{3}$

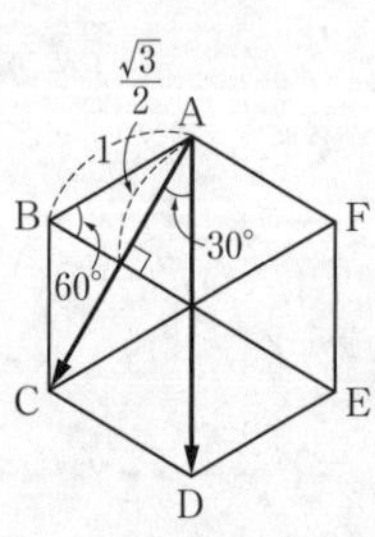

〔別解〕

$(\overrightarrow{AB}+\overrightarrow{FE})\cdot\overrightarrow{AD}=\overrightarrow{AB}\cdot\overrightarrow{AD}+\overrightarrow{FE}\cdot\overrightarrow{AD}$

◀ $(\vec{a}+\vec{b})\cdot\vec{c}=\vec{a}\cdot\vec{c}+\vec{b}\cdot\vec{c}$

$|\overrightarrow{AB}|=1$，$|\overrightarrow{AD}|=2$，$\overrightarrow{AB}$ と $\overrightarrow{AD}$ のなす角は　$60°$

よって　$\overrightarrow{AB}\cdot\overrightarrow{AD}=1\times2\times\cos60°=1$

$|\overrightarrow{FE}|=1$，$|\overrightarrow{AD}|=2$，$\overrightarrow{FE}$ と $\overrightarrow{AD}$ のなす角は　$0°$

よって　$\overrightarrow{FE}\cdot\overrightarrow{AD}=1\times2\times\cos0°=2$

したがって　$(\overrightarrow{AB}+\overrightarrow{FE})\cdot\overrightarrow{AD}=1+2=3$

問題 12 〔1〕 3点A(2, 3)，B(−2, 6)，C(1, 10) に対して，次のものを求めよ。

(1) 内積 $\overrightarrow{AB}\cdot\overrightarrow{AC}$　　(2) ∠BACの大きさ　　(3) ∠ABCの大きさ

〔2〕 平面上のベクトル $\vec{a}=(7,\ -1)$ とのなす角が45°で大きさが5であるようなベクトル $\vec{b}$ を求めよ。

〔1〕 (1) $\overrightarrow{AB}=(-2-2,\ 6-3)=(-4,\ 3)$

$\overrightarrow{AC}=(1-2,\ 10-3)=(-1,\ 7)$

よって

$$\overrightarrow{AB}\cdot\overrightarrow{AC}=(-4)\times(-1)+3\times7=\mathbf{25}$$

(2) ∠BACは $\overrightarrow{AB}$ と $\overrightarrow{AC}$ のなす角であるから

◀

$$\cos\angle BAC=\frac{\overrightarrow{AB}\cdot\overrightarrow{AC}}{|\overrightarrow{AB}||\overrightarrow{AC}|}$$

$|\overrightarrow{AB}|=\sqrt{(-4)^2+3^2}=5$，$|\overrightarrow{AC}|=\sqrt{(-1)^2+7^2}=5\sqrt{2}$ より

$$\cos\angle BAC=\frac{25}{5\cdot5\sqrt{2}}=\frac{1}{\sqrt{2}}$$

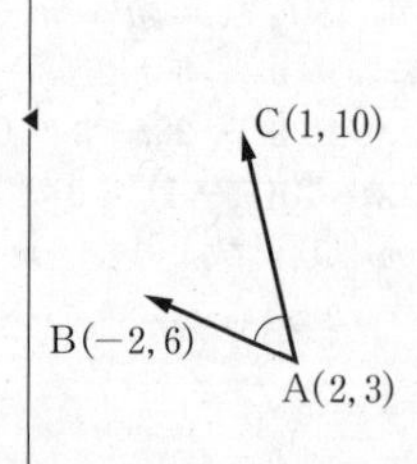

$0^\circ \leqq \angle\mathrm{BAC} \leqq 180^\circ$ より　　$\boldsymbol{\angle\mathrm{BAC}=45^\circ}$

(3)　$\overrightarrow{\mathrm{BA}}=(2-(-2),\ 3-6)=(4,\ -3)$

$\overrightarrow{\mathrm{BC}}=(1-(-2),\ 10-6)=(3,\ 4)$

よって　　$\overrightarrow{\mathrm{BA}}\cdot\overrightarrow{\mathrm{BC}}=4\times3+(-3)\times4=0$

$\overrightarrow{\mathrm{BA}}\neq\vec{0}$, $\overrightarrow{\mathrm{BC}}\neq\vec{0}$ であるから　　$\overrightarrow{\mathrm{BA}}\perp\overrightarrow{\mathrm{BC}}$

$0^\circ \leqq \angle\mathrm{ABC} \leqq 180^\circ$ より　　$\boldsymbol{\angle\mathrm{ABC}=90^\circ}$

◀ $\vec{a}\neq\vec{0}$, $\vec{b}\neq\vec{0}$ のとき $\vec{a}\cdot\vec{b}=0 \Longleftrightarrow \vec{a}\perp\vec{b}$

〔2〕 $\vec{b}=(x,\ y)$ とおくと

$\vec{a}\cdot\vec{b}=7\times x+(-1)\times y=7x-y$

$|\vec{a}|=\sqrt{7^2+(-1)^2}=5\sqrt{2}$, $|\vec{b}|=5$

◀ $\vec{a}$ が成分表示されているから，$\vec{b}$ を成分表示する。

よって　　$7x-y=5\sqrt{2}\cdot5\cdot\cos45^\circ$

◀ $\vec{a}\cdot\vec{b}=|\vec{a}||\vec{b}|\cos\theta$ より

整理すると　　$y=7x-25$　　…①

また，$|\vec{b}|=5$ より　　$x^2+y^2=25$

◀ $|\vec{b}|=\sqrt{x^2+y^2}$

①を代入すると　　$x^2+(7x-25)^2=25$

整理して　　$x^2-7x+12=0$

$(x-3)(x-4)=0$

よって　　$x=3,\ 4$

①より，$x=3$ のとき $y=-4$, $x=4$ のとき $y=3$

したがって　　$\boldsymbol{\vec{b}=(3,\ -4),\ (4,\ 3)}$

問題 13　$|\vec{a}+\vec{b}|=\sqrt{19}$, $|\vec{a}-\vec{b}|=7$, $|\vec{a}|<|\vec{b}|$, $\vec{a}$ と $\vec{b}$ のなす角が 120° のとき

(1)　内積 $\vec{a}\cdot\vec{b}$ を求めよ。　　(2)　$\vec{a}$, $\vec{b}$ の大きさをそれぞれ求めよ。

(3)　$\vec{a}+\vec{b}$ と $\vec{a}-\vec{b}$ のなす角を θ $(0^\circ \leqq \theta \leqq 180^\circ)$ とするとき，$\cos\theta$ の値を求めよ。

---

(1)　$|\vec{a}+\vec{b}|=\sqrt{19}$ の両辺を 2 乗すると

$|\vec{a}|^2+2\vec{a}\cdot\vec{b}+|\vec{b}|^2=19$　　…①

◀ ベクトルの大きさは 2 乗して展開する。

$|\vec{a}-\vec{b}|=7$ の両辺を 2 乗すると

$|\vec{a}|^2-2\vec{a}\cdot\vec{b}+|\vec{b}|^2=49$　　…②

①－② より　　$4\vec{a}\cdot\vec{b}=-30$

よって　　$\boldsymbol{\vec{a}\cdot\vec{b}=-\frac{15}{2}}$　　…③

(2)　$|\vec{a}|=\alpha$, $|\vec{b}|=\beta$ とおくと　　$0 \leqq \alpha < \beta$

◀ $|\vec{a}|<|\vec{b}|$

③を①に代入すると　　$|\vec{a}|^2-15+|\vec{b}|^2=19$

よって　　$\alpha^2+\beta^2=34$　　…④

また，$\vec{a}$ と $\vec{b}$ のなす角が 120° であるから，③より

$\alpha\beta\cos120^\circ=-\frac{15}{2}$

よって　　$\alpha\beta=15$　　…⑤

⑤より，$\alpha\neq0$ であるから　　$\beta=\frac{15}{\alpha}$　　…⑥

これを④に代入すると　　$\alpha^2+\frac{225}{\alpha^2}=34$

$\alpha^4-34\alpha^2+225=0$ より　　$(\alpha^2-9)(\alpha^2-25)=0$

◀ 分母をはらって整理する。

$\alpha>0$ より　　$\alpha=3,\ 5$

⑥より，$\alpha=3$ のとき $\beta=5$，$\alpha=5$ のとき $\beta=3$

$\alpha<\beta$ であるから　　$\alpha=3,\ \beta=5$

すなわち　　$|\vec{a}|=3,\ |\vec{b}|=5$

(3)　$(\vec{a}+\vec{b})\cdot(\vec{a}-\vec{b})=|\vec{a}|^2-|\vec{b}|^2=-16$

$\vec{a}+\vec{b}$ と $\vec{a}-\vec{b}$ のなす角が θ であるから

$$\cos\theta=\frac{(\vec{a}+\vec{b})\cdot(\vec{a}-\vec{b})}{|\vec{a}+\vec{b}||\vec{a}-\vec{b}|}=\frac{-16}{\sqrt{19}\times7}=-\frac{16\sqrt{19}}{133}$$

問題 14　2つのベクトル $\vec{a}=(t+2,\ t^2-k)$，$\vec{b}=(t^2,\ -t-1)$ がどのような実数 t に対しても垂直にならないような，実数 k の値の範囲を求めよ。ただし，$\vec{a}\neq\vec{0}$，$\vec{b}\neq\vec{0}$ とする。

（芝浦工業大　改）

$$\vec{a}\cdot\vec{b}=(t+2)t^2+(t^2-k)(-t-1)$$
$$=t^2+kt+k$$

$\vec{a}\neq\vec{0}$，$\vec{b}\neq\vec{0}$ のとき，$\vec{a}$ と $\vec{b}$ が垂直になるのは $\vec{a}\cdot\vec{b}=0$ のときであるから，どのような実数 t の値に対しても $\vec{a}$ と $\vec{b}$ が垂直にならないのは，2次方程式 $t^2+kt+k=0$ が実数解をもたないときである。

よって，この2次方程式の判別式を D とすると　　$D<0$

ゆえに　　$D=k^2-4k<0$

すなわち　　$k(k-4)<0$

したがって　　$\boldsymbol{0<k<4}$

◀ $\vec{a}\neq\vec{0}$，$\vec{b}\neq\vec{0}$ のとき $\vec{a}\perp\vec{b}\iff\vec{a}\cdot\vec{b}=0$

◀ 2次方程式 $ax^2+bx+c=0$ の判別式を D とすると 実数解をもたない $\iff D<0$

問題 15　$|\vec{x}-\vec{y}|=1$，$|\vec{x}-2\vec{y}|=2$ で $\vec{x}+\vec{y}$ と $6\vec{x}-7\vec{y}$ が垂直であるとき，次の問に答えよ。

(1)　$\vec{x}$ と $\vec{y}$ の大きさを求めよ。

(2)　$\vec{x}$ と $\vec{y}$ のなす角 θ（$0^\circ\leqq\theta\leqq180^\circ$）を求めよ。

---

(1)　$|\vec{x}-\vec{y}|=1$ の両辺を2乗すると　　$|\vec{x}-\vec{y}|^2=1$

よって　　$|\vec{x}|^2-2\vec{x}\cdot\vec{y}+|\vec{y}|^2=1$　　…①

$|\vec{x}-2\vec{y}|=2$ の両辺を2乗すると　　$|\vec{x}-2\vec{y}|^2=4$

よって　　$|\vec{x}|^2-4\vec{x}\cdot\vec{y}+4|\vec{y}|^2=4$　　…②

$(\vec{x}+\vec{y})\perp(6\vec{x}-7\vec{y})$ であるから

$$(\vec{x}+\vec{y})\cdot(6\vec{x}-7\vec{y})=0$$

$$6|\vec{x}|^2-\vec{x}\cdot\vec{y}-7|\vec{y}|^2=0\quad\cdots③$$

①×2−②より　　$|\vec{x}|^2-2|\vec{y}|^2=-2$　　…④

①−③×2より　　$-11|\vec{x}|^2+15|\vec{y}|^2=1$　　…⑤

④×11＋⑤より　　$-7|\vec{y}|^2=-21$

よって　　$|\vec{y}|^2=3$

$|\vec{y}|\geqq0$ より　　$|\vec{y}|=\sqrt{3}$

④に代入して　　$|\vec{x}|^2=4$

$|\vec{x}|\geqq0$ より　　$|\vec{x}|=2$

◀ まず，$\vec{x}\cdot\vec{y}$ を消去し，$|\vec{x}|^2$ と $|\vec{y}|^2$ の連立方程式をつくる。

(2) ① より　$4-2\vec{x}\cdot\vec{y}+3=1$

$$\vec{x}\cdot\vec{y}=3$$

よって　$\cos\theta=\dfrac{\vec{x}\cdot\vec{y}}{|\vec{x}||\vec{y}|}=\dfrac{3}{2\sqrt{3}}=\dfrac{\sqrt{3}}{2}$

$0^\circ \leqq \theta \leqq 180^\circ$ より　$\boldsymbol{\theta=30^\circ}$

問題 16　△OAB において，$\overrightarrow{OA}=\vec{a}$，$\overrightarrow{OB}=\vec{b}$ とおくと，$\vec{a}\cdot\vec{b}=3$，$|\vec{a}-\vec{b}|=1$，$(\vec{a}-\vec{b})\cdot(\vec{a}+2\vec{b})=-2$ である。

(1) $|\vec{a}|$，$|\vec{b}|$ を求めよ。　　(2) △OAB の面積を求めよ。

---

(1) $|\vec{a}-\vec{b}|=1$ の両辺を 2 乗すると

$$|\vec{a}-\vec{b}|^2=1$$

$$|\vec{a}|^2-2\vec{a}\cdot\vec{b}+|\vec{b}|^2=1$$

$\vec{a}\cdot\vec{b}=3$ を代入すると　$|\vec{a}|^2+|\vec{b}|^2=7$　…①

$(\vec{a}-\vec{b})\cdot(\vec{a}+2\vec{b})=-2$ であるから

$$|\vec{a}|^2+\vec{a}\cdot\vec{b}-2|\vec{b}|^2=-2$$

$\vec{a}\cdot\vec{b}=3$ を代入すると　$|\vec{a}|^2-2|\vec{b}|^2=-5$　…②

①−② より，$3|\vec{b}|^2=12$ であるから　$|\vec{b}|^2=4$

$|\vec{b}|\geqq 0$ より　$\boldsymbol{|\vec{b}|=2}$

① に代入すると　$|\vec{a}|^2=3$

$|\vec{a}|\geqq 0$ より　$\boldsymbol{|\vec{a}|=\sqrt{3}}$

◀ $|\vec{a}-\vec{b}|$ を 2 乗して，$\vec{a}\cdot\vec{b}$ をつくり出す。

◀ ①, ② を $|\vec{a}|^2$ と $|\vec{b}|^2$ の連立方程式と見なす。

(2) $\cos\angle AOB=\dfrac{\vec{a}\cdot\vec{b}}{|\vec{a}||\vec{b}|}=\dfrac{3}{\sqrt{3}\times 2}=\dfrac{\sqrt{3}}{2}$

$0^\circ<\angle AOB<180^\circ$ より，$\angle AOB=30^\circ$ であるから

$$\triangle OAB=\frac{1}{2}|\vec{a}||\vec{b}|\sin 30^\circ=\frac{1}{2}\cdot\sqrt{3}\cdot 2\cdot\frac{1}{2}=\boldsymbol{\frac{\sqrt{3}}{2}}$$

◀ $\triangle OAB=\dfrac{1}{2}OA\cdot OB\sin\angle AOB$

問題 17　3 点 A$(-1,\ -2)$，B$(3,\ 0)$，C$(1,\ 1)$ に対して，△ABC の面積を求めよ。

$$\overrightarrow{AB}=(3-(-1),\ 0-(-2))=(4,\ 2)$$

$$\overrightarrow{AC}=(1-(-1),\ 1-(-2))=(2,\ 3)$$

であるから

$$\triangle ABC=\frac{1}{2}|4\cdot 3-2\cdot 2|=4$$

問題 18　$|\vec{a}+\vec{b}+\vec{c}|^2\geqq 3(\vec{a}\cdot\vec{b}+\vec{b}\cdot\vec{c}+\vec{c}\cdot\vec{a})$ を証明せよ。

(左辺)−(右辺) $=|\vec{a}+\vec{b}+\vec{c}|^2-3(\vec{a}\cdot\vec{b}+\vec{b}\cdot\vec{c}+\vec{c}\cdot\vec{a})$

$=|\vec{a}|^2+|\vec{b}|^2+|\vec{c}|^2-2\vec{a}\cdot\vec{b}-2\vec{b}\cdot\vec{c}-2\vec{c}\cdot\vec{a}$

$$-3(\vec{a}\cdot\vec{b}+\vec{b}\cdot\vec{c}+\vec{c}\cdot\vec{a})$$

$$=(|\vec{a}|^2+|\vec{b}|^2+|\vec{c}|^2)-(\vec{a}\cdot\vec{b}+\vec{b}\cdot\vec{c}+\vec{c}\cdot\vec{a})$$

$$=\frac{1}{2}\{(2|\vec{a}|^2+2|\vec{b}|^2+2|\vec{c}|^2)-(2\vec{a}\cdot\vec{b}+2\vec{b}\cdot\vec{c}+2\vec{c}\cdot\vec{a})\}$$

$$=\frac{1}{2}(|\vec{a}-\vec{b}|^2+|\vec{b}-\vec{c}|^2+|\vec{c}-\vec{a}|^2)\geqq 0$$

◀ $|\vec{a}-\vec{b}|^2\geqq 0$, $|\vec{b}-\vec{c}|^2\geqq 0$, $|\vec{c}-\vec{a}|^2\geqq 0$

よって　$|\vec{a}+\vec{b}+\vec{c}|^2\geqq 3(\vec{a}\cdot\vec{b}+\vec{b}\cdot\vec{c}+\vec{c}\cdot\vec{a})$

問題 19　平面上の2つのベクトル $\vec{a}$, $\vec{b}$ はそれぞれの大きさが1であり，また平行でないとする。

(1)　$t\geqq 0$ であるような実数 t に対して，不等式 $0<|\vec{a}+t\vec{b}|^2\leqq(1+t)^2$ が成立することを示せ。

(2)　$t\geqq 0$ であるような実数 t に対して $\vec{p}=\dfrac{2t^2\vec{b}}{|\vec{a}+t\vec{b}|^2}$ とおき，$f(t)=|\vec{p}|$ とする。このとき，不等式 $f(t)\geqq\dfrac{2t^2}{(1+t)^2}$ が成立することを示せ。

(3)　$f(t)=1$ となる正の実数 t が存在することを示せ。　(新潟大)

(1)　$|\vec{a}|=|\vec{b}|=1$ より

$$|\vec{a}+t\vec{b}|^2=|\vec{a}|^2+2t\vec{a}\cdot\vec{b}+t^2|\vec{b}|^2$$

$$=t^2+1+2t\vec{a}\cdot\vec{b}\quad\cdots①$$

◀ $|\vec{a}|=1$,　$|\vec{b}|=1$

$-|\vec{a}||\vec{b}|\leqq\vec{a}\cdot\vec{b}\leqq|\vec{a}||\vec{b}|$ であるから　$-1\leqq\vec{a}\cdot\vec{b}\leqq 1$

$t\geqq 0$, $-1\leqq\vec{a}\cdot\vec{b}\leqq 1$ であるから，① より

$$|\vec{a}+t\vec{b}|^2\leqq t^2+1+2t\cdot 1=(1+t)^2\quad\cdots②$$

また，① より

$$t^2+1+2t\vec{a}\cdot\vec{b}=(t+\vec{a}\cdot\vec{b})^2-(\vec{a}\cdot\vec{b})^2+1$$

ここで，$\vec{a}$ と $\vec{b}$ は平行でないから

$$1-(\vec{a}\cdot\vec{b})^2=|\vec{a}|^2|\vec{b}|^2-(\vec{a}\cdot\vec{b})^2>0$$

すなわち　$0<|\vec{a}+t\vec{b}|^2\quad\cdots③$

②, ③ より　$0<|\vec{a}+t\vec{b}|^2\leqq(1+t)^2$

(2)　$f(t)=|\vec{p}|=\dfrac{2t^2|\vec{b}|}{|\vec{a}+t\vec{b}|^2}=\dfrac{2t^2}{|\vec{a}+t\vec{b}|^2}$

◀ $|\vec{b}|=1$

(1) より　$\dfrac{1}{|\vec{a}+t\vec{b}|^2}\geqq\dfrac{1}{(1+t)^2}$ であるから　$\dfrac{2t^2}{|\vec{a}+t\vec{b}|^2}\geqq\dfrac{2t^2}{(1+t)^2}$

したがって，$f(t)\geqq\dfrac{2t^2}{(1+t)^2}$ が成り立つ。

(3)　$f(t)=1$ のとき　$\dfrac{2t^2}{|\vec{a}+t\vec{b}|^2}=1$ より

$$2t^2=|\vec{a}+t\vec{b}|^2$$

$$=|\vec{a}|^2+2t\vec{a}\cdot\vec{b}+t^2|\vec{b}|^2$$

$$=1+2t\vec{a}\cdot\vec{b}+t^2$$

よって　　$t^2-2t\vec{a}\cdot\vec{b}-1=0$

ここで，$g(t)=t^2-2t\vec{a}\cdot\vec{b}-1$ とおくと

$$g(0)=-1<0$$

$y=g(t)$ は下に凸の放物線であるから，

$t>0$ の範囲で t 軸と交点をもつ。

したがって，$g(t)=0$ を満たす正の実数 t が存在するから，

$f(t)=1$ となる正の実数 t が存在する。

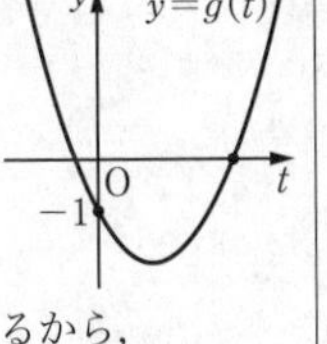

p.47 本質を問う 2

1 右の図において，内積 $\overrightarrow{AB}\cdot\overrightarrow{AC}$ の値を求めよ。

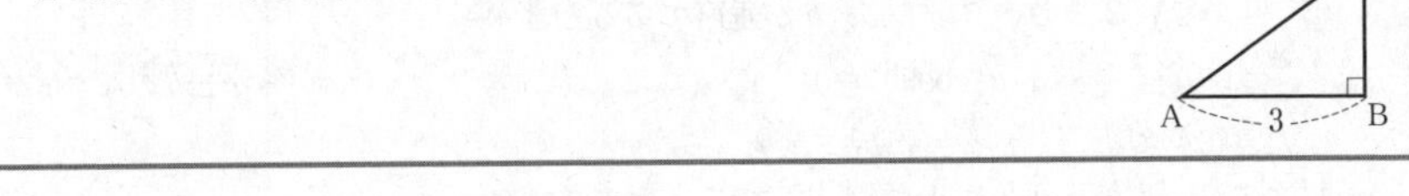

$\angle BAC=\theta$ とおくと　　$\cos\theta=\dfrac{AB}{AC}$

よって　　$AC\cos\theta=AB$

したがって　　$\overrightarrow{AB}\cdot\overrightarrow{AC}=|\overrightarrow{AB}||\overrightarrow{AC}|\cos\theta$

$=AB\times AC\cos\theta$

$=AB\times AB=3\times 3=\mathbf{9}$

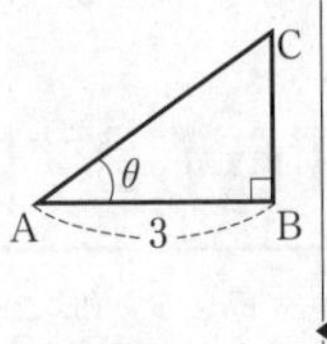

一般に，次のことが成り立つ。

$\vec{a}\cdot\vec{b}=(\vec{a}$ の大きさ$)$

$\times(\vec{a}$ への $\vec{b}$ の正射影ベクトルの大きさ$)$

◀ **Go Ahead** 4 参照。

2 $\vec{a}=(a_1,\ a_2)$，$\vec{b}=(b_1,\ b_2)$ とする。

〔1〕 $\vec{a}\cdot\vec{b}=a_1b_1+a_2b_2$ が成り立つことを余弦定理を用いて示せ。

〔2〕 $\vec{a}\neq\vec{0}$，$\vec{b}\neq\vec{0}$ とする。

(1) $\vec{a}\,/\!/\,\vec{b}$ であるとき，$a_1b_2-a_2b_1=0$ が成り立つことを示せ。

(2) $\vec{a}\perp\vec{b}$ であるとき，$a_1b_1+a_2b_2=0$ が成り立つことを示せ。

〔1〕 (ア) $\vec{a}=\vec{0}$ または $\vec{b}=\vec{0}$ のとき

$\vec{a}\cdot\vec{b}=0$，$a_1b_1+a_2b_2=0$ であるから　　$\vec{a}\cdot\vec{b}=a_1b_1+a_2b_2$

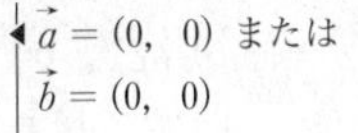

◀ $\vec{a}=(0,\ 0)$ または $\vec{b}=(0,\ 0)$

(イ) $\vec{a}\neq\vec{0}$ かつ $\vec{b}\neq\vec{0}$ のとき

右の図の △OAB において，$\vec{a}=\overrightarrow{OA}$，$\vec{b}=\overrightarrow{OB}$，$\angle AOB=\theta$ とする。

$0^\circ<\theta<180^\circ$ のとき，余弦定理により

$$AB^2=OA^2+OB^2-2OA\cdot OB\cos\theta \quad \cdots ①$$

① は，$\theta=0^\circ$，180° のときも成り立つ。

① より　　$|\vec{b}-\vec{a}|^2=|\vec{a}|^2+|\vec{b}|^2-2\vec{a}\cdot\vec{b}$

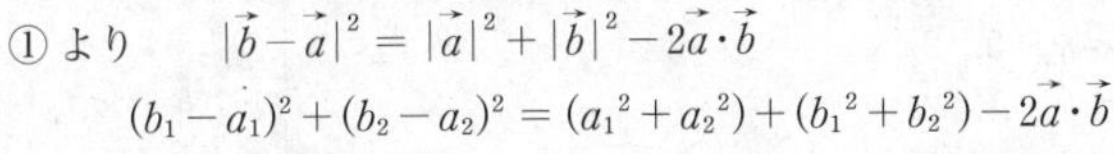

$$(b_1-a_1)^2+(b_2-a_2)^2=(a_1{}^2+a_2{}^2)+(b_1{}^2+b_2{}^2)-2\vec{a}\cdot\vec{b}$$

整理すると　　$\vec{a}\cdot\vec{b}=a_1b_1+a_2b_2$

(ア)，(イ) より，$\vec{a}\cdot\vec{b}=a_1b_1+a_2b_2$ が成り立つことが示された。

◀ 余弦定理を用いるために，△OAB を考える。

$\theta=0^\circ$，180° のとき，$\vec{a}\,/\!/\,\vec{b}$ である。

◀ $\theta=0^\circ$ のとき

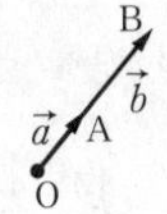

$\theta=180^\circ$ のとき

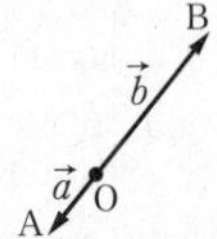

〔2〕 (1) $\vec{0}$ でない 2 つのベクトル $\vec{a}$，$\vec{b}$ が平行であるとき　　$\vec{b}=k\vec{a}$

すなわち，$(b_1,\ b_2)=k(a_1,\ a_2)$ となる 0 でない実数 k が存在するから

$$\begin{cases} b_1 = ka_1 & \cdots ① \\ b_2 = ka_2 & \cdots ② \end{cases}$$

(ア) $a_1 \neq 0$ のとき

①より　$k = \dfrac{b_1}{a_1}$

②に代入して　$b_2 = \dfrac{b_1}{a_1} \times a_2$

よって　$a_1b_2 = a_2b_1$　すなわち　$a_1b_2 - a_2b_1 = 0$

(イ) $a_1 = 0$ のとき

①より　$b_1 = 0$

よって　$a_1b_2 - a_2b_1 = 0$

(ア), (イ)より，$a_1b_2 - a_2b_1 = 0$ が成り立つことが示された。

(2) $\vec{0}$ でない2つのベクトル $\vec{a}$, $\vec{b}$ が垂直であるとき

$$\vec{a}\cdot\vec{b} = |\vec{a}||\vec{b}|\cos 90^\circ = 0$$

◀ $\vec{a}$ と $\vec{b}$ のなす角が 90°。

また，〔1〕より　$\vec{a}\cdot\vec{b} = a_1b_1 + a_2b_2$

以上より，$a_1b_1 + a_2b_2 = 0$ が成り立つことが示された。

p.48　Let's Try! 2

① 平面上に3つのベクトル $\vec{a} = (3,\ 2)$, $\vec{b} = (-1,\ 2)$, $\vec{c} = (4,\ 1)$ がある。

(1) $3\vec{a} + \vec{b} - 2\vec{c}$ を求めよ。

(2) $\vec{a} = m\vec{b} + n\vec{c}$ となる実数 m, n を求めよ。

(3) $(\vec{a} + k\vec{c}) /\!/ (2\vec{b} - \vec{a})$ となる実数 k を求めよ。

(4) この平面上にベクトル $\vec{d} = (x, y)$ をとる。ベクトル $\vec{d}$ が $(\vec{d} - \vec{c}) /\!/ (\vec{a} + \vec{b})$ および $|\vec{d} - \vec{c}| = 1$ を満たすように $\vec{d}$ を決めよ。　(東京工科大)

(1) $3\vec{a} + \vec{b} - 2\vec{c} = 3(3,\ 2) + (-1,\ 2) - 2(4,\ 1) = \mathbf{(0,\ 6)}$

(2) $m\vec{b} + n\vec{c} = m(-1,\ 2) + n(4,\ 1) = (-m + 4n,\ 2m + n)$

$\vec{a} = m\vec{b} + n\vec{c}$ より，$(3,\ 2) = (-m + 4n,\ 2m + n)$ であるから

$$\begin{cases} -m + 4n = 3 & \cdots ① \\ 2m + n = 2 & \cdots ② \end{cases}$$

◀ 各成分を比較する。

①, ②を連立して　$\boldsymbol{m = \dfrac{5}{9}}$, $\boldsymbol{n = \dfrac{8}{9}}$

(3) $\vec{a} + k\vec{c} = (3,\ 2) + k(4,\ 1) = (3 + 4k,\ 2 + k)$

$2\vec{b} - \vec{a} = 2(-1,\ 2) - (3,\ 2) = (-5,\ 2)$

$(\vec{a} + k\vec{c}) /\!/ (2\vec{b} - \vec{a})$ より，$\vec{a} + k\vec{c} = t(2\vec{b} - \vec{a})$ (t は実数) とおける。

◀ $\vec{a} = (a_1,\ a_2)$, $\vec{b} = (b_1,\ b_2)$ のとき，$\vec{a} /\!/ \vec{b} \Leftrightarrow a_1b_2 - a_2b_1 = 0$ より，$2(3 + 4k) - (-5)(2 + k) = 0$ としてもよい。

$$\begin{aligned}(3 + 4k,\ 2 + k) &= t(-5,\ 2) \\ &= (-5t,\ 2t)\end{aligned}$$

よって　$\begin{cases} 3 + 4k = -5t & \cdots ③ \\ 2 + k = 2t & \cdots ④ \end{cases}$

③, ④を連立して　$\boldsymbol{k = -\dfrac{16}{13}}$

(4) $\vec{d} - \vec{c} = (x,\ y) - (4,\ 1) = (x - 4,\ y - 1)$

$\vec{a}+\vec{b}=(3,\ 2)+(-1,\ 2)=(2,\ 4)$

$(\vec{d}-\vec{c}) /\!/ (\vec{a}+\vec{b})$ より，$\vec{d}-\vec{c}=s(\vec{a}+\vec{b})$ （s は実数）とおける。

$$(x-4,\ y-1)=s(2,\ 4)$$
$$=(2s,\ 4s)$$

よって $\begin{cases} x-4=2s & \cdots⑤ \\ y-1=4s & \cdots⑥ \end{cases}$

また　$|\vec{d}-\vec{c}|^2=(x-4)^2+(y-1)^2=1$　$\cdots⑦$

⑤，⑥を⑦に代入して

$$(2s)^2+(4s)^2=1 \quad \text{すなわち} \quad s=\pm\frac{\sqrt{5}}{10}$$

⑤，⑥より，$x=2s+4$，$y=4s+1$ であるから

$s=\frac{\sqrt{5}}{10}$ のとき　$x=4+\frac{\sqrt{5}}{5}$，$y=1+\frac{2\sqrt{5}}{5}$

$s=-\frac{\sqrt{5}}{10}$ のとき　$x=4-\frac{\sqrt{5}}{5}$，$y=1-\frac{2\sqrt{5}}{5}$

ゆえに　$\boldsymbol{\vec{d}=\left(4+\frac{\sqrt{5}}{5},\ 1+\frac{2\sqrt{5}}{5}\right),\ \left(4-\frac{\sqrt{5}}{5},\ 1-\frac{2\sqrt{5}}{5}\right)}$

---

② $|\vec{a}|=2$，$|\vec{b}|=\sqrt{2}$，$|\vec{a}-2\vec{b}|=2$ とする。

(1) $\vec{a}$ と $\vec{b}$ のなす角 θ （$0°<\theta<180°$）を求めよ。

(2) $|\vec{a}+t\vec{b}|$ の最小値，およびそのときの実数 t の値を求めよ。　（明治学院大　改）

---

(1) $|\vec{a}-2\vec{b}|=2$ の両辺を 2 乗すると　$|\vec{a}-2\vec{b}|^2=4$

$$|\vec{a}|^2-4\vec{a}\cdot\vec{b}+4|\vec{b}|^2=4$$

$|\vec{a}|=2$，$|\vec{b}|=\sqrt{2}$ を代入すると　$4-4\vec{a}\cdot\vec{b}+8=4$

よって　$\vec{a}\cdot\vec{b}=2$

ゆえに　$\cos\theta=\frac{\vec{a}\cdot\vec{b}}{|\vec{a}||\vec{b}|}=\frac{2}{2\sqrt{2}}=\frac{1}{\sqrt{2}}$

$0°<\theta<180°$ より　$\boldsymbol{\theta=45°}$

(2) $|\vec{a}+t\vec{b}|^2=|\vec{a}|^2+2t\vec{a}\cdot\vec{b}+t^2|\vec{b}|^2$

$$=2t^2+4t+4=2(t+1)^2+2$$

◀まず，$|\vec{a}+t\vec{b}|^2$ の最小値を考える。

よって，$|\vec{a}+t\vec{b}|^2$ は $t=-1$ のとき最小値 2 をとる。

このとき，$|\vec{a}+t\vec{b}|$ も最小となり，最小値は　$\sqrt{2}$

◀$|\vec{a}+t\vec{b}|\geqq 0$ であるから，$|\vec{a}+t\vec{b}|^2$ が最小のとき，$|\vec{a}+t\vec{b}|$ も最小となる。

したがって　**$t=-1$ のとき　最小値 $\sqrt{2}$**

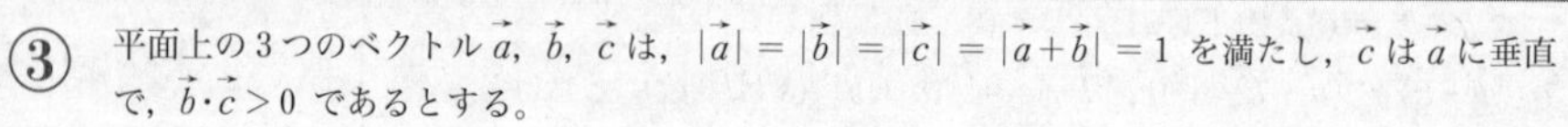

③ 平面上の3つのベクトル$\vec{a}$, $\vec{b}$, $\vec{c}$は，$|\vec{a}|=|\vec{b}|=|\vec{c}|=|\vec{a}+\vec{b}|=1$ を満たし，$\vec{c}$は$\vec{a}$に垂直で，$\vec{b}\cdot\vec{c}>0$ であるとする。

(1) $\vec{a}\cdot\vec{b}$, $|2\vec{a}+\vec{b}|$ の値および $2\vec{a}+\vec{b}$ と $\vec{b}$ のなす角を求めよ。

(2) ベクトル$\vec{c}$を$\vec{a}$と$\vec{b}$を用いて表せ。

(3) x, yを実数とする。ベクトル $\vec{p}=x\vec{a}+y\vec{c}$ が $0\leqq\vec{p}\cdot\vec{a}\leqq1$, $0\leqq\vec{p}\cdot\vec{b}\leqq1$ を満たすための必要十分条件を求めよ。

(4) xとyが(3)で求めた条件の範囲を動くとき，$\vec{p}\cdot\vec{c}$の最大値を求めよ。また，そのときの$\vec{p}$を$\vec{a}$と$\vec{b}$で表せ。

(センター試験　改)

(1) $|\vec{a}|=|\vec{b}|=|\vec{a}+\vec{b}|=1$ より

$$|\vec{a}+\vec{b}|^2=|\vec{a}|^2+2\vec{a}\cdot\vec{b}+|\vec{b}|^2=1$$

◀ $|\vec{a}+\vec{b}|^2=(\vec{a}+\vec{b})\cdot(\vec{a}+\vec{b})$

よって，$2+2\vec{a}\cdot\vec{b}=1$ より　$\boldsymbol{\vec{a}\cdot\vec{b}=-\frac{1}{2}}$

$$|2\vec{a}+\vec{b}|^2=4|\vec{a}|^2+4\vec{a}\cdot\vec{b}+|\vec{b}|^2=4-2+1=3$$

$|2\vec{a}+\vec{b}|\geqq0$ より　$\boldsymbol{|2\vec{a}+\vec{b}|=\sqrt{3}}$

また　$(2\vec{a}+\vec{b})\cdot\vec{b}=2\vec{a}\cdot\vec{b}+|\vec{b}|^2=-1+1=0$

$2\vec{a}+\vec{b}\neq\vec{0}$, $\vec{b}\neq\vec{0}$ であるから，$2\vec{a}+\vec{b}$ と $\vec{b}$ のなす角は **90°**

◀ $|2\vec{a}+\vec{b}|=\sqrt{3}$, $|\vec{b}|=1$ より $2\vec{a}+\vec{b}\neq\vec{0}$, $\vec{b}\neq\vec{0}$

(2) $\vec{c}=s\vec{a}+t\vec{b}$ (s, tは実数) とすると，$\vec{a}$と$\vec{c}$は垂直であるから

$$\vec{a}\cdot\vec{c}=\vec{a}\cdot(s\vec{a}+t\vec{b})=s|\vec{a}|^2+t\vec{a}\cdot\vec{b}=0$$

よって　$s-\frac{1}{2}t=0$　…①

◀ $|\vec{a}|^2=1$, $\vec{a}\cdot\vec{b}=-\frac{1}{2}$

また，$|\vec{c}|^2=1$ より

$$|s\vec{a}+t\vec{b}|^2=s^2|\vec{a}|^2+2st\vec{a}\cdot\vec{b}+t^2|\vec{b}|^2=1$$

◀ $|\vec{b}|^2=1$

よって　$s^2-st+t^2=1$　…②

また，$\vec{b}\cdot\vec{c}>0$ より　$\vec{b}\cdot(s\vec{a}+t\vec{b})=s\vec{a}\cdot\vec{b}+t|\vec{b}|^2>0$

よって　$-\frac{1}{2}s+t>0$　…③

①～③より　$2s=t>0$　かつ　$3s^2=1$

◀ $s^2-2s^2+4s^2=1$

ゆえに　$s=\frac{\sqrt{3}}{3}$, $t=\frac{2\sqrt{3}}{3}$

したがって　$\boldsymbol{\vec{c}=\frac{\sqrt{3}}{3}(\vec{a}+2\vec{b})}$

(3) (1)より　$\vec{a}\cdot\vec{b}=-\frac{1}{2}$

$\vec{a}\perp\vec{c}$ より　$\vec{a}\cdot\vec{c}=0$

また　$\vec{b}\cdot\vec{c}=\vec{b}\cdot\left(\frac{\sqrt{3}}{3}\vec{a}+\frac{2\sqrt{3}}{3}\vec{b}\right)$

$$=-\frac{\sqrt{3}}{6}+\frac{2\sqrt{3}}{3}=\frac{\sqrt{3}}{2}$$

◀ $\vec{a}\cdot\vec{b}=-\frac{1}{2}$

よって　$\vec{p}\cdot\vec{a}=(x\vec{a}+y\vec{c})\cdot\vec{a}=x|\vec{a}|^2+y\vec{a}\cdot\vec{c}=x$　…④

◀ $\vec{a}\cdot\vec{c}=0$

$$\vec{p}\cdot\vec{b}=(x\vec{a}+y\vec{c})\cdot\vec{b}=-\frac{1}{2}x+\frac{\sqrt{3}}{2}y\quad\cdots⑤$$

ゆえに，④より　$0\leqq x\leqq1$

⑤より　　$0 \leqq -\dfrac{1}{2}x+\dfrac{\sqrt{3}}{2}y \leqq 1$

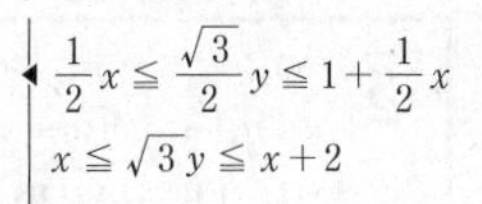

◀ $\dfrac{1}{2}x \leqq \dfrac{\sqrt{3}}{2}y \leqq 1+\dfrac{1}{2}x$
$x \leqq \sqrt{3}\,y \leqq x+2$

すなわち　　$x \leqq \sqrt{3}\,y \leqq x+2$
また，逆も成り立つ。
したがって，求める必要十分条件は　　$\boldsymbol{0 \leqq x \leqq 1,\ x \leqq \sqrt{3}\,y \leqq x+2}$

◀ $\dfrac{1}{\sqrt{3}}x \leqq y \leqq \dfrac{1}{\sqrt{3}}(x+2)$
としてもよい。
この条件を xy 平面で表すと下の図のようになる。

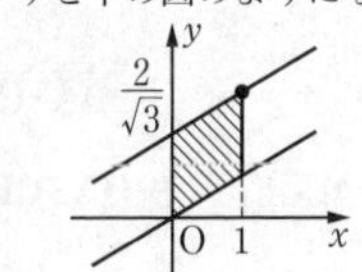

(4)　　$\vec{p}\cdot\vec{c}=(x\vec{a}+y\vec{c})\cdot\vec{c}=x\vec{a}\cdot\vec{c}+y|\vec{c}|^2=y$
よって，$\vec{p}\cdot\vec{c}$ の最大値は y の最大値と等しい。
(3)より，y は $\sqrt{3}\,y=x+2$ かつ $x=1$ のとき最大となり，その値は $\sqrt{3}\,y=1+2$ より　　$y=\sqrt{3}$
すなわち，$\vec{p}\cdot\vec{c}$ の **最大値** は $\sqrt{3}$
このとき

$$\vec{p}=\vec{a}+\sqrt{3}\,\vec{c}=\vec{a}+\sqrt{3}\left(\frac{\sqrt{3}}{3}\vec{a}+\frac{2\sqrt{3}}{3}\vec{b}\right)=\boldsymbol{2\vec{a}+2\vec{b}}$$

④ 鋭角三角形OABにおいて，頂点Bから辺OAに下ろした垂線をBCとする。
$\vec{a}=\overrightarrow{\mathrm{OA}}$，$\vec{b}=\overrightarrow{\mathrm{OB}}$ とする。次の問に答えよ。
(1)　$|\vec{a}|=2$ であるとき，$\overrightarrow{\mathrm{OC}}$ を内積 $\vec{a}\cdot\vec{b}$ と $\vec{a}$ を用いて表せ。
(2)　$|\vec{a}|=2$，$|\vec{b}|=\sqrt{3}$ であるとき，$0<\vec{a}\cdot\vec{b}<2\sqrt{3}$ を示せ。
(3)　$|\vec{a}|=2$，$|\vec{b}|=\sqrt{3}$ であるとき，$|\overrightarrow{\mathrm{CB}}|$ を内積 $\vec{a}\cdot\vec{b}$ を用いて表せ。　　(佐賀大　改)

(1)　$\overrightarrow{\mathrm{OC}}=k\vec{a}$ とおくと，$\overrightarrow{\mathrm{BC}}=\overrightarrow{\mathrm{OC}}-\overrightarrow{\mathrm{OB}}=k\vec{a}-\vec{b}$ であるから

$$\begin{aligned}\overrightarrow{\mathrm{OA}}\cdot\overrightarrow{\mathrm{BC}}&=\vec{a}\cdot(k\vec{a}-\vec{b})\\&=k|\vec{a}|^2-\vec{a}\cdot\vec{b}\\&=4k-\vec{a}\cdot\vec{b}\end{aligned}$$

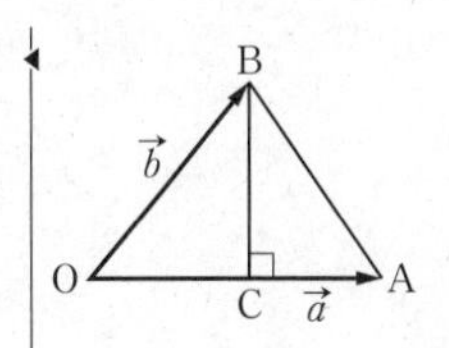

OA ⊥ BC より，$\overrightarrow{\mathrm{OA}}\cdot\overrightarrow{\mathrm{BC}}=0$ であるから

$$4k-\vec{a}\cdot\vec{b}=0$$

よって，$k=\dfrac{\vec{a}\cdot\vec{b}}{4}$ より　　$\boldsymbol{\overrightarrow{\mathrm{OC}}=\dfrac{\vec{a}\cdot\vec{b}}{4}\vec{a}}$

(2)　$\vec{a}$ と $\vec{b}$ のなす角を θ とすると

$$\vec{a}\cdot\vec{b}=|\vec{a}||\vec{b}|\cos\theta=2\sqrt{3}\cos\theta$$

$0°<\theta<90°$ であるから　　$0<\cos\theta<1$

◀ 鋭角三角形であるから，θ は鋭角である。

よって，$0<2\sqrt{3}\cos\theta<2\sqrt{3}$ となり　　$0<\vec{a}\cdot\vec{b}<2\sqrt{3}$

(3)　$\overrightarrow{\mathrm{CB}}=\overrightarrow{\mathrm{OB}}-\overrightarrow{\mathrm{OC}}=\vec{b}-\dfrac{\vec{a}\cdot\vec{b}}{4}\vec{a}$ であるから

◀ (1)の結果を用いる。

$$\begin{aligned}|\overrightarrow{\mathrm{CB}}|^2&=\left|\vec{b}-\frac{\vec{a}\cdot\vec{b}}{4}\vec{a}\right|^2=|\vec{b}|^2-\frac{(\vec{a}\cdot\vec{b})^2}{2}+\frac{(\vec{a}\cdot\vec{b})^2}{16}|\vec{a}|^2\\&=3-\frac{1}{4}(\vec{a}\cdot\vec{b})^2\end{aligned}$$

◀ (2)より
$3-\dfrac{1}{4}(\vec{a}\cdot\vec{b})^2>0$

よって　　$\boldsymbol{|\overrightarrow{\mathrm{CB}}|=\sqrt{3-\dfrac{1}{4}(\vec{a}\cdot\vec{b})^2}}$

⑤ Oを原点とする平面上に点A，B，Cがある。3点A，B，Cがつくる三角形が
$|\overrightarrow{OA}|=|\overrightarrow{OB}|=|\overrightarrow{OC}|=1$ …①，　$\overrightarrow{OA}+\overrightarrow{OB}+\overrightarrow{OC}=\vec{0}$ …② を満たすとき
(1) 内積 $\overrightarrow{OA}\cdot\overrightarrow{OB}$ の値を求めよ。　　(2) ∠AOBの大きさを求めよ。
(3) △ABCの面積を求めよ。　　(立命館大　改)

(1) ②より　$\overrightarrow{OC}=-\overrightarrow{OA}-\overrightarrow{OB}$

①より，$|\overrightarrow{OC}|^2=1$ であるから　$|-\overrightarrow{OA}-\overrightarrow{OB}|^2=1$

よって　$|\overrightarrow{OA}|^2+2\overrightarrow{OA}\cdot\overrightarrow{OB}+|\overrightarrow{OB}|^2=1$

$2\overrightarrow{OA}\cdot\overrightarrow{OB}+2=1$

ゆえに　$\boldsymbol{\overrightarrow{OA}\cdot\overrightarrow{OB}=-\frac{1}{2}}$

◀ $\overrightarrow{OA}\cdot\overrightarrow{OB}$ を求めるために $\overrightarrow{OC}$ を消去する。

◀ ①より $|\overrightarrow{OA}|^2=|\overrightarrow{OB}|^2=1$

(2) $\cos\angle AOB=\dfrac{\overrightarrow{OA}\cdot\overrightarrow{OB}}{|\overrightarrow{OA}||\overrightarrow{OB}|}=-\dfrac{1}{2}$

◀ $|\overrightarrow{OA}|=|\overrightarrow{OB}|=1$

$0°<\angle AOB<180°$ であるから　$\boldsymbol{\angle AOB=120°}$

(3) (2)と同様に考えると　$\angle BOC=120°$，$\angle COA=120°$

◀ 与えられた条件はA，B，Cに対称性がある。

明らかに，点Oは△ABCの内部にあるから

$\triangle ABC=\triangle AOB+\triangle BOC+\triangle COA$

$=3\cdot\dfrac{1}{2}\cdot1\cdot1\cdot\sin120°$

$=\boldsymbol{\dfrac{3\sqrt{3}}{4}}$

◀ △AOB＝△BOC＝△COAより △ABC＝3×△AOB

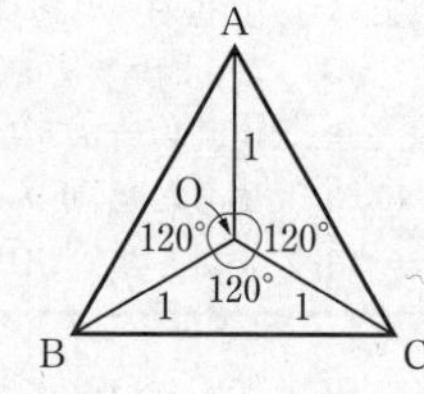

3　平面上の位置ベクトル

練習 20　平面上に 3 点 $A(\vec{a})$, $B(\vec{b})$, $C(\vec{c})$ がある。次の点の位置ベクトルを $\vec{a}$, $\vec{b}$, $\vec{c}$ を用いて表せ。

(1)　線分 BC を 3：2 に内分する点 $P(\vec{p})$

(2)　線分 CA の中点 $M(\vec{m})$

(3)　線分 AB を 3：2 に外分する点 $Q(\vec{q})$

(4)　△PMQ の重心 $G(\vec{g})$

(1)　$\vec{p}=\dfrac{2\vec{b}+3\vec{c}}{3+2}=\boldsymbol{\dfrac{2\vec{b}+3\vec{c}}{5}}$

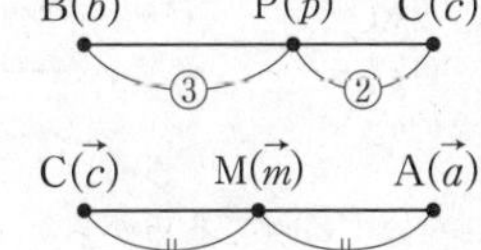

(2)　$\vec{m}=\boldsymbol{\dfrac{\vec{c}+\vec{a}}{2}}$

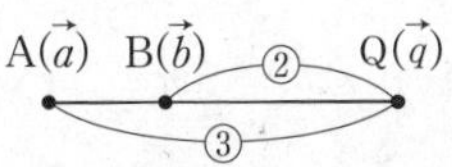

(3)　線分 AB を 3：(−2) に分ける点と考えて

$$\vec{q}=\frac{(-2)\vec{a}+3\vec{b}}{3+(-2)}=\boldsymbol{-2\vec{a}+3\vec{b}}$$

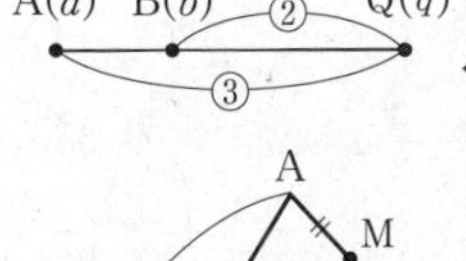

(4)　$\vec{g}=\dfrac{\vec{p}+\vec{m}+\vec{q}}{3}$

$$=\frac{1}{3}\left(\frac{2\vec{b}+3\vec{c}}{5}+\frac{\vec{c}+\vec{a}}{2}-2\vec{a}+3\vec{b}\right)$$

$$=\frac{4\vec{b}+6\vec{c}+5\vec{c}+5\vec{a}-20\vec{a}+30\vec{b}}{30}$$

$$=\boldsymbol{\frac{-15\vec{a}+34\vec{b}+11\vec{c}}{30}}$$

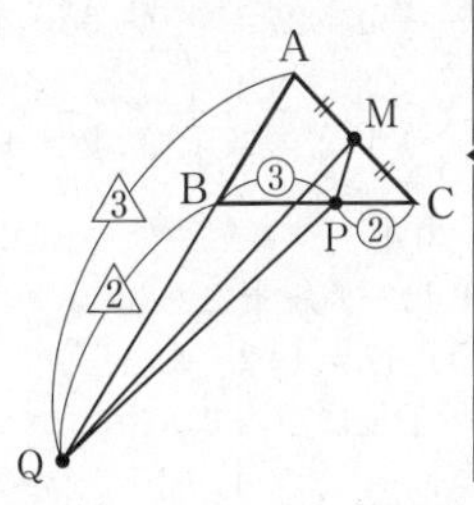

◀ $A(\vec{a})$, $B(\vec{b})$ に対し，線分 AB を $m:n$ に内分する点の位置ベクトルは

$$\frac{n\vec{a}+m\vec{b}}{m+n}$$

線分 AB の中点の位置ベクトルは　$\dfrac{\vec{a}+\vec{b}}{2}$

◀ 線分を $m:n$ に外分する点の位置ベクトルは $m:(-n)$ に内分すると考える。

◀ 重心の位置ベクトルは，3 頂点の位置ベクトルの和を 3 で割る。

練習 21　△ABC の辺 BC, CA, AB を 1：2 に内分する点をそれぞれ点 D, E, F とするとき，△ABC, △DEF の重心は一致することを示せ。

ある点 O に対し，$\overrightarrow{OA}=\vec{a}$, $\overrightarrow{OB}=\vec{b}$, $\overrightarrow{OC}=\vec{c}$ とおく。

$$\overrightarrow{OD}=\frac{2\vec{b}+\vec{c}}{3},\ \overrightarrow{OE}=\frac{2\vec{c}+\vec{a}}{3},\ \overrightarrow{OF}=\frac{2\vec{a}+\vec{b}}{3}$$

であるから，△DEF の重心を G′ とすると

$$\overrightarrow{OG'}=\frac{\overrightarrow{OD}+\overrightarrow{OE}+\overrightarrow{OF}}{3}$$

$$=\frac{1}{3}\left(\frac{2\vec{b}+\vec{c}}{3}+\frac{2\vec{c}+\vec{a}}{3}+\frac{2\vec{a}+\vec{b}}{3}\right)$$

$$=\frac{\vec{a}+\vec{b}+\vec{c}}{3}$$

一方，△ABC の重心を G とすると

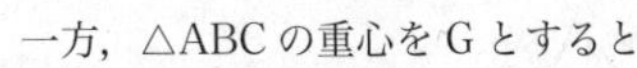

$$\overrightarrow{OG}=\frac{\vec{a}+\vec{b}+\vec{c}}{3}$$

$\overrightarrow{OG}=\overrightarrow{OG'}$ が成り立つから，△ABC, △DEF の重心は一致する。

◀

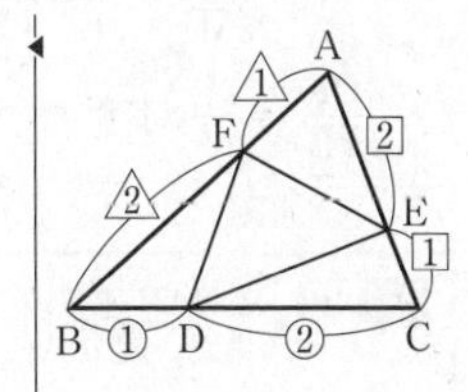

練習 22 △ABC において，辺 AB の中点を D，辺 BC を 2:1 に外分する点を E，辺 AC を 2:1 に内分する点を F とする。このとき，3 点 D，E，F が一直線上にあることを示せ。また，DF:FE を求めよ。

$\overrightarrow{AB}=\vec{a}$，$\overrightarrow{AC}=\vec{b}$ とする。

点 D は辺 AB の中点であるから　$\overrightarrow{AD}=\dfrac{1}{2}\vec{a}$

◀点 A を基準にして，$\overrightarrow{AB}$ と $\overrightarrow{AC}$ を用いて，ほかのベクトルを表す。

点 E は辺 BC を 2:1 に外分する点であるから

$$\overrightarrow{AE}=\frac{(-1)\overrightarrow{AB}+2\overrightarrow{AC}}{2+(-1)}$$
$$=-\vec{a}+2\vec{b}$$

点 F は辺 AC を 2:1 に内分する点であるから　$\overrightarrow{AF}=\dfrac{2}{3}\vec{b}$

ここで

$$\overrightarrow{DE}=\overrightarrow{AE}-\overrightarrow{AD}=(-\vec{a}+2\vec{b})-\frac{1}{2}\vec{a}$$
$$=-\frac{3}{2}\vec{a}+2\vec{b}=\frac{1}{2}(-3\vec{a}+4\vec{b})\quad\cdots①$$

◀$\overrightarrow{DE}=\overrightarrow{\square E}-\overrightarrow{\square D}$

$$\overrightarrow{DF}=\overrightarrow{AF}-\overrightarrow{AD}=\frac{2}{3}\vec{b}-\frac{1}{2}\vec{a}=\frac{1}{6}(-3\vec{a}+4\vec{b})\quad\cdots②$$

①，② より　$\overrightarrow{DE}=3\overrightarrow{DF}$

よって，3 点 D，E，F は一直線上にあり

$\mathrm{DF:FE}=1:(3-1)=\mathbf{1:2}$

〔別解〕　△ABC と直線 DE について

$$\frac{BE}{EC}\cdot\frac{CF}{FA}\cdot\frac{AD}{DB}=\frac{2}{1}\cdot\frac{1}{2}\cdot\frac{1}{1}=1$$

メネラウスの定理の逆により，3 点 D，E，F は一直線上にある。

このとき，△BDE において，メネラウスの定理により

$$\frac{BA}{AD}\cdot\frac{DF}{FE}\cdot\frac{EC}{CB}=1\quad すなわち\quad \frac{2}{1}\cdot\frac{DF}{FE}\cdot\frac{1}{1}=1$$

$\dfrac{DF}{FE}=\dfrac{1}{2}$ より　$\mathrm{DF:FE}=1:2$

練習 23 △OAB において，辺 OA を 3:1 に内分する点を E，辺 OB を 2:3 に内分する点を F とする。また，線分 AF と線分 BE の交点を P，直線 OP と辺 AB の交点を Q とする。さらに，$\overrightarrow{OA}=\vec{a}$，$\overrightarrow{OB}=\vec{b}$ とおく。

(1) $\overrightarrow{OP}$ を $\vec{a}$，$\vec{b}$ を用いて表せ。　　(2) $\overrightarrow{OQ}$ を $\vec{a}$，$\vec{b}$ を用いて表せ。

(3) AQ:QB，OP:PQ をそれぞれ求めよ。

(1) 点 E は辺 OA を 3:1 に内分する点であるから　$\overrightarrow{OE}=\dfrac{3}{4}\vec{a}$

点 F は辺 OB を 2:3 に内分する点であるから　$\overrightarrow{OF}=\dfrac{2}{5}\vec{b}$

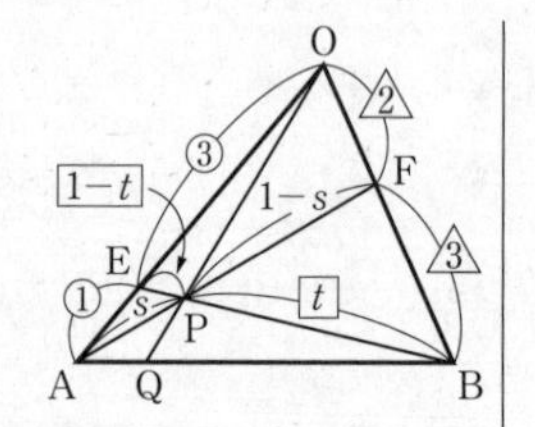

AP : PF $= s : (1-s)$ とおくと

$$\overrightarrow{OP} = (1-s)\overrightarrow{OA} + s\overrightarrow{OF}$$
$$= (1-s)\vec{a} + \frac{2}{5}s\vec{b} \quad \cdots ①$$

BP : PE $= t : (1-t)$ とおくと

$$\overrightarrow{OP} = (1-t)\overrightarrow{OB} + t\overrightarrow{OE} = \frac{3}{4}t\vec{a} + (1-t)\vec{b} \quad \cdots ②$$

$\vec{a} \neq \vec{0}$, $\vec{b} \neq \vec{0}$ であり，$\vec{a}$ と $\vec{b}$ は平行でないから

①，② より　$1-s = \frac{3}{4}t$　かつ　$\frac{2}{5}s = 1-t$

これを解くと　$s = \frac{5}{14}$，$t = \frac{6}{7}$

よって　$\boldsymbol{\overrightarrow{OP} = \frac{9}{14}\vec{a} + \frac{1}{7}\vec{b}}$

◀点 P を △OAF の 辺 AF の内分点と考える。

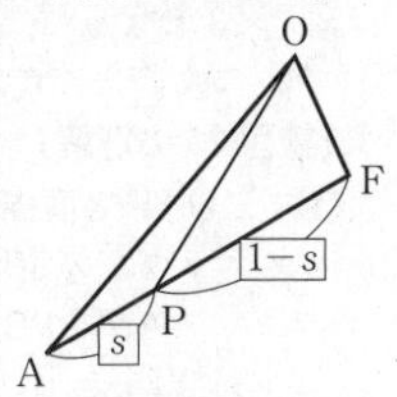

◀点 P を △OBE の辺 BE の内分点と考える。

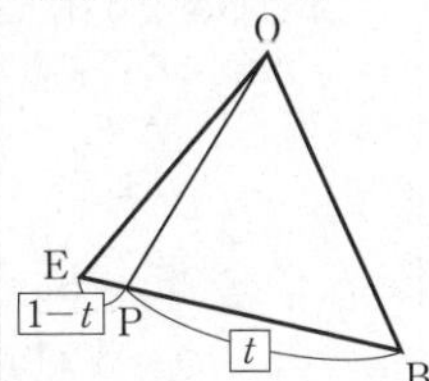

(2)　点 Q は直線 OP 上の点であるから

$$\overrightarrow{OQ} = k\overrightarrow{OP} = \frac{9}{14}k\vec{a} + \frac{1}{7}k\vec{b} \quad \cdots ③$$

とおける。

また，点 Q は辺 AB 上の点であるから，AQ : QB $= u : (1-u)$ とおくと　$\overrightarrow{OQ} = (1-u)\vec{a} + u\vec{b} \quad \cdots ④$

$\vec{a} \neq \vec{0}$, $\vec{b} \neq \vec{0}$ であり，$\vec{a}$ と $\vec{b}$ は平行でないから

③，④ より　$\frac{9}{14}k = 1-u$　かつ　$\frac{1}{7}k = u$

これを連立して解くと　$k = \frac{14}{11}$，$u = \frac{2}{11}$

よって　$\boldsymbol{\overrightarrow{OQ} = \frac{9}{11}\vec{a} + \frac{2}{11}\vec{b}}$

◀係数を比較するときには必ず 1 次独立であることを述べる。

◀ $\overrightarrow{OP} = \frac{9}{14}\vec{a} + \frac{1}{7}\vec{b} = \frac{9\vec{a} + 2\vec{b}}{14} = \frac{11}{14} \times \frac{9\vec{a} + 2\vec{b}}{11} = \frac{11}{14}\overrightarrow{OQ}$

と変形して考えてもよい。例題 25 参照。

〔別解〕

点 Q は直線 OP 上の点であるから

$$\overrightarrow{OQ} = k\overrightarrow{OP} = \frac{9}{14}k\vec{a} + \frac{1}{7}k\vec{b} \quad \cdots ③$$

とおける。

点 Q は辺 AB 上の点であるから　$\frac{9}{14}k + \frac{1}{7}k = 1$

これを解くと　$k = \frac{14}{11}$

③ に代入すると　$\overrightarrow{OQ} = \frac{9}{11}\vec{a} + \frac{2}{11}\vec{b}$

◀ $\overrightarrow{OQ} = s\overrightarrow{OA} + t\overrightarrow{OB}$ のとき点 Q が直線 AB 上にある $\iff s+t=1$

(3)　(2) より　AQ : QB $= \frac{2}{11} : \frac{9}{11} = \mathbf{2 : 9}$

また，(2) より　$\overrightarrow{OP} = \frac{11}{14}\overrightarrow{OQ}$

よって，OP : OQ $= 11 : 14$ となるから

OP : PQ = 11 : 3

◀ $\overrightarrow{OQ} = \frac{9\vec{a} + 2\vec{b}}{11} = \frac{9\overrightarrow{OA} + 2\overrightarrow{OB}}{2+9}$

より点 Q は線分 AB を 2 : 9 に内分すると考えてもよい。

Plus One

練習 23 のように，三角形の頂点や分点を結ぶ 2 直線の交点の位置ベクトルを求める問題では，数学 A で学習したメネラウスの定理やチェバの定理を用いる解法も有効である。

〔練習 23 の別解〕

(1) △OAF と直線 BE において，メネラウスの定理により

$$\frac{\mathrm{AP}}{\mathrm{PF}}\cdot\frac{\mathrm{FB}}{\mathrm{BO}}\cdot\frac{\mathrm{OE}}{\mathrm{EA}}=1$$

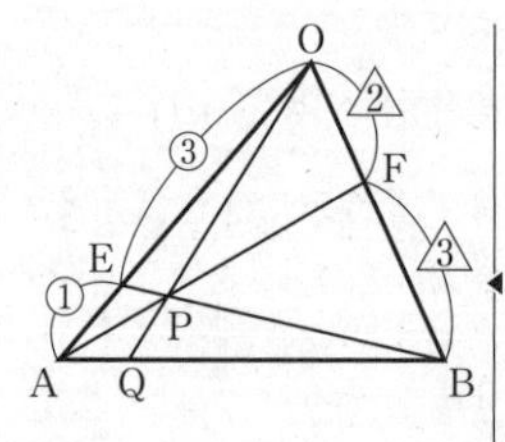

ここで，点 E，F はそれぞれ，辺 OA を 3:1，辺 OB を 2:3 に内分する点であるから

$$\frac{\mathrm{AP}}{\mathrm{PF}}\cdot\frac{3}{5}\cdot\frac{3}{1}=1$$

◀ $\frac{\mathrm{FB}}{\mathrm{BO}}=\frac{3}{2+3}=\frac{3}{5}$

$\frac{\mathrm{OE}}{\mathrm{EA}}=\frac{3}{1}$

すなわち　$\frac{\mathrm{AP}}{\mathrm{PF}}=\frac{5}{9}$

よって，AP : PF = 5 : 9 であるから

$$\overrightarrow{\mathrm{OP}}=\frac{9\overrightarrow{\mathrm{OA}}+5\overrightarrow{\mathrm{OF}}}{5+9}=\frac{9}{14}\overrightarrow{\mathrm{OA}}+\frac{5}{14}\overrightarrow{\mathrm{OF}}$$

ここで，$\overrightarrow{\mathrm{OA}}=\vec{a}$，$\overrightarrow{\mathrm{OF}}=\frac{2}{5}\overrightarrow{\mathrm{OB}}=\frac{2}{5}\vec{b}$ より

$$\overrightarrow{\mathrm{OP}}=\frac{9}{14}\vec{a}+\frac{5}{14}\times\frac{2}{5}\vec{b}=\frac{9}{14}\vec{a}+\frac{1}{7}\vec{b}\qquad\cdots①$$

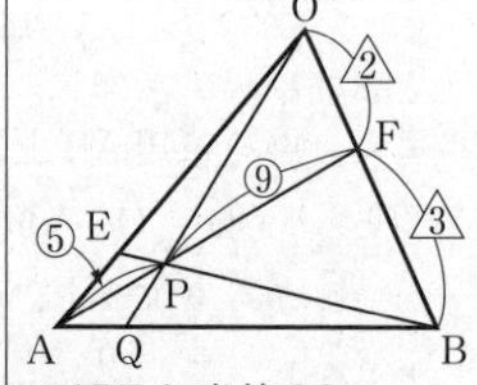

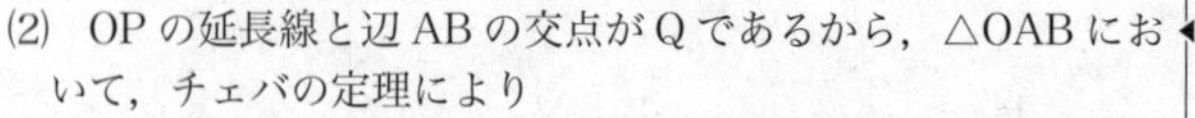

(2) OP の延長線と辺 AB の交点が Q であるから，△OAB において，チェバの定理により

$$\frac{\mathrm{AQ}}{\mathrm{QB}}\cdot\frac{\mathrm{BF}}{\mathrm{FO}}\cdot\frac{\mathrm{OE}}{\mathrm{EA}}=1\quad\text{すなわち}\quad\frac{\mathrm{AQ}}{\mathrm{QB}}\cdot\frac{3}{2}\cdot\frac{3}{1}=1$$

よって　$\frac{\mathrm{AQ}}{\mathrm{QB}}=\frac{2}{9}$　すなわち　AQ : QB = 2 : 9　…②

ゆえに　$\overrightarrow{\mathrm{OQ}}=\frac{9\overrightarrow{\mathrm{OA}}+2\overrightarrow{\mathrm{OB}}}{2+9}=\frac{9}{11}\vec{a}+\frac{2}{11}\vec{b}$　…③

◀ △ABF と直線 OQ について，メネラウスの定理により

$\frac{\mathrm{AQ}}{\mathrm{QB}}\cdot\frac{\mathrm{BO}}{\mathrm{OF}}\cdot\frac{\mathrm{FP}}{\mathrm{PA}}=1$

(1) より AP : PF = 5 : 9 であるから

$\frac{\mathrm{AQ}}{\mathrm{QB}}\cdot\frac{5}{2}\cdot\frac{9}{5}=1$

よって　AQ : QB = 2 : 9 と考えてもよい。

(3) ② より　AQ : QB = 2 : 9

また，①，③ より，$\overrightarrow{\mathrm{OP}}=\frac{11}{14}\overrightarrow{\mathrm{OQ}}$ であるから

OP : PQ = 11 : 3

練習 24　△ABC において，辺 BC を 2 : 3 に内分する点を D とし，線分 AD の中点を E とする。直線 BE と辺 AC の交点を F とするとき，AF : FC を求めよ。

$\overrightarrow{\mathrm{BA}}=\vec{a}$，$\overrightarrow{\mathrm{BC}}=\vec{c}$ とおく。

点 D は辺 BC を 2 : 3 に内分するから

$$\overrightarrow{\mathrm{BD}}=\frac{2}{5}\overrightarrow{\mathrm{BC}}=\frac{2}{5}\vec{c}$$

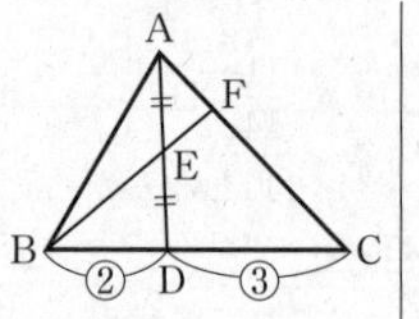

点 E は線分 AD の中点であるから

$$\overrightarrow{\mathrm{BE}}=\frac{\overrightarrow{\mathrm{BA}}+\overrightarrow{\mathrm{BD}}}{2}=\frac{\vec{a}+\frac{2}{5}\vec{c}}{2}=\frac{1}{2}\vec{a}+\frac{1}{5}\vec{c}$$

F は直線 BE 上にあるから

$$\overrightarrow{\mathrm{BF}}=k\overrightarrow{\mathrm{BE}}=\frac{1}{2}k\vec{a}+\frac{1}{5}k\vec{c} \quad \cdots ①$$

となる実数 k がある。

また，点 F は辺 AC 上にあるから　$\frac{1}{2}k+\frac{1}{5}k=1$

よって　$k=\frac{10}{7}$

このとき，① より $\overrightarrow{\mathrm{BF}}=\frac{5}{7}\vec{a}+\frac{2}{7}\vec{c}$ となるから

AF : FC = 2 : 5

〔別解〕

△ACD と直線 BF について，メネラウスの定理により

$$\frac{\mathrm{CB}}{\mathrm{BD}}\cdot\frac{\mathrm{DE}}{\mathrm{EA}}\cdot\frac{\mathrm{AF}}{\mathrm{FC}}=1$$

よって　$\frac{5}{2}\cdot\frac{1}{1}\cdot\frac{\mathrm{AF}}{\mathrm{FC}}=1$

ゆえに，$\frac{\mathrm{AF}}{\mathrm{FC}}=\frac{2}{5}$ であるから

AF : FC = 2 : 5

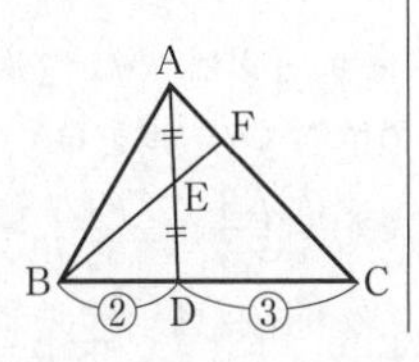

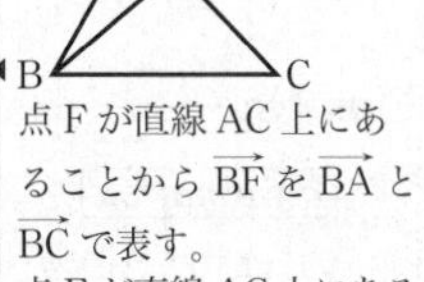

◀点 F が直線 AC 上にあることから $\overrightarrow{\mathrm{BF}}$ を $\overrightarrow{\mathrm{BA}}$ と $\overrightarrow{\mathrm{BC}}$ で表す。
点 F が直線 AC 上にある。
$\Longleftrightarrow \overrightarrow{\mathrm{BF}}=s\overrightarrow{\mathrm{BA}}+t\overrightarrow{\mathrm{BC}}$
$(s+t=1)$

練習 25　△ABC の内部の点 P が $2\overrightarrow{\mathrm{PA}}+3\overrightarrow{\mathrm{PB}}+4\overrightarrow{\mathrm{PC}}=\vec{0}$ を満たしている。AP の延長と辺 BC の交点を D とするとき，次の問に答えよ。

(1) BD : DC および AP : PD を求めよ。　(2) △PBC : △PCA : △PAB を求めよ。

---

(1) $2\overrightarrow{\mathrm{PA}}+3\overrightarrow{\mathrm{PB}}+4\overrightarrow{\mathrm{PC}}=\vec{0}$ より

$$2(-\overrightarrow{\mathrm{AP}})+3(\overrightarrow{\mathrm{AB}}-\overrightarrow{\mathrm{AP}})+4(\overrightarrow{\mathrm{AC}}-\overrightarrow{\mathrm{AP}})=\vec{0}$$

$$-9\overrightarrow{\mathrm{AP}}+3\overrightarrow{\mathrm{AB}}+4\overrightarrow{\mathrm{AC}}=\vec{0}$$

よって　$\overrightarrow{\mathrm{AP}}=\frac{3\overrightarrow{\mathrm{AB}}+4\overrightarrow{\mathrm{AC}}}{9}$

$$=\frac{7}{9}\times\frac{3\overrightarrow{\mathrm{AB}}+4\overrightarrow{\mathrm{AC}}}{7}$$

3 点 A，P，D は一直線上にあり，点 D は辺 BC 上の点であるから

$$\overrightarrow{\mathrm{AD}}=\frac{3\overrightarrow{\mathrm{AB}}+4\overrightarrow{\mathrm{AC}}}{7},\ \overrightarrow{\mathrm{AP}}=\frac{7}{9}\overrightarrow{\mathrm{AD}}$$

すなわち，点 D は線分 BC を 4 : 3 に内分し，点 P は線分 AD を 7 : 2 に内分する。

したがって　**BD : DC = 4 : 3，AP : PD = 7 : 2**

(2) △ABC の面積を S とすると

$$\triangle\mathrm{PBC}=\frac{2}{9}S$$

$$\triangle\mathrm{PCA}=\frac{7}{9}\triangle\mathrm{ACD}=\frac{7}{9}\times\frac{3}{7}S=\frac{1}{3}S$$

$$\triangle\mathrm{PAB}=\frac{7}{9}\triangle\mathrm{ABD}=\frac{7}{9}\times\frac{4}{7}S=\frac{4}{9}S$$

よって

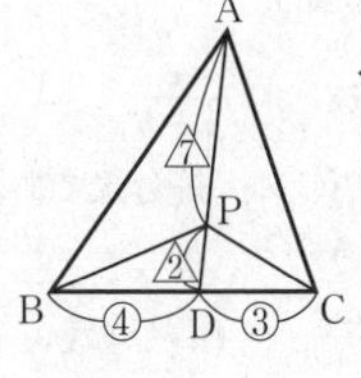

◀始点を A とするベクトルに直し，$\overrightarrow{\mathrm{AP}}$ を $\overrightarrow{\mathrm{AB}}$ と $\overrightarrow{\mathrm{AC}}$ で表す。

◀$3\overrightarrow{\mathrm{AB}}+4\overrightarrow{\mathrm{AC}}$ の係数の合計が 7 であるから，分母が 7 になるように変形する。

◀$\overrightarrow{\mathrm{AD}}=k\overrightarrow{\mathrm{AP}}$ とおき，
$\overrightarrow{\mathrm{AD}}=\frac{3}{9}k\overrightarrow{\mathrm{AB}}+\frac{4}{9}k\overrightarrow{\mathrm{AC}}$
から，$\frac{3}{9}k+\frac{4}{9}k=1$ を解いて求めてもよい。

◀三角形の面積比は，辺の長さの比を利用する。

$$\triangle PBC : \triangle PCA : \triangle PAB = \frac{2}{9}S : \frac{1}{3}S : \frac{4}{9}S = 2:3:4$$

Plus One

information

△ABC の内部に点 P があり，正の実数 a，b，c について，$a\overrightarrow{AP}+b\overrightarrow{BP}+c\overrightarrow{CP}=\vec{0}$ を満たすとき，$\triangle PBC : \triangle PCA : \triangle PAB = a:b:c$ となることを証明する問題は，岩手県立大学（2017 年）の入試で出題されている。**Play Back** 5 参照。

練習 26 $\overrightarrow{OA}=(3,\ -4)$，$\overrightarrow{OB}=(-8,\ 6)$ とするとき，∠AOB の二等分線と平行な単位ベクトルを求めよ。

$|\overrightarrow{OA}|=\sqrt{3^2+(-4)^2}=5$，$|\overrightarrow{OB}|=\sqrt{(-8)^2+6^2}=10$

$\overrightarrow{OA}$，$\overrightarrow{OB}$ と同じ向きの単位ベクトルを $\overrightarrow{OA'}$，$\overrightarrow{OB'}$ とすると

$$\overrightarrow{OA'}=\frac{1}{5}(3,\ -4)=\left(\frac{3}{5},\ -\frac{4}{5}\right)$$

$$\overrightarrow{OB'}=\frac{1}{10}(-8,\ 6)=\left(-\frac{4}{5},\ \frac{3}{5}\right)$$

◀ $\overrightarrow{OA}$ と同じ向きの単位ベクトルは $\dfrac{\overrightarrow{OA}}{|\overrightarrow{OA}|}$

ここで，$\overrightarrow{OA'}+\overrightarrow{OB'}=\overrightarrow{OC}$ とすると，$\overrightarrow{OC}$ は ∠AOB の二等分線と平行なベクトルとなる。

$$\overrightarrow{OC}=\left(\frac{3}{5},\ -\frac{4}{5}\right)+\left(-\frac{4}{5},\ \frac{3}{5}\right)=\left(-\frac{1}{5},\ -\frac{1}{5}\right)$$

ここで　$|\overrightarrow{OC}|=\sqrt{\left(-\frac{1}{5}\right)^2+\left(-\frac{1}{5}\right)^2}=\frac{\sqrt{2}}{5}$

求める単位ベクトルは $\pm\dfrac{5}{\sqrt{2}}\overrightarrow{OC}$ であるから

$$\left(-\frac{\sqrt{2}}{2},\ -\frac{\sqrt{2}}{2}\right),\ \left(\frac{\sqrt{2}}{2},\ \frac{\sqrt{2}}{2}\right)$$

◀ 平行なベクトルであるから同じ向きと逆向きの 2 つを考えなければならない。

練習 27 OA $=a$，OB $=b$，AB $=c$ である △OAB の内心を I とする。このとき，$\overrightarrow{OI}$ を a，b，c および $\overrightarrow{OA}$，$\overrightarrow{OB}$ を用いて表せ。

∠AOB の二等分線と辺 AB の交点を C とすると

$$AC:CB=OA:OB=a:b$$

◀ 三角形の角の二等分線の性質

ゆえに　$\overrightarrow{OC}=\dfrac{b\overrightarrow{OA}+a\overrightarrow{OB}}{a+b}$

◀ 点 C は，線分 AB を $a:b$ に内分する点である。

また　$AC=\dfrac{a}{a+b}AB=\dfrac{ac}{a+b}$

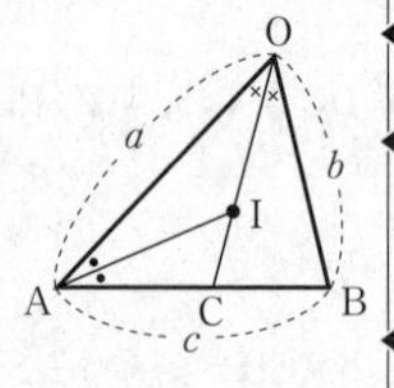

次に，線分 AI は ∠OAC の二等分線であるから

$$OI:IC=AO:AC$$

$$=a:\frac{ac}{a+b}=(a+b):c$$

◀ △ACO において，AI は ∠OAC の二等分線である。

よって

$$\overrightarrow{\mathrm{OI}}=\frac{a+b}{(a+b)+c}\overrightarrow{\mathrm{OC}}$$

$$=\frac{a+b}{a+b+c}\times\frac{b\overrightarrow{\mathrm{OA}}+a\overrightarrow{\mathrm{OB}}}{a+b}=\boldsymbol{\frac{b\overrightarrow{\mathrm{OA}}+a\overrightarrow{\mathrm{OB}}}{a+b+c}}$$

練習 28 $\mathrm{AB}=7$, $\mathrm{AC}=5$, $\overrightarrow{\mathrm{AB}}\cdot\overrightarrow{\mathrm{AC}}=10$ である △ABC の外心を O とする。

(1) $\overrightarrow{\mathrm{AO}}$ を $\overrightarrow{\mathrm{AB}}$, $\overrightarrow{\mathrm{AC}}$ を用いて表せ。また，$\overrightarrow{\mathrm{AO}}$ の大きさを求めよ。

(2) 直線 AO と辺 BC の交点を D とするとき，BD:DC，AO:OD を求めよ。

(1) $\overrightarrow{\mathrm{AO}}=s\overrightarrow{\mathrm{AB}}+t\overrightarrow{\mathrm{AC}}$ とおく。

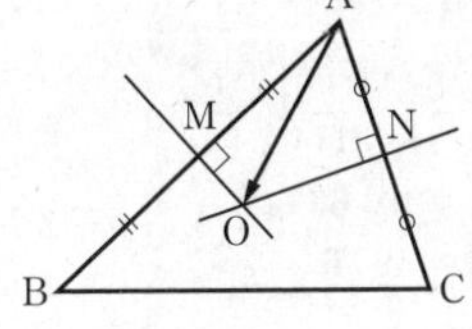

◀ 平面上の任意のベクトルは，1 次独立であるベクトル $\overrightarrow{\mathrm{AB}}$, $\overrightarrow{\mathrm{AC}}$ を用いて表すことができる。

外心 O は，辺 AB と AC の垂直二等分線の交点であるから，辺 AB, AC の中点をそれぞれ M，N とすると

$\overrightarrow{\mathrm{AB}}\cdot\overrightarrow{\mathrm{OM}}=0$ …①，$\overrightarrow{\mathrm{AC}}\cdot\overrightarrow{\mathrm{ON}}=0$ …②

◀ $\overrightarrow{\mathrm{AB}}\perp\overrightarrow{\mathrm{OM}}$, $\overrightarrow{\mathrm{AC}}\perp\overrightarrow{\mathrm{ON}}$

ここで

$$\overrightarrow{\mathrm{OM}}=\overrightarrow{\mathrm{AM}}-\overrightarrow{\mathrm{AO}}$$
$$=\frac{1}{2}\overrightarrow{\mathrm{AB}}-(s\overrightarrow{\mathrm{AB}}+t\overrightarrow{\mathrm{AC}})$$
$$=\left(\frac{1}{2}-s\right)\overrightarrow{\mathrm{AB}}-t\overrightarrow{\mathrm{AC}}$$

◀ $\overrightarrow{\mathrm{OM}}$ を $\overrightarrow{\mathrm{AB}}$, $\overrightarrow{\mathrm{AC}}$ で表す。

$$\overrightarrow{\mathrm{ON}}=\overrightarrow{\mathrm{AN}}-\overrightarrow{\mathrm{AO}}$$
$$=\frac{1}{2}\overrightarrow{\mathrm{AC}}-(s\overrightarrow{\mathrm{AB}}+t\overrightarrow{\mathrm{AC}})$$
$$=-s\overrightarrow{\mathrm{AB}}+\left(\frac{1}{2}-t\right)\overrightarrow{\mathrm{AC}}$$

◀ $\overrightarrow{\mathrm{ON}}$ を $\overrightarrow{\mathrm{AB}}$, $\overrightarrow{\mathrm{AC}}$ で表す。

よって，① より

$$\overrightarrow{\mathrm{AB}}\cdot\left\{\left(\frac{1}{2}-s\right)\overrightarrow{\mathrm{AB}}-t\overrightarrow{\mathrm{AC}}\right\}=0$$
$$\left(\frac{1}{2}-s\right)|\overrightarrow{\mathrm{AB}}|^2-t\overrightarrow{\mathrm{AB}}\cdot\overrightarrow{\mathrm{AC}}=0$$

ゆえに　$49\left(\frac{1}{2}-s\right)-10t=0$

◀ $|\overrightarrow{\mathrm{AB}}|^2=49$, $\overrightarrow{\mathrm{AB}}\cdot\overrightarrow{\mathrm{AC}}=10$ を代入する。

すなわち　$98s+20t=49$　…③

また，② より

$$\overrightarrow{\mathrm{AC}}\cdot\left\{-s\overrightarrow{\mathrm{AB}}+\left(\frac{1}{2}-t\right)\overrightarrow{\mathrm{AC}}\right\}=0$$
$$-s\overrightarrow{\mathrm{AB}}\cdot\overrightarrow{\mathrm{AC}}+\left(\frac{1}{2}-t\right)|\overrightarrow{\mathrm{AC}}|^2=0$$

ゆえに　$-10s+25\left(\frac{1}{2}-t\right)=0$

◀ $|\overrightarrow{\mathrm{AC}}|^2=25$, $\overrightarrow{\mathrm{AB}}\cdot\overrightarrow{\mathrm{AC}}=10$ を代入する。

すなわち　$4s+10t=5$　…④

③，④ を解くと　$s=\frac{13}{30}$，$t=\frac{49}{150}$

よって　$\boldsymbol{\overrightarrow{\mathrm{AO}}=\frac{13}{30}\overrightarrow{\mathrm{AB}}+\frac{49}{150}\overrightarrow{\mathrm{AC}}}$

また

$$|\overrightarrow{AO}|^2=\left|\frac{13}{30}\overrightarrow{AB}+\frac{49}{150}\overrightarrow{AC}\right|^2$$

$$=\left(\frac{13}{30}\right)^2|\overrightarrow{AB}|^2+2\times\frac{13}{30}\times\frac{49}{150}\overrightarrow{AB}\cdot\overrightarrow{AC}+\left(\frac{49}{150}\right)^2|\overrightarrow{AC}|^2$$

$$=\left(\frac{13}{30}\right)^2\times7^2+2\times\frac{13}{30}\times\frac{49}{150}\times10+\left(\frac{49}{150}\right)^2\times5^2$$

$$=\frac{7^2}{30^2}(13^2+2\times13\times2+49)=\frac{7^2\times270}{30^2}=\frac{7^2\times3}{10}$$

したがって　$|\overrightarrow{AO}|=\dfrac{7\sqrt{30}}{10}$

◀〔別解〕
$\overrightarrow{AB}\cdot\overrightarrow{AC}=|\overrightarrow{AB}||\overrightarrow{AC}|\cos A$
より　$\cos A=\dfrac{2}{7}$
△ABC について余弦定理により
$BC^2=7^2+5^2-2\cdot7\cdot5\cdot\dfrac{2}{7}$
$=54$
よって　$BC=3\sqrt{6}$
また，$\sin^2 A+\cos^2 A=1$ より
$\sin A=\dfrac{3\sqrt{5}}{7}$
$|\overrightarrow{AO}|$ は △ABC の外接円の半径であるから，正弦定理により
$2|\overrightarrow{AO}|=\dfrac{BC}{\sin A}$
よって　$|\overrightarrow{AO}|=\dfrac{7\sqrt{30}}{10}$

(2)　(1) より

$$\overrightarrow{AO}=\frac{114}{150}\times\frac{65\overrightarrow{AB}+49\overrightarrow{AC}}{114}$$

よって　　**BD : DC = 49 : 65**
　　　　　AO : OD = 19 : 6

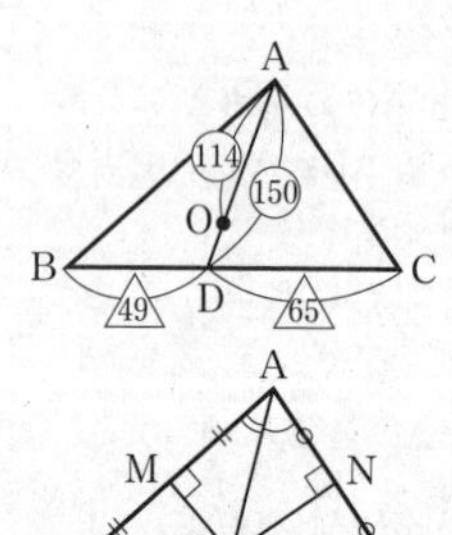

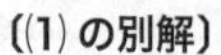
((1) の別解)

$\overrightarrow{AO}=s\overrightarrow{AB}+t\overrightarrow{AC}$ とおく。
外心 O は，辺 AB と AC の垂直二等分線の交点であるから，辺 AB，AC の中点をそれぞれ M，N とすると，内積の定義より

$$\overrightarrow{AM}\cdot\overrightarrow{AO}=|\overrightarrow{AM}||\overrightarrow{AO}|\cos\angle OAM$$

$$=|\overrightarrow{AM}|^2=\frac{49}{4}\quad\cdots①$$

$$\overrightarrow{AN}\cdot\overrightarrow{AO}=|\overrightarrow{AN}||\overrightarrow{AO}|\cos\angle OAN$$

$$=|\overrightarrow{AN}|^2=\frac{25}{4}\quad\cdots②$$

◀ $\overrightarrow{AM}\cdot\overrightarrow{AO}$，$\overrightarrow{AN}\cdot\overrightarrow{AO}$ をそれぞれ 2 通りに表す。

◀ △AMO は直角三角形であるから
$|\overrightarrow{AO}|\cos\angle OAM=|\overrightarrow{AM}|$

◀ △ANO は直角三角形であるから
$|\overrightarrow{AO}|\cos\angle OAN=|\overrightarrow{AN}|$
$\overrightarrow{AN}$ や上の $\overrightarrow{AM}$ は，それぞれ $\overrightarrow{AO}$ の辺 AC，AB への正射影ベクトルである。**Go Ahead** 4 参照。

一方

$$\overrightarrow{AM}\cdot\overrightarrow{AO}=\frac{1}{2}\overrightarrow{AB}\cdot(s\overrightarrow{AB}+t\overrightarrow{AC})$$

$$=\frac{s}{2}|\overrightarrow{AB}|^2+\frac{t}{2}\overrightarrow{AB}\cdot\overrightarrow{AC}$$

$$=\frac{49}{2}s+5t\quad\cdots③$$

$$\overrightarrow{AN}\cdot\overrightarrow{AO}=\frac{1}{2}\overrightarrow{AC}\cdot(s\overrightarrow{AB}+t\overrightarrow{AC})$$

$$=\frac{s}{2}\overrightarrow{AB}\cdot\overrightarrow{AC}+\frac{t}{2}|\overrightarrow{AC}|^2$$

$$=5s+\frac{25}{2}t\quad\cdots④$$

①，③ より

$$\frac{49}{2}s+5t=\frac{49}{4}\quad すなわち\quad 98s+20t=49\quad\cdots⑤$$

②，④ より

$$5s+\frac{25}{2}t=\frac{25}{4}\quad すなわち\quad 4s+10t=5\quad\cdots⑥$$

⑤，⑥ を解くと　$s=\dfrac{13}{30}$，$t=\dfrac{49}{150}$

よって　$\overrightarrow{AO}=\dfrac{13}{30}\overrightarrow{AB}+\dfrac{49}{150}\overrightarrow{AC}$　（以降同様）

練習 29　△ABC において $|\overrightarrow{AB}|=4$, $|\overrightarrow{AC}|=5$, $|\overrightarrow{BC}|=6$ である。辺 AC 上の点 D は $BD\perp AC$ を満たし，辺 AB 上の点 E は $CE\perp AB$ を満たす。CE と BD の交点を H とする。

(1) $\overrightarrow{AD}=r\overrightarrow{AC}$ となる実数 r を求めよ。

(2) $\overrightarrow{AH}=s\overrightarrow{AB}+t\overrightarrow{AC}$ となる実数 s, t を求めよ。　（一橋大）

---

(1) $|\overrightarrow{BC}|=6$ より　$|\overrightarrow{AC}-\overrightarrow{AB}|=6$

$$|\overrightarrow{AC}-\overrightarrow{AB}|^2=|\overrightarrow{AC}|^2-2\overrightarrow{AB}\cdot\overrightarrow{AC}+|\overrightarrow{AB}|^2$$
$$=25-2\overrightarrow{AB}\cdot\overrightarrow{AC}+16$$

であるから　$36=41-2\overrightarrow{AB}\cdot\overrightarrow{AC}$

よって　$\overrightarrow{AB}\cdot\overrightarrow{AC}=\dfrac{5}{2}$

$BD\perp AC$ より　$\overrightarrow{BD}\cdot\overrightarrow{AC}=0$

$\overrightarrow{AD}=r\overrightarrow{AC}$ より

$$\overrightarrow{BD}\cdot\overrightarrow{AC}=(\overrightarrow{AD}-\overrightarrow{AB})\cdot\overrightarrow{AC}$$
$$=(r\overrightarrow{AC}-\overrightarrow{AB})\cdot\overrightarrow{AC}$$
$$=r|\overrightarrow{AC}|^2-\overrightarrow{AB}\cdot\overrightarrow{AC}=25r-\frac{5}{2}$$

よって　$25r-\dfrac{5}{2}=0$

したがって　$\boldsymbol{r=\dfrac{1}{10}}$

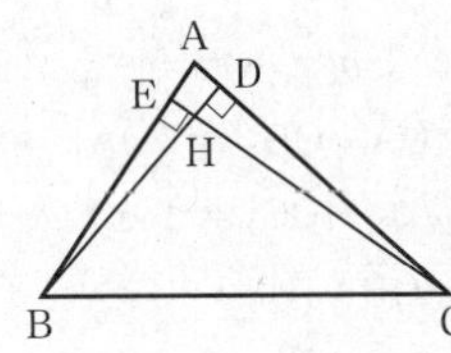

◀(1) の結果を用いて $\overrightarrow{AH}=\overrightarrow{AB}+k\overrightarrow{BD}$ とおき，$\overrightarrow{CH}\perp\overrightarrow{AB}$ より k の値を求めてもよい。

(2) $BH\perp AC$, $CH\perp AB$ より

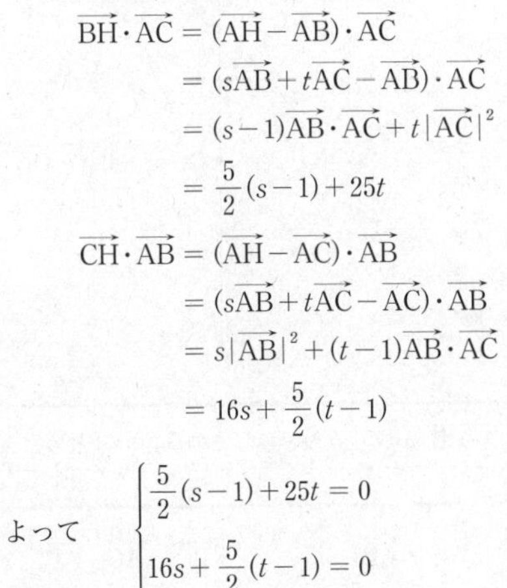

$\overrightarrow{BH}\cdot\overrightarrow{AC}=0$　…①

$\overrightarrow{CH}\cdot\overrightarrow{AB}=0$　…②

$\overrightarrow{AH}=s\overrightarrow{AB}+t\overrightarrow{AC}$ より

①，② の左辺を変形すると

$$\overrightarrow{BH}\cdot\overrightarrow{AC}=(\overrightarrow{AH}-\overrightarrow{AB})\cdot\overrightarrow{AC}$$
$$=(s\overrightarrow{AB}+t\overrightarrow{AC}-\overrightarrow{AB})\cdot\overrightarrow{AC}$$
$$=(s-1)\overrightarrow{AB}\cdot\overrightarrow{AC}+t|\overrightarrow{AC}|^2$$
$$=\frac{5}{2}(s-1)+25t$$

$$\overrightarrow{CH}\cdot\overrightarrow{AB}=(\overrightarrow{AH}-\overrightarrow{AC})\cdot\overrightarrow{AB}$$
$$=(s\overrightarrow{AB}+t\overrightarrow{AC}-\overrightarrow{AC})\cdot\overrightarrow{AB}$$
$$=s|\overrightarrow{AB}|^2+(t-1)\overrightarrow{AB}\cdot\overrightarrow{AC}$$
$$=16s+\frac{5}{2}(t-1)$$

よって　$\begin{cases}\dfrac{5}{2}(s-1)+25t=0\\[2mm]16s+\dfrac{5}{2}(t-1)=0\end{cases}$

これを解いて　$s=\frac{1}{7},\ t=\frac{3}{35}$

練習 30　正三角形でない鋭角三角形 ABC の外心を O，重心を G とする。OG の G の方への延長上に OH $=$ 3OG となる点を H とし，直線 OA と △ABC の外接円の交点のうち A でない方を D とする。このとき，四角形 BDCH は平行四辺形であることを示せ。

$\overrightarrow{OA}=\vec{a},\ \overrightarrow{OB}=\vec{b},\ \overrightarrow{OC}=\vec{c}$ とおく。

点 G が △ABC の重心であるから

$$\overrightarrow{OG}=\frac{\vec{a}+\vec{b}+\vec{c}}{3}$$

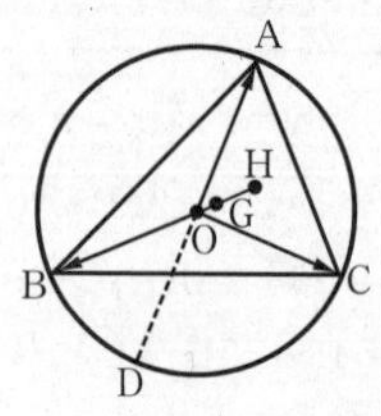

点 H は OG の G の方への延長上に OH $=$ 3OG となる点であるから

$$\overrightarrow{OH}=3\overrightarrow{OG}=\vec{a}+\vec{b}+\vec{c}$$

また，点 O が △ABC の外心であるから　$\overrightarrow{OD}=-\overrightarrow{OA}=-\vec{a}$

よって

$$\overrightarrow{BH}=\overrightarrow{OH}-\overrightarrow{OB}=\vec{a}+\vec{c}\quad \cdots ①$$

また　$\overrightarrow{DC}=\overrightarrow{OC}-\overrightarrow{OD}=\vec{c}-(-\vec{a})=\vec{a}+\vec{c}\quad \cdots ②$

①，② より　$\overrightarrow{BH}=\overrightarrow{DC}$

したがって，四角形 BDCH は平行四辺形である。

◀ $\overrightarrow{OG},\ \overrightarrow{OH},\ \overrightarrow{OD}$ を $\vec{a},\ \vec{b},\ \vec{c}$ で表す。

◀ 3 点 O, G, H が一直線上にあるから $\overrightarrow{OH}=k\overrightarrow{OG}$（$k$ は実数）とおける。

◀ 四角形 BDCH が平行四辺形であることを示すには $\overrightarrow{BH}=\overrightarrow{DC}$ を示せばよい。

練習 31　$\overrightarrow{OA}+\overrightarrow{OB}+\overrightarrow{OC}=\vec{0},\ |\overrightarrow{OA}|=1,\ |\overrightarrow{OB}|=\sqrt{3},\ |\overrightarrow{OC}|=2$ のとき

(1) 内積 $\overrightarrow{OA}\cdot\overrightarrow{OB}$ を求めよ。　(2) 内積 $\overrightarrow{AB}\cdot\overrightarrow{AC}$ を求めよ。

(1) $\overrightarrow{OA}+\overrightarrow{OB}+\overrightarrow{OC}=\vec{0}$ より　$\overrightarrow{OC}=-(\overrightarrow{OA}+\overrightarrow{OB})$

よって　$|\overrightarrow{OC}|^2=|\overrightarrow{OA}+\overrightarrow{OB}|^2=|\overrightarrow{OA}|^2+2\overrightarrow{OA}\cdot\overrightarrow{OB}+|\overrightarrow{OB}|^2$

$|\overrightarrow{OA}|=1,\ |\overrightarrow{OB}|=\sqrt{3},\ |\overrightarrow{OC}|=2$ を代入すると

$$2^2=1^2+2\overrightarrow{OA}\cdot\overrightarrow{OB}+\left(\sqrt{3}\right)^2$$

$$4=1+2\overrightarrow{OA}\cdot\overrightarrow{OB}+3$$

したがって　$\overrightarrow{OA}\cdot\overrightarrow{OB}=\mathbf{0}$

(2) $\overrightarrow{AB}=\overrightarrow{OB}-\overrightarrow{OA}$

$\overrightarrow{AC}=\overrightarrow{OC}-\overrightarrow{OA}=-2\overrightarrow{OA}-\overrightarrow{OB}$

よって

$$\begin{aligned}\overrightarrow{AB}\cdot\overrightarrow{AC}&=(\overrightarrow{OB}-\overrightarrow{OA})\cdot(-2\overrightarrow{OA}-\overrightarrow{OB})\\&=2|\overrightarrow{OA}|^2-\overrightarrow{OA}\cdot\overrightarrow{OB}-|\overrightarrow{OB}|^2\\&=\mathbf{-1}\end{aligned}$$

◀ $|\vec{a}+\vec{b}|^2=|\vec{a}|^2+2\vec{a}\cdot\vec{b}+|\vec{b}|^2$

◀ $\overrightarrow{OC}=-\overrightarrow{OA}-\overrightarrow{OB}$

練習 32　△ABC において，$\overrightarrow{AB}\cdot\overrightarrow{AC}=\overrightarrow{BA}\cdot\overrightarrow{BC}=\overrightarrow{CA}\cdot\overrightarrow{CB}$ が成り立つとき，この三角形はどのような三角形か。

$\overrightarrow{AB}\cdot\overrightarrow{AC}=\overrightarrow{BA}\cdot\overrightarrow{BC}$ より　$\overrightarrow{AB}\cdot\overrightarrow{AC}=(-\overrightarrow{AB})\cdot(\overrightarrow{AC}-\overrightarrow{AB})$

◀ $\overrightarrow{BC}=\overrightarrow{AC}-\overrightarrow{AB}$

よって　$2\overrightarrow{AB}\cdot\overrightarrow{AC}=|\overrightarrow{AB}|^2$

$\overrightarrow{AB}\cdot\overrightarrow{AC}=\overrightarrow{CA}\cdot\overrightarrow{CB}$ より　$\overrightarrow{AB}\cdot\overrightarrow{AC}=(-\overrightarrow{AC})\cdot(\overrightarrow{AB}-\overrightarrow{AC})$

よって　$2\overrightarrow{AB}\cdot\overrightarrow{AC}=|\overrightarrow{AC}|^2$

ゆえに　$|\overrightarrow{AB}|=|\overrightarrow{AC}|$　…①

また，$\overrightarrow{BA}\cdot\overrightarrow{BC}=\overrightarrow{CA}\cdot\overrightarrow{CB}$ より　$\overrightarrow{BA}\cdot\overrightarrow{BC}=(\overrightarrow{BA}-\overrightarrow{BC})\cdot(-\overrightarrow{BC})$

よって　$2\overrightarrow{BA}\cdot\overrightarrow{BC}=|\overrightarrow{BC}|^2$

$\overrightarrow{BA}\cdot\overrightarrow{BC}=\overrightarrow{AB}\cdot\overrightarrow{AC}$ より　$\overrightarrow{BA}\cdot\overrightarrow{BC}=(-\overrightarrow{BA})\cdot(\overrightarrow{BC}-\overrightarrow{BA})$

よって　$2\overrightarrow{BA}\cdot\overrightarrow{BC}=|\overrightarrow{BA}|^2$

ゆえに　$|\overrightarrow{BC}|=|\overrightarrow{BA}|$　…②

①，② より　AB = BC = CA

したがって，△ABC で 3 辺の長さが等しいから，△ABC は **正三角形** である。

◀ $\overrightarrow{AB}\cdot\overrightarrow{AB}=|\overrightarrow{AB}|^2$

◀ $|\overrightarrow{AB}|^2=|\overrightarrow{AC}|^2$

◀ 与えられた条件から $\overrightarrow{AB}$，$\overrightarrow{BC}$，$\overrightarrow{CA}$ の対等性を予想できる。

練習 33 平面上の異なる 3 点 A($\vec{a}$)，B($\vec{b}$)，C($\vec{c}$) がある。線分 AB の中点を通り，直線 BC に平行な直線と垂直な直線のベクトル方程式を求めよ。ただし，A，B，C は一直線上にないものとする。

線分 AB の中点を M とする。$\overrightarrow{BC}$ は直線 BC に平行な直線の方向ベクトルであるから，求める直線上の点を P($\vec{p}$) とすると，t を媒介変数として

$\overrightarrow{OP}=\overrightarrow{OM}+t\overrightarrow{BC}$　…①

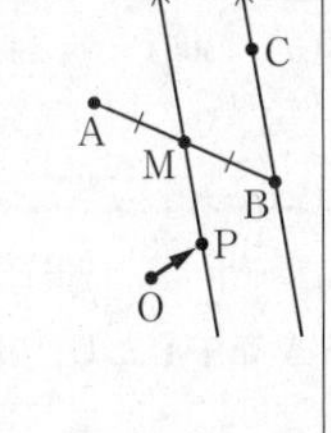

ここで　$\overrightarrow{OP}=\vec{p}$，$\overrightarrow{OM}=\dfrac{\vec{a}+\vec{b}}{2}$，$\overrightarrow{BC}=\vec{c}-\vec{b}$

① に代入すると　$\vec{p}=\dfrac{\vec{a}+\vec{b}}{2}+t(\vec{c}-\vec{b})$

すなわち　$\boldsymbol{\vec{p}=\dfrac{1}{2}\vec{a}+\dfrac{1-2t}{2}\vec{b}+t\vec{c}}$

次に，$\overrightarrow{BC}$ は直線 BC に垂直な直線の法線ベクトルであるから，求める直線上の点を P($\vec{p}$) とすると　$\overrightarrow{MP}\cdot\overrightarrow{BC}=0$　…②

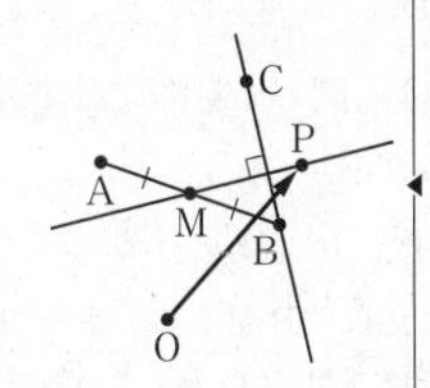

◀ $\overrightarrow{MP}\perp\overrightarrow{BC}$ または $\overrightarrow{MP}=\vec{0}$

ここで　$\overrightarrow{MP}=\overrightarrow{OP}-\overrightarrow{OM}=\vec{p}-\dfrac{\vec{a}+\vec{b}}{2}$

$\overrightarrow{BC}=\vec{c}-\vec{b}$

② に代入すると　$\boldsymbol{\left(\vec{p}-\dfrac{\vec{a}+\vec{b}}{2}\right)\cdot(\vec{c}-\vec{b})=0}$

◀ $(2\vec{p}-\vec{a}-\vec{b})\cdot(\vec{c}-\vec{b})=0$ としてもよい。

練習 34 次の直線の方程式を媒介変数 t を用いて表せ。

(1) 点 A(5, −4) を通り，方向ベクトルが $\vec{d}=(1,\ -2)$ である直線

(2) 2 点 B(2, 4)，C(−3, 9) を通る直線

(1)　A($\vec{a}$) とし，直線上の点を P($\vec{p}$) とすると，求める直線のベクトル方程式は　　$\vec{p}=\vec{a}+t\vec{d}$

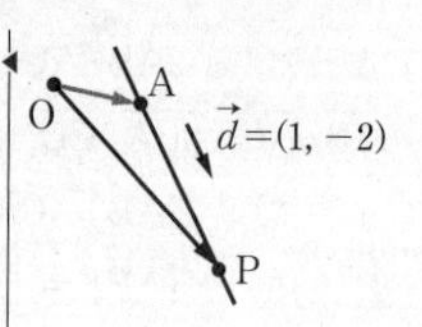

ここで，$\vec{p}=(x,\ y)$ とおき，$\vec{a}=(5,\ -4)$，$\vec{d}=(1,\ -2)$ を代入すると　　$(x,\ y)=(5,\ -4)+t(1,\ -2)=(t+5,\ -2t-4)$

よって，求める直線を媒介変数表示すると

$$\begin{cases}\boldsymbol{x=t+5}\\ \boldsymbol{y=-2t-4}\end{cases}$$

◀この 2 式から t を消去すると $y=-2x+6$ となる。

(2)　B($\vec{b}$) とする。$\overrightarrow{BC}$ は求める直線の方向ベクトルであるから，直線上の点を P($\vec{p}$) とすると，求める直線のベクトル方程式は

$$\vec{p}=\vec{b}+t\overrightarrow{BC}$$

◀$\vec{p}=\vec{c}+t\overrightarrow{BC}$ とおいてもよい。

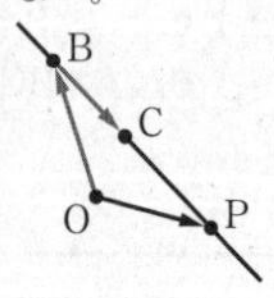

ここで，$\vec{p}=(x,\ y)$ とおき，$\vec{b}=(2,\ 4)$，

$\overrightarrow{BC}=(-3-2,\ 9-4)=(-5,\ 5)$ を代入すると

$$(x,\ y)=(2,\ 4)+t(-5,\ 5)=(-5t+2,\ 5t+4)$$

よって，求める直線を媒介変数表示すると

$$\begin{cases}\boldsymbol{x=-5t+2}\\ \boldsymbol{y=5t+4}\end{cases}$$

◀この 2 式から t を消去すると，$x+y=6$ となる。

練習 35　2 つの定点 A($\vec{a}$)，B($\vec{b}$) と動点 P($\vec{p}$) がある。次のベクトル方程式で表される点 P はどのような図形をえがくか。

(1)　$|\vec{p}-\vec{a}|=|\vec{b}-\vec{a}|$　　　(2)　$(2\vec{p}-\vec{a})\cdot(\vec{p}+\vec{b})=0$

(1)　$|\vec{p}-\vec{a}|=|\vec{b}-\vec{a}|$ より　　$|\overrightarrow{AP}|=|\overrightarrow{AB}|$

よって，点 P は **点 A を中心とし，線分 AB を半径とする円** をえがく。

◀$|\overrightarrow{AB}|$ は定数であるから，$|\overrightarrow{AP}|=|\overrightarrow{AB}|$ は円のベクトル方程式である。

(2)　$(2\vec{p}-\vec{a})\cdot(\vec{p}+\vec{b})=0$ より　　$\left(\vec{p}-\dfrac{1}{2}\vec{a}\right)\cdot(\vec{p}+\vec{b})=0$

◀$(\vec{p}-\vec{\square})\cdot(\vec{p}-\vec{\triangle})=0$ の形になるように変形する。

ここで，$\dfrac{1}{2}\vec{a}=\overrightarrow{OD}$，$-\vec{b}=\overrightarrow{OB'}$ とすると，点 D は線分 OA の中点，点 B′ は点 B の点 O に関して対称な点であり

$$(\overrightarrow{OP}-\overrightarrow{OD})\cdot(\overrightarrow{OP}-\overrightarrow{OB'})=0$$

すなわち，$\overrightarrow{DP}\cdot\overrightarrow{B'P}=0$ であるから

$$\overrightarrow{DP}=\vec{0}\quad \text{または}\quad \overrightarrow{B'P}=\vec{0}\quad \text{または}\quad \overrightarrow{DP}\perp\overrightarrow{B'P}$$

◀$\vec{a}\cdot\vec{b}=0$ のとき $\vec{a}=\vec{0}$ または $\vec{b}=\vec{0}$ または $\vec{a}\perp\vec{b}$ に注意

ゆえに，点 P は点 D または点 B′ に一致するか，$\angle B'PD=90°$ となる点である。

したがって，点 P は **点 B の点 O に関して対称な点 B′ と線分 OA の中点 D に対し，線分 B′D を直径とする円** をえがく。

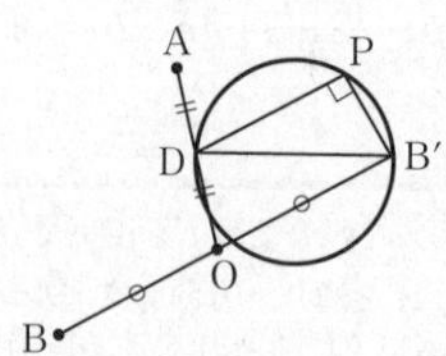

練習 36 中心 $C(\vec{c})$，半径 r の円 C 上の点 $A(\vec{a})$ における円の接線 l のベクトル方程式は $(\vec{a}-\vec{c})\cdot(\vec{p}-\vec{c})=r^2$ である。このことを用いて，円 $(x-a)^2+(y-b)^2=r^2$ 上の点 $(x_1,\ y_1)$ における接線の方程式が $(x_1-a)(x-a)+(y_1-b)(y-b)=r^2$ であることを示せ。

円の中心の座標は $(a,\ b)$ であるから

$$\vec{a}-\vec{c}=(x_1,\ y_1)-(a,\ b)=(x_1-a,\ y_1-b) \quad \cdots ①$$

$$\vec{p}-\vec{c}=(x,\ y)-(a,\ b)=(x-a,\ y-b) \quad \cdots ②$$

◀ $\vec{a}-\vec{c}$，$\vec{p}-\vec{c}$ を，接点の座標と中心の座標を用いて成分表示すればよい。

中心 $C(\vec{c})$，半径 r の円 C 上の点 $A(\vec{a})$ における円の接線 l のベクトル方程式は $(\vec{a}-\vec{c})\cdot(\vec{p}-\vec{c})=r^2$ であるから，①，② より

$$(x_1-a)(x-a)+(y_1-b)(y-b)=r^2$$

練習 37 平面上に △ABC がある。この平面上の点 P が $\overrightarrow{AP}\cdot\overrightarrow{CP}=\overrightarrow{AB}\cdot\overrightarrow{AP}$ を満たすとき，点 P はどのような図形をえがくか。

$\overrightarrow{AP}=\vec{p}$，$\overrightarrow{AB}=\vec{b}$，$\overrightarrow{AC}=\vec{c}$ とおくと

$$\vec{p}\cdot(\vec{p}-\vec{c})=\vec{b}\cdot\vec{p}$$

$$|\vec{p}|^2-(\vec{b}+\vec{c})\cdot\vec{p}=0$$

$$\left|\vec{p}-\frac{\vec{b}+\vec{c}}{2}\right|^2=\left|\frac{\vec{b}+\vec{c}}{2}\right|^2$$

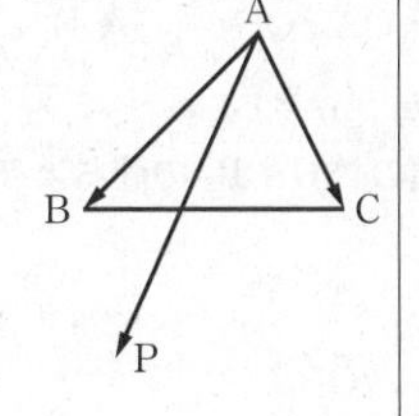

これは，中心の位置ベクトル $\dfrac{\vec{b}+\vec{c}}{2}$，

半径 $\dfrac{|\vec{b}+\vec{c}|}{2}$ の円を表す。

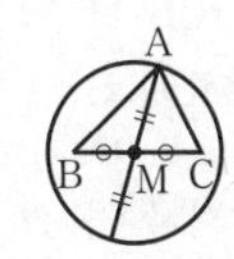

したがって，点 P は **BC の中点 M を中心とし，AM の長さを半径とする円** をえがく。

〔別解〕

$\overrightarrow{AP}=\vec{p}$，$\overrightarrow{AB}=\vec{b}$，$\overrightarrow{AC}=\vec{c}$ とおくと

$$\vec{p}\cdot(\vec{p}-\vec{c})=\vec{b}\cdot\vec{p}$$

$$\vec{p}\cdot\{\vec{p}-(\vec{b}+\vec{c})\}=0$$

◀位置ベクトル $\vec{0}$，$\vec{b}+\vec{c}$ を直径の両端とする円を表す。

したがって，この円の中心の位置ベクトルは $\dfrac{\vec{b}+\vec{c}}{2}$ で，辺 BC の中点を表す。

点 A の位置ベクトルは $\vec{0}$ より，点 P は点 A を通り BC の中点を中心とする円をえがく。

◀結果の書き方はいろいろあるが，同じ図形を表している。

練習 38 一直線上にない 3 点 O，A，B があり，実数 s，t が次の条件を満たすとき，$\overrightarrow{OP}=s\overrightarrow{OA}+t\overrightarrow{OB}$ で定められる点 P の存在する範囲を図示せよ。

(1) $2s+5t=10$　　(2) $3s+2t=2,\ s\geqq 0,\ t\geqq 0$

(3) $2s+3t\leqq 1,\ s\geqq 0,\ t\geqq 0$　　(4) $2\leqq s\leqq 3,\ 3\leqq t\leqq 4$

(1)　$2s+5t=10$ より　$\frac{1}{5}s+\frac{1}{2}t=1$

◀両辺を 10 で割り，右辺を 1 にする。

ここで　$\overrightarrow{OP}=\frac{1}{5}s(5\overrightarrow{OA})+\frac{1}{2}t(2\overrightarrow{OB})$

よって，$\overrightarrow{OA_1}=5\overrightarrow{OA}$，$\overrightarrow{OB_1}=2\overrightarrow{OB}$
とおくと，点 P の存在範囲は **右の図の直線 A_1B_1** である。

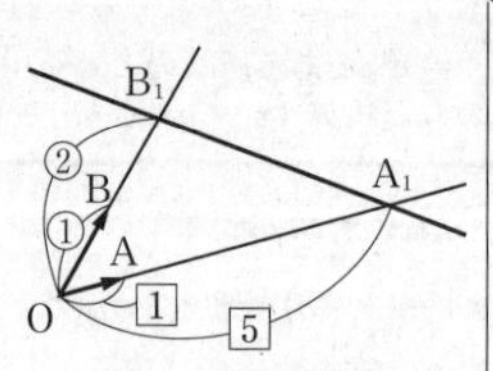

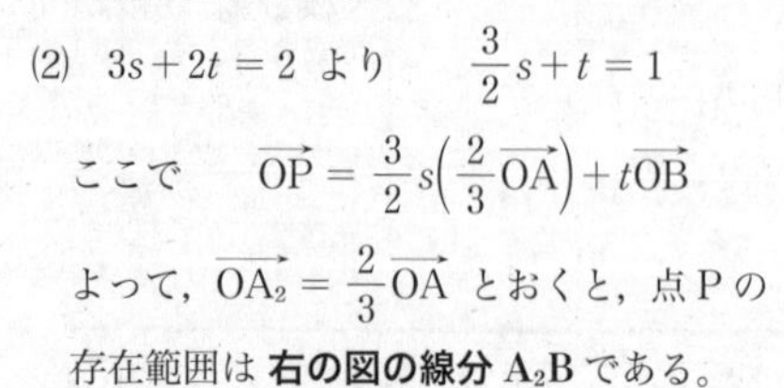

(2)　$3s+2t=2$ より　$\frac{3}{2}s+t=1$

◀両辺を 2 で割り，右辺を 1 にする。

ここで　$\overrightarrow{OP}=\frac{3}{2}s\left(\frac{2}{3}\overrightarrow{OA}\right)+t\overrightarrow{OB}$

◀$s\geqq 0$ より　$\frac{2}{3}s\geqq 0$

よって，$\overrightarrow{OA_2}=\frac{2}{3}\overrightarrow{OA}$ とおくと，点 P の存在範囲は **右の図の線分 A_2B** である。

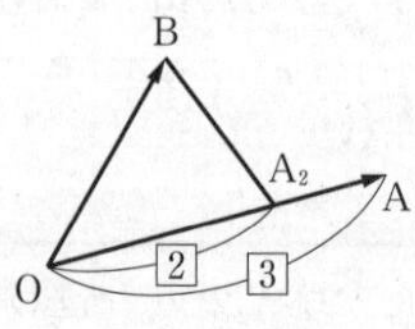

(3)　$\overrightarrow{OP}=2s\left(\frac{1}{2}\overrightarrow{OA}\right)+3t\left(\frac{1}{3}\overrightarrow{OB}\right)$

よって，$\overrightarrow{OA_3}=\frac{1}{2}\overrightarrow{OA}$，$\overrightarrow{OB_3}=\frac{1}{3}\overrightarrow{OB}$ とおくと，$2s+3t\leqq 1$，$2s\geqq 0$，$3t\geqq 0$ より，点 P の存在範囲は **右の図の $\triangle OA_3B_3$ の周および内部** である。

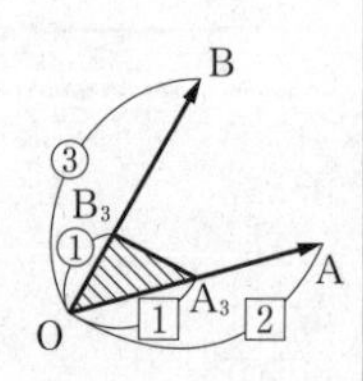

(4)　$2\leqq s\leqq 3$ である s に対して，$\overrightarrow{OA_s}=s\overrightarrow{OA}$ とすると

◀まず，s を固定して考える。

$$\overrightarrow{OP}=s\overrightarrow{OA}+t\overrightarrow{OB}$$
$$=\overrightarrow{OA_s}+t\overrightarrow{OB}\ (3\leqq t\leqq 4)$$

よって，点 P の存在範囲は，点 A_s を通り $\overrightarrow{OB}$ を方向ベクトルとする直線のうち，$3\leqq t\leqq 4$ の範囲の線分である。

◀$\overrightarrow{OP}=\overrightarrow{OA_s}+t\overrightarrow{OB}$ のとき，点 P は点 A_s を通り $\overrightarrow{OB}$ に平行な直線上にある。

さらに，$2\leqq s\leqq 3$ の範囲で s の値を変化させると，
求める点 P の存在範囲は

◀ある s に対する点 P の存在範囲を調べたから，次に s を変化させて考える。

$$\overrightarrow{OA_4}=2\overrightarrow{OA},\ \overrightarrow{OA_5}=3\overrightarrow{OA},\ \overrightarrow{OB_4}=3\overrightarrow{OB},\ \overrightarrow{OB_5}=4\overrightarrow{OB}$$

とおくと

$\overrightarrow{OC}=\overrightarrow{OA_4}+\overrightarrow{OB_4}$，$\overrightarrow{OD}=\overrightarrow{OA_5}+\overrightarrow{OB_4}$，
$\overrightarrow{OE}=\overrightarrow{OA_5}+\overrightarrow{OB_5}$，$\overrightarrow{OF}=\overrightarrow{OA_4}+\overrightarrow{OB_5}$

を満たす点 C，D，E，F について，**右の図の平行四辺形 CDEF の周および内部** である。

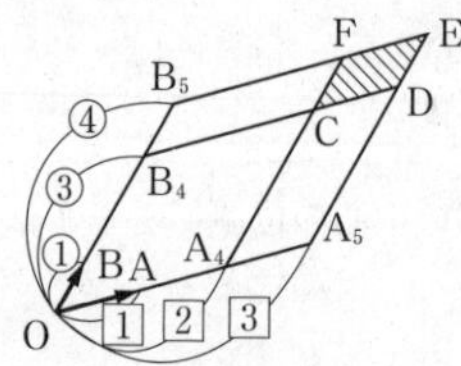

練習 39　(1)　点 A(2, 1) を通り，法線ベクトルの 1 つが $\vec{n}=(1,\ -3)$ である直線の方程式を求めよ。
(2)　2 直線 $x-y+1=0$ …①，$x+\left(2-\sqrt{3}\right)y-3=0$ …② のなす角 θ を求めよ。ただし，$0^\circ<\theta\leqq 90^\circ$ とする。

(1)　求める直線上の点を $P(x,\ y)$ とすると

$$\overrightarrow{AP}=(x-2,\ y-1)$$

$\overrightarrow{AP}\perp\vec{n}$ または $\overrightarrow{AP}=\vec{0}$ より，$\overrightarrow{AP}\cdot\vec{n}=0$
であるから　$(x-2)-3(y-1)=0$
よって，求める直線の方程式は

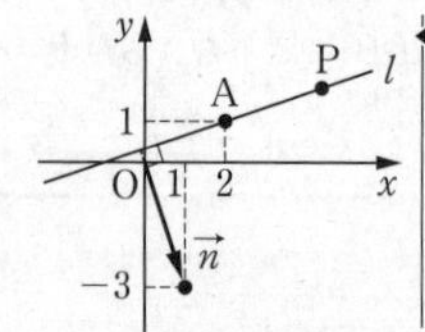

◀点 $(x_1,\ y_1)$ を通り，$\vec{n}=(a,\ b)$ に垂直な直線の方程式は
$a(x-x_1)+b(y-y_1)=0$
直接この式に値を代入して求めてもよい。

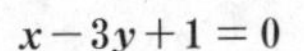

$$x-3y+1=0$$

(2) 直線 ① の法線ベクトルの１つは

$$\overrightarrow{n_1}=(1,\ -1)$$

直線 ② の法線ベクトルの１つは

$$\overrightarrow{n_2}=(1,\ 2-\sqrt{3})$$

$\overrightarrow{n_1}$ と $\overrightarrow{n_2}$ のなす角を α とすると

$$\cos\alpha=\frac{\overrightarrow{n_1}\cdot\overrightarrow{n_2}}{|\overrightarrow{n_1}||\overrightarrow{n_2}|}$$

$$=\frac{1-(2-\sqrt{3})}{\sqrt{2}\sqrt{8-4\sqrt{3}}}=\frac{\sqrt{3}-1}{2(\sqrt{3}-1)}=\frac{1}{2}$$

$0^\circ \leqq \alpha \leqq 180^\circ$ より　　$\alpha=60^\circ$

よって，２直線のなす角 θ は　**60°**

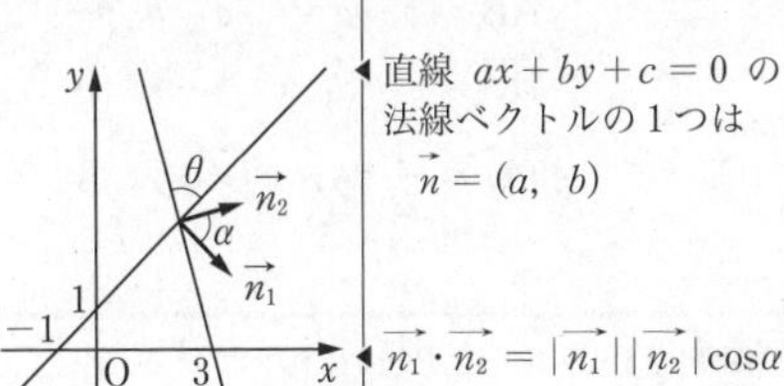

◀直線 $ax+by+c=0$ の法線ベクトルの１つは $\vec{n}=(a,\ b)$

◀$\overrightarrow{n_1}\cdot\overrightarrow{n_2}=|\overrightarrow{n_1}||\overrightarrow{n_2}|\cos\alpha$

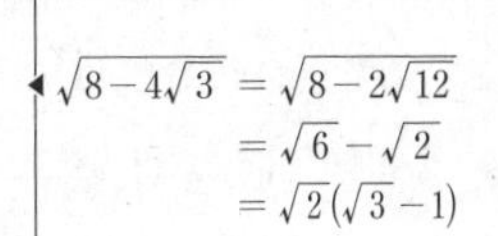

◀$\sqrt{8-4\sqrt{3}}=\sqrt{8-2\sqrt{12}}$
$=\sqrt{6}-\sqrt{2}$
$=\sqrt{2}(\sqrt{3}-1)$

チャレンジ〈3〉 点 A$(-2,\ 3)$ と直線 $l:2x-3y-5=0$ との距離を，ベクトルを利用して求めよ。

点 A から直線 l へ下ろした垂線を AH とする。

l の法線ベクトルの１つは $\vec{n}=(2,\ -3)$

よって，$\overrightarrow{\mathrm{AH}}\,/\!/\,\vec{n}$ より，実数 k を用いて

$$\overrightarrow{\mathrm{AH}}=k\vec{n}=k(2,\ -3)=(2k,\ -3k)$$

原点を O とすると

$$\overrightarrow{\mathrm{OH}}=\overrightarrow{\mathrm{OA}}+\overrightarrow{\mathrm{AH}}=(-2+2k,\ 3-3k)$$

点 H$(-2+2k,\ 3-3k)$ は直線 l 上にあるから

$$2(-2+2k)-3(3-3k)-5=0$$

ゆえに　$k=\dfrac{-\{2\times(-2)-3\times3-5\}}{2^2+3^2}=\dfrac{18}{13}$

$|\vec{n}|=\sqrt{2^2+(-3)^2}=\sqrt{13}$ であるから

$$|\overrightarrow{\mathrm{AH}}|=|k\vec{n}|=|k||\vec{n}|=\boldsymbol{\frac{18\sqrt{13}}{13}}$$

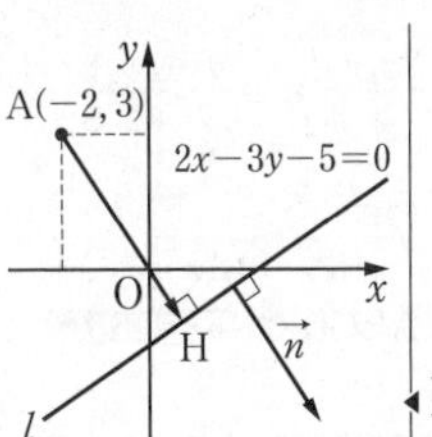

◀$\overrightarrow{\mathrm{AH}}=\overrightarrow{\mathrm{OH}}-\overrightarrow{\mathrm{OA}}$

数学Ⅱで学習した点と直線の距離の公式を用いると

$$\mathrm{AH}=\frac{|2\cdot(-2)-3\cdot3-5|}{\sqrt{2^2+(-3)^2}}$$

◀$=\dfrac{|-18|}{\sqrt{13}}=\dfrac{18\sqrt{13}}{13}$

p.83　問題編 3　平面上の位置ベクトル

問題 20 四角形 ABCD において，辺 AD の中点を P，辺 BC の中点を Q とするとき，$\overrightarrow{\mathrm{PQ}}$ を $\overrightarrow{\mathrm{AB}}$ と $\overrightarrow{\mathrm{DC}}$ を用いて表せ。

４点 A，B，C，D の位置ベクトルをそれぞれ $\vec{a}$，$\vec{b}$，$\vec{c}$，$\vec{d}$ とする。

２点 P，Q の位置ベクトルを $\vec{p}$，$\vec{q}$ とする。

P は AD の中点であるから　$\vec{p}=\dfrac{\vec{a}+\vec{d}}{2}$

Q は BC の中点であるから　$\vec{q}=\dfrac{\vec{b}+\vec{c}}{2}$

ここで　$\overrightarrow{\mathrm{PQ}}=\vec{q}-\vec{p}=\dfrac{\vec{b}+\vec{c}}{2}-\dfrac{\vec{a}+\vec{d}}{2}=\dfrac{1}{2}(-\vec{a}+\vec{b}+\vec{c}-\vec{d})$

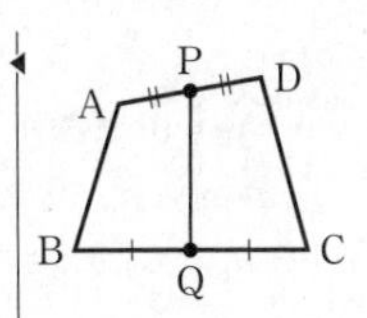

◀$\overrightarrow{\mathrm{PQ}}$，$\overrightarrow{\mathrm{AB}}$，$\overrightarrow{\mathrm{DC}}$ を $\vec{a}$，$\vec{b}$，$\vec{c}$，$\vec{d}$ で表す。

$\overrightarrow{AB} = \vec{b} - \vec{a} = -\vec{a} + \vec{b}$

$\overrightarrow{DC} = \vec{c} - \vec{d}$

よって　$\overrightarrow{\mathbf{PQ}} = \dfrac{1}{2}(\overrightarrow{\mathbf{AB}} + \overrightarrow{\mathbf{DC}})$

問題 21　四角形ABCDにおいて，△ABC，△ACD，△ABD，△BCDの重心をそれぞれG_1，G_2，G_3，G_4とする。G_1G_2の中点とG_3G_4の中点が一致するとき，四角形ABCDはどのような四角形か。

ある点Oに対し，$\overrightarrow{OA} = \vec{a}$，$\overrightarrow{OB} = \vec{b}$，$\overrightarrow{OC} = \vec{c}$，$\overrightarrow{OD} = \vec{d}$ とおく。

$$\overrightarrow{OG_1} = \frac{\vec{a}+\vec{b}+\vec{c}}{3},\quad \overrightarrow{OG_2} = \frac{\vec{a}+\vec{c}+\vec{d}}{3},$$

$$\overrightarrow{OG_3} = \frac{\vec{a}+\vec{b}+\vec{d}}{3},\quad \overrightarrow{OG_4} = \frac{\vec{b}+\vec{c}+\vec{d}}{3}$$

であるから，G_1G_2の中点とG_3G_4の中点とが一致するとき

$$\frac{\overrightarrow{OG_1}+\overrightarrow{OG_2}}{2} = \frac{\overrightarrow{OG_3}+\overrightarrow{OG_4}}{2}$$

よって　$\dfrac{2\vec{a}+\vec{b}+2\vec{c}+\vec{d}}{6} = \dfrac{\vec{a}+2\vec{b}+\vec{c}+2\vec{d}}{6}$

ゆえに　$\vec{a}+\vec{c} = \vec{b}+\vec{d}$

$\vec{a}-\vec{b} = \vec{d}-\vec{c}$ より　$\overrightarrow{BA} = \overrightarrow{CD}$

したがって，四角形ABCDは **平行四辺形** である。

$\overrightarrow{BA}=\overrightarrow{CD}$ より，辺BAと辺CDは平行で長さが等しい。

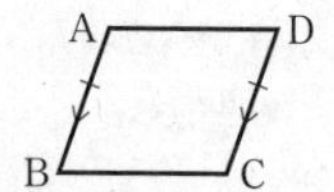

◀ 1組の対辺が平行でその長さが等しい四角形は平行四辺形である。

問題 22　3点A，B，Cの位置ベクトルを$\vec{a}$，$\vec{b}$，$\vec{c}$とし，2つのベクトル$\vec{x}$，$\vec{y}$を用いて，$\vec{a} = 3\vec{x}+2\vec{y}$，$\vec{b} = \vec{x}-3\vec{y}$，$\vec{c} = m\vec{x}+(m+2)\vec{y}$（$m$は実数）と表すことができるとする。このとき，3点A，B，Cが一直線上にあるような実数mの値を求めよ。ただし，$\vec{x} \neq \vec{0}$，$\vec{y} \neq \vec{0}$で，$\vec{x}$と$\vec{y}$は平行でない。

3点A，B，Cが一直線上にあるから，$\overrightarrow{AC} = k\overrightarrow{AB}$ …①（kは実数）と表される。

◀ $\overrightarrow{AB}=k\overrightarrow{AC}$ としてもよいが，$\overrightarrow{AB}$には文字mが含まれていないから，ここでは，$\overrightarrow{AC}=k\overrightarrow{AB}$ を用いる方が計算が楽である。

ここで　$\overrightarrow{AC} = \vec{c} - \vec{a}$

$= m\vec{x}+(m+2)\vec{y}-(3\vec{x}+2\vec{y}) = (m-3)\vec{x}+m\vec{y}$

$\overrightarrow{AB} = \vec{b} - \vec{a}$

$= \vec{x}-3\vec{y}-(3\vec{x}+2\vec{y}) = -2\vec{x}-5\vec{y}$

①に代入すると　$(m-3)\vec{x}+m\vec{y} = k(-2\vec{x}-5\vec{y})$

すなわち　$(m-3)\vec{x}+m\vec{y} = -2k\vec{x}-5k\vec{y}$

$\vec{x} \neq \vec{0}$，$\vec{y} \neq \vec{0}$ であり，$\vec{x}$と$\vec{y}$は平行でないから

$m-3 = -2k$ …②　かつ　$m = -5k$ …③

◀ $\vec{x}$と$\vec{y}$は1次独立であるから，係数を比較する。

②，③より　$k = -1$，$\boldsymbol{m = 5}$

問題 23 $\triangle ABC$ において，辺 AB を 2:1 に内分する点を P とし，辺 AC の中点を Q とする。また，線分 BQ と線分 CP の交点を R とする。

(1) $\overrightarrow{AR}$ を $\overrightarrow{AB}$, $\overrightarrow{AC}$ を用いて表せ。

(2) $\triangle RAB : \triangle RBC : \triangle RCA$ を求めよ。

(1) 点 P は辺 AB を 2:1 に内分する点であるから

$$\overrightarrow{AP} = \frac{2}{3}\overrightarrow{AB}$$

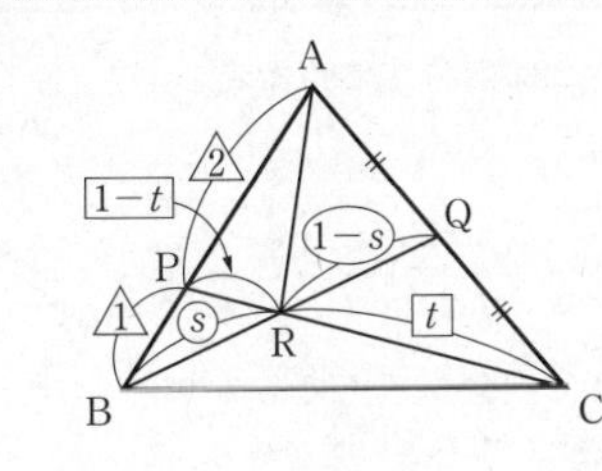

点 Q は辺 AC の中点であるから

$$\overrightarrow{AQ} = \frac{1}{2}\overrightarrow{AC}$$

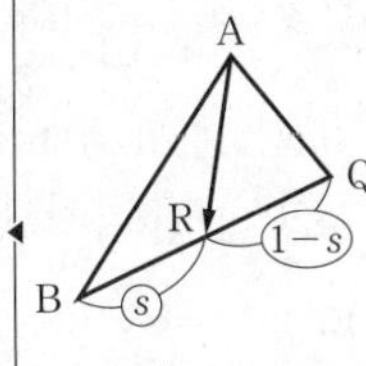

$BR : RQ = s : (1-s)$ とおくと

$$\overrightarrow{AR} = (1-s)\overrightarrow{AB} + s\overrightarrow{AQ}$$

$$= (1-s)\overrightarrow{AB} + \frac{s}{2}\overrightarrow{AC} \quad \cdots ①$$

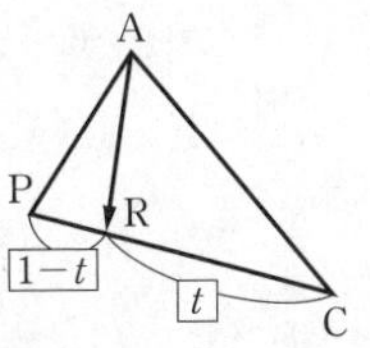

$CR : RP = t : (1-t)$ とおくと

$$\overrightarrow{AR} = t\overrightarrow{AP} + (1-t)\overrightarrow{AC}$$

$$= \frac{2}{3}t\overrightarrow{AB} + (1-t)\overrightarrow{AC} \quad \cdots ②$$

$\overrightarrow{AB} \neq \vec{0}$, $\overrightarrow{AC} \neq \vec{0}$ であり，$\overrightarrow{AB}$ と $\overrightarrow{AC}$ は平行でないから，①，② より

◀係数比較をするときには必ず 1 次独立であることを述べる。

$$1-s = \frac{2}{3}t \quad かつ \quad \frac{s}{2} = 1-t$$

これを解くと　$s = \frac{1}{2}$,　$t = \frac{3}{4}$

よって　$\boldsymbol{\overrightarrow{AR} = \frac{1}{2}\overrightarrow{AB} + \frac{1}{4}\overrightarrow{AC}}$

◀メネラウスの定理を用いてもよい。

(2) (1) より

$$\overrightarrow{AR} = \frac{2\overrightarrow{AB} + \overrightarrow{AC}}{4}$$

$$= \frac{3}{4} \cdot \frac{2\overrightarrow{AB} + \overrightarrow{AC}}{3}$$

◀$\overrightarrow{AR} = k \cdot \dfrac{n\overrightarrow{AB} + m\overrightarrow{AC}}{m+n}$ の形に変形する。

$\overrightarrow{AS} = \dfrac{2\overrightarrow{AB} + \overrightarrow{AC}}{3}$ とおくと，点 S は辺 BC を 1:2 に内分する点であり，点 R は AS を 3:1 に内分する点である。

よって

$$\triangle RAB = \frac{3}{4}\triangle ABS = \frac{3}{4} \cdot \frac{1}{3}\triangle ABC = \frac{1}{4}\triangle ABC$$

$$\triangle RBC = \frac{1}{4}\triangle ABC$$

$$\triangle RCA = \frac{3}{4}\triangle ACS = \frac{3}{4} \cdot \frac{2}{3}\triangle ABC = \frac{1}{2}\triangle ABC$$

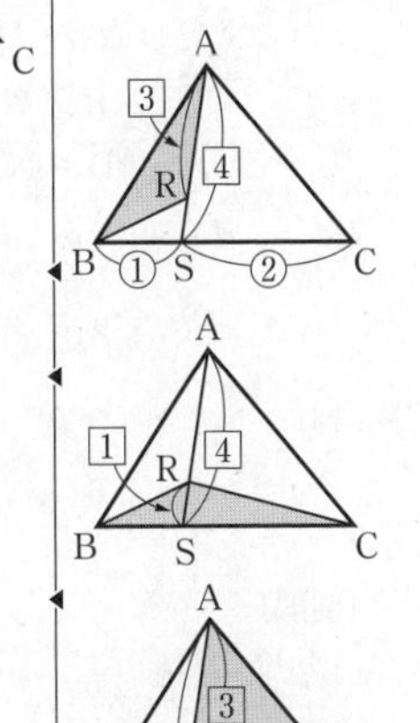

したがって

$$\triangle RAB : \triangle RBC : \triangle RCA$$

$$= \frac{1}{4}\triangle ABC : \frac{1}{4}\triangle ABC : \frac{1}{2}\triangle ABC$$

$$= \boldsymbol{1:1:2}$$

問題 24 平行四辺形ABCDにおいて，辺BCを1:2に内分する点をE，辺ADを1:3に内分する点をFとする。また，線分BDとEFの交点をP，直線APと直線CDの交点をQとする。さらに，$\overrightarrow{AB}=\vec{b}$，$\overrightarrow{AD}=\vec{d}$ とおく。

(1) $\overrightarrow{AP}$ を $\vec{b}$，$\vec{d}$ を用いて表せ。 (2) $\overrightarrow{AQ}$ を $\vec{b}$，$\vec{d}$ を用いて表せ。

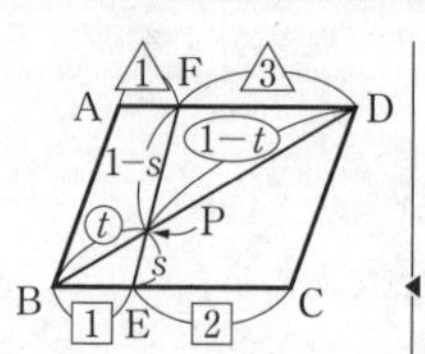

(1) 点Eは辺BCを1:2に内分する点であるから

$$\overrightarrow{AE}=\overrightarrow{AB}+\overrightarrow{BE}$$
$$=\overrightarrow{AB}+\frac{1}{3}\overrightarrow{BC}=\vec{b}+\frac{1}{3}\vec{d}$$

◀四角形ABCDは平行四辺形であるから，$\overrightarrow{BC}=\overrightarrow{AD}=\vec{d}$ である。

点Fは辺ADを1:3に内分する点であるから $\overrightarrow{AF}=\frac{1}{4}\overrightarrow{AD}=\frac{1}{4}\vec{d}$

EP:PF $=s:(1-s)$ とおくと

$$\overrightarrow{AP}=(1-s)\overrightarrow{AE}+s\overrightarrow{AF}$$
$$=(1-s)\left(\vec{b}+\frac{1}{3}\vec{d}\right)+\frac{1}{4}s\vec{d}$$
$$=(1-s)\vec{b}+\left(\frac{1}{3}-\frac{1}{12}s\right)\vec{d} \quad \cdots ①$$

◀点Pを△AEFの辺EFの内分点と考える。

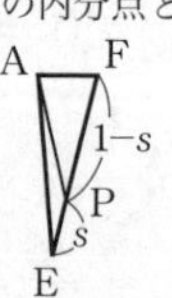

BP:PD $=t:(1-t)$ とおくと

$$\overrightarrow{AP}=(1-t)\overrightarrow{AB}+t\overrightarrow{AD}=(1-t)\vec{b}+t\vec{d} \quad \cdots ②$$

◀点Pを△ABDの辺BDの内分点と考える。

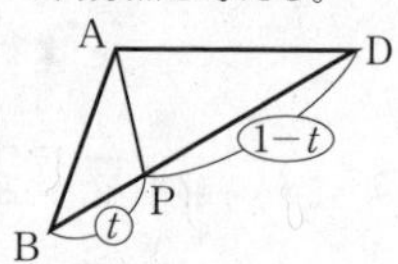

$\vec{b}\neq\vec{0}$，$\vec{d}\neq\vec{0}$ であり，$\vec{b}$ と $\vec{d}$ は平行でないから，①，②より

$$1-s=1-t \quad かつ \quad \frac{1}{3}-\frac{1}{12}s=t$$

これを解くと $s=t=\frac{4}{13}$

よって $\boldsymbol{\overrightarrow{AP}=\frac{9}{13}\vec{b}+\frac{4}{13}\vec{d}}$

◀〔別解〕

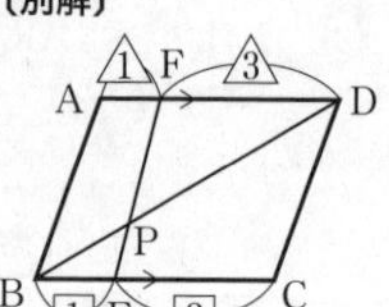

AD // BC より

BP:PD = BE:DF
$=\frac{1}{3}:\frac{3}{4}$
$=4:9$

よって

$$\overrightarrow{AP}=\frac{9\overrightarrow{AB}+4\overrightarrow{AD}}{4+9}$$
$$=\frac{9}{13}\vec{b}+\frac{4}{13}\vec{d}$$

(2) 点Qは直線AP上の点であるから

$$\overrightarrow{AQ}=k\overrightarrow{AP}=\frac{9}{13}k\vec{b}+\frac{4}{13}k\vec{d} \quad \cdots ③$$

とおける。

また，点Qは直線CD上の点であるから，

$\overrightarrow{DQ}=u\overrightarrow{DC}$（$u$ は実数）とおくと

$$\overrightarrow{AQ}=\overrightarrow{AD}+\overrightarrow{DQ}=u\vec{b}+\vec{d} \quad \cdots ④$$

$\vec{b}\neq\vec{0}$，$\vec{d}\neq\vec{0}$ であり，$\vec{b}$ と $\vec{d}$ は平行でないから，

③，④より $\frac{9}{13}k=u$ かつ $\frac{4}{13}k=1$

これを解くと $k=\frac{13}{4}$，$u=\frac{9}{4}$

よって $\boldsymbol{\overrightarrow{AQ}=\frac{9}{4}\vec{b}+\vec{d}}$

〔別解〕

点Qは直線AP上の点であるから

$$\overrightarrow{AQ}=k\overrightarrow{AP}=\frac{9}{13}k\vec{b}+\frac{4}{13}k\vec{d} \quad \cdots ③$$

とおける。ここで，$\overrightarrow{\mathrm{AC}}=\vec{b}+\vec{d}$ であるから

$$\overrightarrow{\mathrm{AQ}}=\frac{9}{13}k(\vec{b}+\vec{d})-\frac{5}{13}k\vec{d}$$
$$=\frac{9}{13}k\overrightarrow{\mathrm{AC}}-\frac{5}{13}k\overrightarrow{\mathrm{AD}}$$

点 Q は直線 CD 上の点であるから

$$\frac{9}{13}k+\left(-\frac{5}{13}k\right)=1$$

これを解くと　　$k=\frac{13}{4}$

③ に代入すると

$$\overrightarrow{\mathrm{AQ}}=\frac{9}{4}\vec{b}+\vec{d}$$

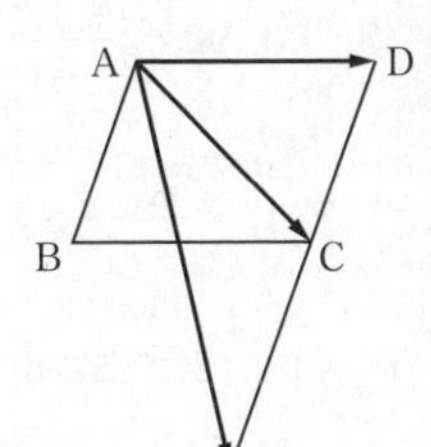

◀点 Q は直線 CD 上の点であるから，$\overrightarrow{\mathrm{AQ}}$ を $\overrightarrow{\mathrm{AC}}$ と $\overrightarrow{\mathrm{AD}}$ で表したとき，係数の和が 1 となればよい。**Plus One** 参照。

Plus One

例題 24，練習 24 では，点 Q が辺 AB 上にあるとき，$\overrightarrow{\mathrm{OQ}}$ を $\overrightarrow{\mathrm{OA}}$ と $\overrightarrow{\mathrm{OB}}$ で表したときの係数の和が 1 になることを用いた。この性質は，点 Q が直線 AB 上にあるときも同様に成り立つ。

なぜなら，線分 AB を $m:n$ に外分する点を Q とすると，点 Q は辺 AB 上にはなく，直線 AB 上にあるが

$$\overrightarrow{\mathrm{OQ}}=\frac{-n\overrightarrow{\mathrm{OA}}+m\overrightarrow{\mathrm{OB}}}{m-n}=\frac{-n}{m-n}\overrightarrow{\mathrm{OA}}+\frac{m}{m-n}\overrightarrow{\mathrm{OB}}$$

と表され，やはり係数の和が 1 になるからである。

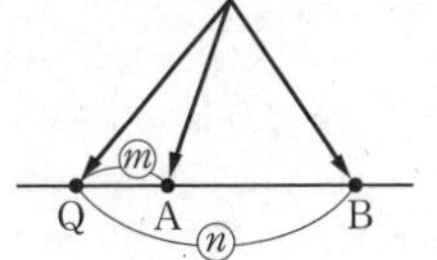

問題 **25**　△ABC において，等式 $3\overrightarrow{\mathrm{PA}}+m\overrightarrow{\mathrm{PB}}+2\overrightarrow{\mathrm{PC}}=\vec{0}$ を満たす点 P に対して，△PBC：△PAC：△PAB $=3:5:2$ であるとき，正の数 m を求めよ。

$3\overrightarrow{\mathrm{PA}}+m\overrightarrow{\mathrm{PB}}+2\overrightarrow{\mathrm{PC}}=\vec{0}$ より

$$3(-\overrightarrow{\mathrm{AP}})+m(\overrightarrow{\mathrm{AB}}-\overrightarrow{\mathrm{AP}})+2(\overrightarrow{\mathrm{AC}}-\overrightarrow{\mathrm{AP}})=\vec{0}$$
$$-(m+5)\overrightarrow{\mathrm{AP}}+m\overrightarrow{\mathrm{AB}}+2\overrightarrow{\mathrm{AC}}=\vec{0}$$

よって　　$\overrightarrow{\mathrm{AP}}=\frac{m\overrightarrow{\mathrm{AB}}+2\overrightarrow{\mathrm{AC}}}{m+5}$

$$=\frac{m+2}{m+5}\times\frac{m\overrightarrow{\mathrm{AB}}+2\overrightarrow{\mathrm{AC}}}{2+m}\quad\cdots①$$

◀ $m>0$ より $m+5>0$

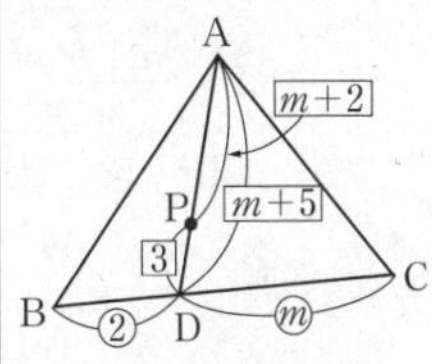

ここで，$\frac{m\overrightarrow{\mathrm{AB}}+2\overrightarrow{\mathrm{AC}}}{2+m}=\overrightarrow{\mathrm{AD}}$ とおくと，$m>0$ であるから，点 D は線分 BC を $2:m$ に内分する点である。

また，① より，$\overrightarrow{\mathrm{AP}}=\frac{m+2}{m+5}\overrightarrow{\mathrm{AD}}$ であるから，点 P は，線分 AD を $(m+2):3$ に内分する点である。

◀ $m+2>0$

△PBD $=S$ とおくと，BD：DC $=2:m$ より

$$\triangle\mathrm{PCD}=\frac{m}{2}S,\qquad \triangle\mathrm{PBC}=S+\frac{m}{2}S=\frac{m+2}{2}S$$

$AP:PD=(m+2):3$ より

$$\triangle PAB:\triangle PBD=(m+2):3$$
$$\triangle PAC:\triangle PCD=(m+2):3$$

よって

$$\triangle PAB=\frac{m+2}{3}S,\ \ \triangle PAC=\frac{m+2}{3}\cdot\frac{m}{2}S=\frac{m(m+2)}{6}S$$

ゆえに

$$\triangle PBC:\triangle PAC:\triangle PAB=\frac{m+2}{2}S:\frac{m(m+2)}{6}S:\frac{m+2}{3}S$$
$$=3:m:2$$

◀ $m+2>0$

$\triangle PBC:\triangle PAC:\triangle PAB=3:5:2$ であるから　　$\boldsymbol{m=5}$

問題 26　3 点 A(1, −2), B(5, −2), C(4, 2) を頂点とする △ABC の ∠CAB の二等分線と BC の交点を D とするとき，$\overrightarrow{AD}$ を求めよ。

$\overrightarrow{AB}=(5-1,\ -2-(-2))=(4,\ 0)$

$\overrightarrow{AC}=(4-1,\ 2-(-2))=(3,\ 4)$

また　　$|\overrightarrow{AB}|=\sqrt{4^2+0^2}=4$

　　　　$|\overrightarrow{AC}|=\sqrt{3^2+4^2}=5$

ここで，AD は ∠CAB の二等分線であるから　　$BD:DC=AB:AC=4:5$

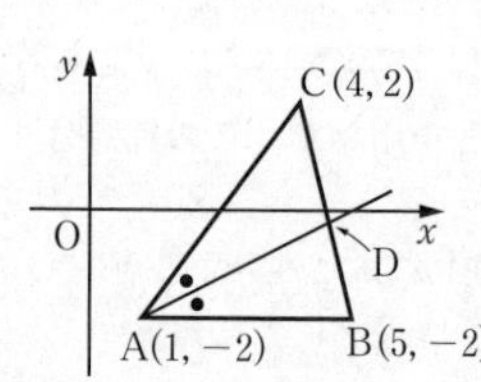

◀ 位置ベクトルの成分と点の座標は一致する。

◀ △ABC の ∠A の二等分線を AD とすると
　$AB:AC=BD:DC$

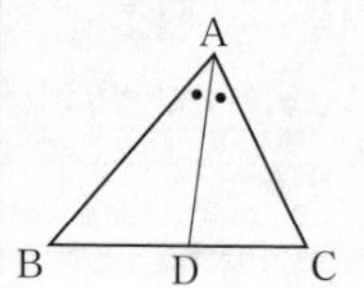

よって，点 D は BC を 4:5 に内分する点であるから

$$\overrightarrow{AD}=\frac{5\overrightarrow{AB}+4\overrightarrow{AC}}{4+5}=\frac{5\overrightarrow{AB}+4\overrightarrow{AC}}{9}$$
$$=\frac{5}{9}(4,\ 0)+\frac{4}{9}(3,\ 4)=\boldsymbol{\left(\frac{32}{9},\ \frac{16}{9}\right)}$$

問題 27　OA = 5, OB = 3 の △OAB がある。∠AOB の二等分線と辺 AB の交点を C，辺 AB の中点を M，ベクトル $\overrightarrow{OA}=\vec{a}$, $\overrightarrow{OB}=\vec{b}$ とするとき

(1)　$\overrightarrow{OM}$, $\overrightarrow{OC}$ を $\vec{a}$, $\vec{b}$ を用いて表せ。

(2)　直線 OM 上に点 P を，直線 AP と直線 OC が直交するようにとるとき，$\overrightarrow{OP}$ を $\vec{a}$, $\vec{b}$ を用いて表せ。

(1)　$\boldsymbol{\overrightarrow{OM}=\frac{\vec{a}+\vec{b}}{2}}$

$AC:CB=5:3$ より

$$\overrightarrow{OC}=\frac{3\vec{a}+5\vec{b}}{5+3}=\boldsymbol{\frac{3}{8}\vec{a}+\frac{5}{8}\vec{b}}$$

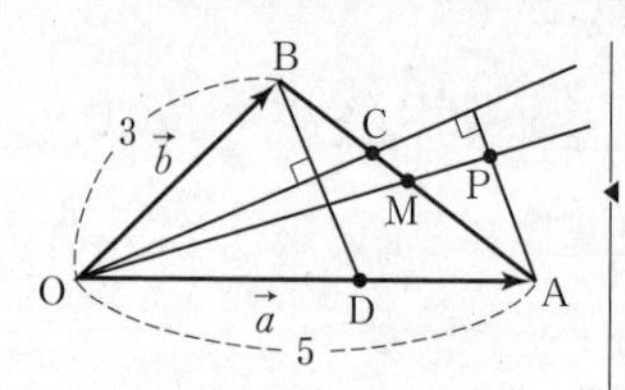

◀ 三角形の角の二等分線の性質

(2)　3 点 O, M, P は一直線上にあるから　　$\overrightarrow{OP}=k\overrightarrow{OM}=\frac{1}{2}k(\vec{a}+\vec{b})$

とおける。よって

$$\overrightarrow{AP}=\overrightarrow{OP}-\overrightarrow{OA}=\frac{1}{2}k(\vec{a}+\vec{b})-\vec{a}=\left(\frac{1}{2}k-1\right)\vec{a}+\frac{1}{2}k\vec{b}$$

ここで，点 B から OC に垂線を下ろし，OA との交点を D とすると，

$\triangle$ODB は二等辺三角形になるから，OB $=$ OD より

$$\overrightarrow{\mathrm{DB}}=\overrightarrow{\mathrm{OB}}-\overrightarrow{\mathrm{OD}}=\vec{b}-\frac{3}{5}\vec{a}$$

$\overrightarrow{\mathrm{AP}} \parallel \overrightarrow{\mathrm{DB}}$ より，$\overrightarrow{\mathrm{AP}}=t\overrightarrow{\mathrm{DB}}$ とおける。

よって　$\left(\frac{1}{2}k-1\right)\vec{a}+\frac{1}{2}k\vec{b}=t\vec{b}-\frac{3}{5}t\vec{a}$

$\vec{a}\neq\vec{0}$，$\vec{b}\neq\vec{0}$，$\vec{a}\not\parallel\vec{b}$ であるから

$$\frac{1}{2}k-1=-\frac{3}{5}t,\quad \frac{1}{2}k=t$$

これを解くと，$k=\frac{5}{4}$ であるから　$\boldsymbol{\overrightarrow{\mathrm{OP}}=\frac{5}{8}(\vec{a}+\vec{b})}$

◀$\triangle$ODB において，$\angle$DOB の二等分線が辺 BD に垂直に交わるから，$\triangle$ODB は OB $=$ OD の二等辺三角形である。

◀$\vec{a}$ と $\vec{b}$ は1次独立

問題 **28**　AB $=3$，AC $=4$，$\angle$A $=60^\circ$ である $\triangle$ABC の外心を O とする。$\overrightarrow{\mathrm{AB}}=\vec{b}$，$\overrightarrow{\mathrm{AC}}=\vec{c}$ とおく。

(1)　$\triangle$ABC の外接円の半径を求めよ。

(2)　$\overrightarrow{\mathrm{AO}}$ を $\vec{b}$，$\vec{c}$ を用いて表せ。

(3)　直線 BO と辺 AC の交点を P とするとき，AP : PC を求めよ。　（北里大）

(1)　$\triangle$ABC において，余弦定理により

$$\mathrm{BC}^2=3^2+4^2-2\times3\times4\cos60^\circ$$
$$=13$$

BC >0 より　BC $=\sqrt{13}$

$\triangle$ABC において，外接円の半径を R とすると，正弦定理により

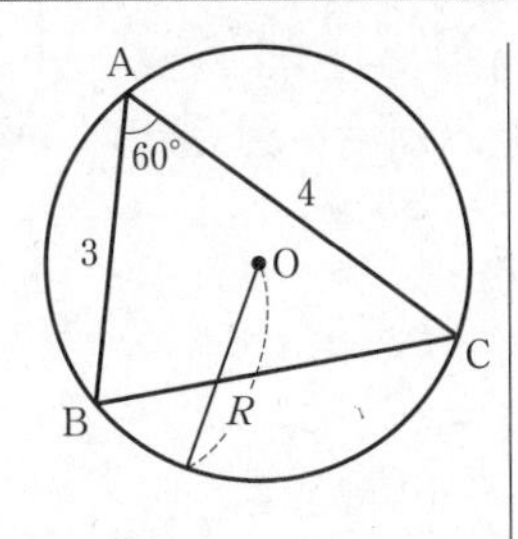

$$2R=\frac{\sqrt{13}}{\sin60^\circ}=\frac{\sqrt{13}}{\frac{\sqrt{3}}{2}}=\frac{2\sqrt{13}}{\sqrt{3}}$$

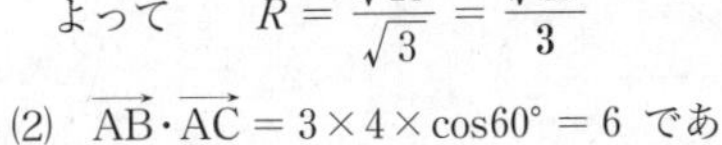

よって　$R=\frac{\sqrt{13}}{\sqrt{3}}=\boldsymbol{\frac{\sqrt{39}}{3}}$

(2)　$\overrightarrow{\mathrm{AB}}\cdot\overrightarrow{\mathrm{AC}}=3\times4\times\cos60^\circ=6$ であるから　$\vec{b}\cdot\vec{c}=6$

$\overrightarrow{\mathrm{AO}}=s\vec{b}+t\vec{c}$ とおく。

外心 O は，辺 AB と AC の垂直二等分線の交点であるから，辺 AB，AC の中点をそれぞれ M，N とすると

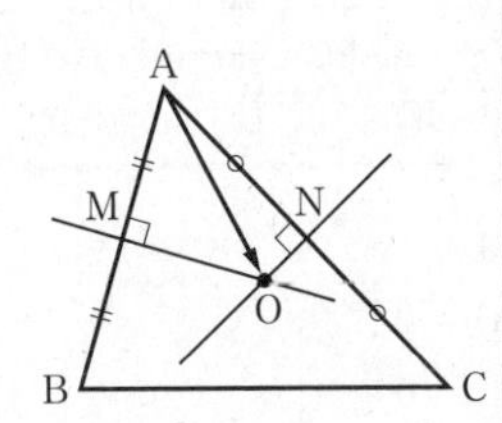

$$\vec{b}\cdot\overrightarrow{\mathrm{OM}}=0\ \cdots ①,\quad \vec{c}\cdot\overrightarrow{\mathrm{ON}}=0\ \cdots ②$$

ここで　$\overrightarrow{\mathrm{OM}}=\overrightarrow{\mathrm{AM}}-\overrightarrow{\mathrm{AO}}$

$$=\frac{1}{2}\vec{b}-(s\vec{b}+t\vec{c})=\left(\frac{1}{2}-s\right)\vec{b}-t\vec{c}$$

◀$\overrightarrow{\mathrm{OM}}$ を $\vec{b}$，$\vec{c}$ で表す。

$\overrightarrow{\mathrm{ON}}=\overrightarrow{\mathrm{AN}}-\overrightarrow{\mathrm{AO}}$

$$=\frac{1}{2}\vec{c}-(s\vec{b}+t\vec{c})=-s\vec{b}+\left(\frac{1}{2}-t\right)\vec{c}$$

◀$\overrightarrow{\mathrm{ON}}$ を $\vec{b}$，$\vec{c}$ で表す。

よって，① より　$\vec{b}\cdot\left\{\left(\frac{1}{2}-s\right)\vec{b}-t\vec{c}\right\}=0$

$$\left(\frac{1}{2}-s\right)|\vec{b}|^2-t\vec{b}\cdot\vec{c}=0$$

$$9\left(\frac{1}{2}-s\right)-6t=0$$

ゆえに　$6s+4t=3$　…③

②より　$\vec{c}\cdot\left\{-s\vec{b}+\left(\frac{1}{2}-t\right)\vec{c}\right\}=0$

$$-s\vec{b}\cdot\vec{c}+\left(\frac{1}{2}-t\right)|\vec{c}|^2=0$$

$$-6s+16\left(\frac{1}{2}-t\right)=0$$

ゆえに　$3s+8t=4$　…④

③, ④を解くと　$s=\frac{2}{9}$, $t=\frac{5}{12}$

したがって　$\boldsymbol{\overrightarrow{AO}=\frac{2}{9}\vec{b}+\frac{5}{12}\vec{c}}$

(3)　点Pは直線BO上にあることより，k を実数として

$$\overrightarrow{AP}=(1-k)\overrightarrow{AB}+k\overrightarrow{AO}$$
$$=\left(1-\frac{7}{9}k\right)\vec{b}+\frac{5}{12}k\vec{c}$$

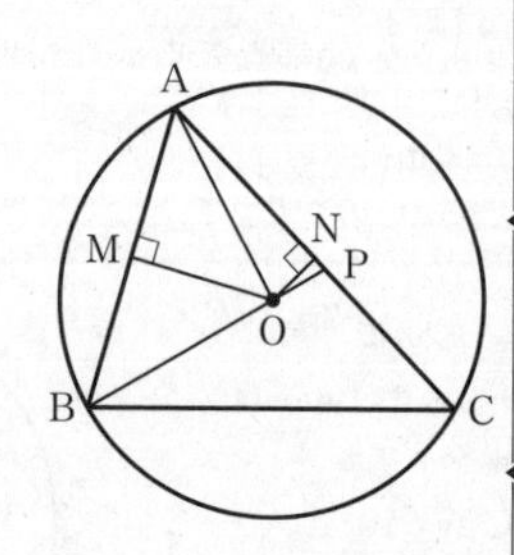

◀点Pは，線分BOを外分する点

$\vec{b}\neq\vec{0}$, $\vec{c}\neq\vec{0}$, $\vec{b}$ と $\vec{c}$ は平行でないから，点PはAC上にあることより

◀点PはAC上にあるから，$\overrightarrow{AP}$ は $\vec{c}$ の実数倍で表すことができる。

$$1-\frac{7}{9}k=0$$

したがって　$k=\frac{9}{7}$

よって，$\overrightarrow{AP}=\frac{5}{12}\times\frac{9}{7}\vec{c}=\frac{15}{28}\vec{c}$ であるから

AP : PC = 15 : 13

問題 29　直角三角形でない △ABC とその内部の点 H について，$\overrightarrow{HA}\cdot\overrightarrow{HB}=\overrightarrow{HB}\cdot\overrightarrow{HC}=\overrightarrow{HC}\cdot\overrightarrow{HA}$ が成り立つとき，H は △ABC の垂心であることを示せ。

$\overrightarrow{HA}\cdot\overrightarrow{HB}=\overrightarrow{HB}\cdot\overrightarrow{HC}$ より

$$\overrightarrow{HB}\cdot(\overrightarrow{HC}-\overrightarrow{HA})=0$$

よって　$\overrightarrow{HB}\cdot\overrightarrow{AC}=0$

$\overrightarrow{HB}\neq\vec{0}$, $\overrightarrow{AC}\neq\vec{0}$ より

$$\overrightarrow{HB}\perp\overrightarrow{AC}\quad\cdots①$$

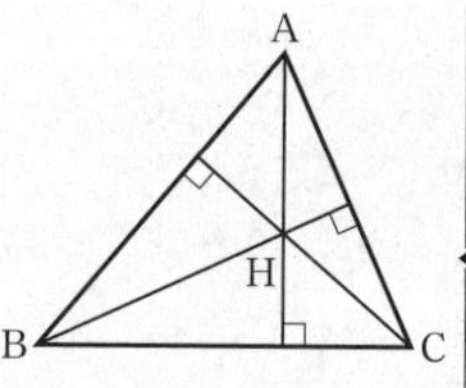

◀H は △ABC の内部の点であるから　$\overrightarrow{HB}\neq\vec{0}$

$\overrightarrow{HB}\cdot\overrightarrow{HC}=\overrightarrow{HC}\cdot\overrightarrow{HA}$ より

$$\overrightarrow{HC}\cdot(\overrightarrow{HA}-\overrightarrow{HB})=0$$

よって　$\overrightarrow{HC}\cdot\overrightarrow{BA}=0$

$\overrightarrow{HC}\neq\vec{0}$, $\overrightarrow{BA}\neq\vec{0}$ より　$\overrightarrow{HC}\perp\overrightarrow{BA}$　…②

①, ②より，H は △ABC の垂心である。

◀$\overrightarrow{HA}\perp\overrightarrow{CB}$ を示さなくても①, ②だけで十分である。

問題 30 直角三角形でない △ABC の外心を O, 重心を G, $\overrightarrow{OH}=\overrightarrow{OA}+\overrightarrow{OB}+\overrightarrow{OC}$ とする。ただし，O, G, H はすべて異なる点であるとする。
(1) 点 H は △ABC の垂心であることを示せ。
(2) 3点 O, G, H は一直線上にあり，OG : GH = 1 : 2 であることを示せ。

(1) $\overrightarrow{AH}=\overrightarrow{OH}-\overrightarrow{OA}=\overrightarrow{OB}+\overrightarrow{OC}$, $\overrightarrow{BC}=\overrightarrow{OC}-\overrightarrow{OB}$ より

$$\overrightarrow{AH}\cdot\overrightarrow{BC}=(\overrightarrow{OB}+\overrightarrow{OC})\cdot(\overrightarrow{OC}-\overrightarrow{OB})=|\overrightarrow{OC}|^2-|\overrightarrow{OB}|^2$$

点 O が △ABC の外心であるから　$|\overrightarrow{OA}|=|\overrightarrow{OB}|=|\overrightarrow{OC}|$

よって　$\overrightarrow{AH}\cdot\overrightarrow{BC}=0$

$\overrightarrow{AH}\neq\vec{0}$, $\overrightarrow{BC}\neq\vec{0}$ より　$\overrightarrow{AH}\perp\overrightarrow{BC}$

$\overrightarrow{BH}=\overrightarrow{OH}-\overrightarrow{OB}=\overrightarrow{OA}+\overrightarrow{OC}$, $\overrightarrow{CA}=\overrightarrow{OA}-\overrightarrow{OC}$ より

$$\overrightarrow{BH}\cdot\overrightarrow{CA}=(\overrightarrow{OA}+\overrightarrow{OC})\cdot(\overrightarrow{OA}-\overrightarrow{OC})=|\overrightarrow{OA}|^2-|\overrightarrow{OC}|^2=0$$

$\overrightarrow{BH}\neq\vec{0}$, $\overrightarrow{CA}\neq\vec{0}$ より　$\overrightarrow{BH}\perp\overrightarrow{CA}$

ゆえに，点 H は △ABC の垂心である。

◀ AH ⊥ BC, BH ⊥ CA, CH ⊥ AB のうち 2 つを示せばよい。

◀ $|\overrightarrow{OC}|^2=|\overrightarrow{OB}|^2$

(2) 点 G が △ABC の重心であるから　$\overrightarrow{OG}=\dfrac{\overrightarrow{OA}+\overrightarrow{OB}+\overrightarrow{OC}}{3}$

よって　$\overrightarrow{OH}=3\overrightarrow{OG}$

ゆえに，3点 O, G, H は一直線上にある。

また，OG : OH = 1 : 3 であるから　OG : GH = 1 : 2

◀ 3点 O, G, H が一直線上にあるための条件は $\overrightarrow{OH}=k\overrightarrow{OG}$ となる実数 k があることである。

問題 31 鋭角三角形 ABC の重心を G とする。また，$\overrightarrow{GA}=\vec{a}$, $\overrightarrow{GB}=\vec{b}$, $\overrightarrow{GC}=\vec{c}$ とおくとき，
$2\vec{a}\cdot\vec{b}+\vec{b}\cdot\vec{c}+\vec{c}\cdot\vec{a}=-9$, $\vec{a}\cdot\vec{b}-\vec{b}\cdot\vec{c}+2\vec{c}\cdot\vec{a}=-3$ を満たしているものとする。
(1) ベクトル $\vec{a}$, $\vec{b}$ の大きさ $|\vec{a}|$, $|\vec{b}|$ を求めよ。
(2) $\vec{a}\cdot\vec{b}=-2$ のとき，△ABC の 3 辺 AB, BC, CA の長さを求めよ。　（岩手大　改）

(1) $\overrightarrow{OG}=\vec{g}$ とすると

$\overrightarrow{OA}=\vec{a}+\vec{g}$, $\overrightarrow{OB}=\vec{b}+\vec{g}$, $\overrightarrow{OC}=\vec{c}+\vec{g}$

$\overrightarrow{OG}=\dfrac{\overrightarrow{OA}+\overrightarrow{OB}+\overrightarrow{OC}}{3}$ より

$$\vec{g}=\vec{g}+\frac{\vec{a}+\vec{b}+\vec{c}}{3}$$

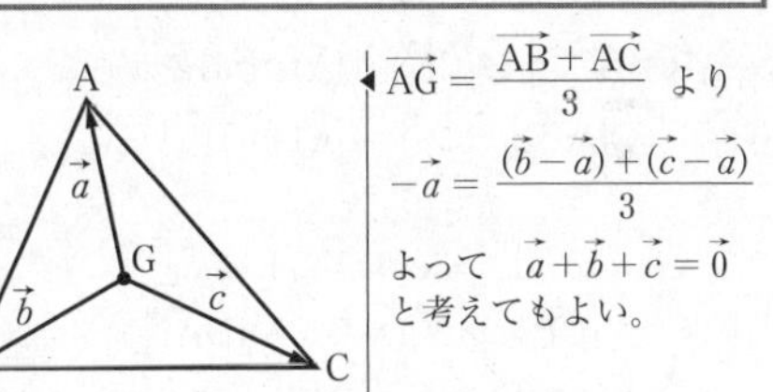

◀ $\overrightarrow{AG}=\dfrac{\overrightarrow{AB}+\overrightarrow{AC}}{3}$ より
$-\vec{a}=\dfrac{(\vec{b}-\vec{a})+(\vec{c}-\vec{a})}{3}$
よって $\vec{a}+\vec{b}+\vec{c}=\vec{0}$ と考えてもよい。

ゆえに　$\vec{a}+\vec{b}+\vec{c}=\vec{0}$　… ①

$2\vec{a}\cdot\vec{b}+\vec{b}\cdot\vec{c}+\vec{c}\cdot\vec{a}=-9$　… ②

$\vec{a}\cdot\vec{b}-\vec{b}\cdot\vec{c}+2\vec{c}\cdot\vec{a}=-3$　… ③

◀ G が △ABC の重心であることから，$\vec{a}+\vec{b}+\vec{c}=\vec{0}$ を導く。

とすると，② + ③ より

$3(\vec{a}\cdot\vec{b}+\vec{c}\cdot\vec{a})=-12$　… ④

$\vec{a}\cdot(\vec{b}+\vec{c})=-4$

① より $\vec{b}+\vec{c}=-\vec{a}$ であるから　$-|\vec{a}|^2=-4$

$|\vec{a}|\geqq 0$ より　$|\vec{a}|=\mathbf{2}$

② × 2 − ③ より

$3(\vec{a}\cdot\vec{b}+\vec{b}\cdot\vec{c})=-15$　… ⑤

$\vec{b}\cdot(\vec{a}+\vec{c})=-5$

① より $\vec{a}+\vec{c}=-\vec{b}$ であるから　　$-|\vec{b}|^2=-5$

$|\vec{b}|\geqq 0$ より　　$|\vec{b}|=\sqrt{5}$

(2) $\vec{a}\cdot\vec{b}=-2$ のとき，④，⑤ より

$$\vec{c}\cdot\vec{a}=-2,\quad \vec{b}\cdot\vec{c}=-3$$

$$|\overrightarrow{AB}|^2=|\vec{b}-\vec{a}|^2=|\vec{b}|^2-2\vec{a}\cdot\vec{b}+|\vec{a}|^2$$
$$=5-2\times(-2)+4=13$$

$|\overrightarrow{AB}|\geqq 0$ より　　$|\overrightarrow{AB}|=\sqrt{13}$　　…⑥

$$|\overrightarrow{BC}|^2=|\vec{c}-\vec{b}|^2=|\vec{c}|^2-2\vec{b}\cdot\vec{c}+|\vec{b}|^2$$

ここで，① より $\vec{c}=-(\vec{a}+\vec{b})$ であるから

$$|\vec{c}|^2=|\vec{a}|^2+2\vec{a}\cdot\vec{b}+|\vec{b}|^2$$
$$=4+2\times(-2)+5=5$$

よって　　$|\overrightarrow{BC}|^2=5-2\times(-3)+5=16$

$|\overrightarrow{BC}|\geqq 0$ より　　$|\overrightarrow{BC}|=4$　　…⑦

$$|\overrightarrow{CA}|^2=|\vec{a}-\vec{c}|^2=|\vec{a}|^2-2\vec{a}\cdot\vec{c}+|\vec{c}|^2$$
$$=4-2\times(-2)+5=13$$

$|\overrightarrow{CA}|\geqq 0$ より　　$|\overrightarrow{CA}|=\sqrt{13}$　　…⑧

⑥〜⑧ より　　$\mathbf{AB=\sqrt{13},\ BC=4,\ CA=\sqrt{13}}$

問題 **32** 四角形 ABCD に対して，次の ①，② が成り立つとする。

$$\overrightarrow{AB}\cdot\overrightarrow{BC}=\overrightarrow{CD}\cdot\overrightarrow{DA}\ \cdots ①\qquad \overrightarrow{DA}\cdot\overrightarrow{AB}=\overrightarrow{BC}\cdot\overrightarrow{CD}\ \cdots ②$$

このとき，四角形 ABCD は向かい合う辺の長さが等しくなる（すなわち平行四辺形になる）ことを示せ。　　　（鹿児島大）

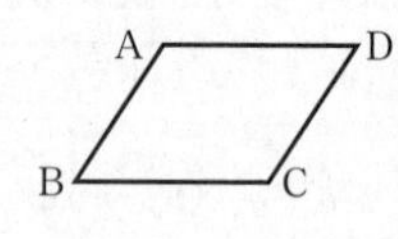

◀ $\overrightarrow{AB}$, $\overrightarrow{BC}$, $\overrightarrow{CD}$, $\overrightarrow{DA}$ において成り立つ関係式を考える。

$\overrightarrow{AB}+\overrightarrow{BC}+\overrightarrow{CD}+\overrightarrow{DA}=\vec{0}$ より，

$\overrightarrow{AB}+\overrightarrow{BC}=-(\overrightarrow{CD}+\overrightarrow{DA})$ であるから

$$|\overrightarrow{AB}+\overrightarrow{BC}|^2=|\overrightarrow{CD}+\overrightarrow{DA}|^2$$

よって

$$|\overrightarrow{AB}|^2+2\overrightarrow{AB}\cdot\overrightarrow{BC}+|\overrightarrow{BC}|^2$$
$$=|\overrightarrow{CD}|^2+2\overrightarrow{CD}\cdot\overrightarrow{DA}+|\overrightarrow{DA}|^2$$

① より　　$|\overrightarrow{AB}|^2+|\overrightarrow{BC}|^2=|\overrightarrow{CD}|^2+|\overrightarrow{DA}|^2$　　…③

同様に，$\overrightarrow{AB}+\overrightarrow{DA}=-(\overrightarrow{BC}+\overrightarrow{CD})$ であるから

$$|\overrightarrow{AB}+\overrightarrow{DA}|^2=|\overrightarrow{BC}+\overrightarrow{CD}|^2$$

よって

$$|\overrightarrow{AB}|^2+2\overrightarrow{AB}\cdot\overrightarrow{DA}+|\overrightarrow{DA}|^2=|\overrightarrow{BC}|^2+2\overrightarrow{BC}\cdot\overrightarrow{CD}+|\overrightarrow{CD}|^2$$

② より　　$|\overrightarrow{AB}|^2+|\overrightarrow{DA}|^2=|\overrightarrow{BC}|^2+|\overrightarrow{CD}|^2$　　…④

③−④ より　　$|\overrightarrow{BC}|^2-|\overrightarrow{DA}|^2=|\overrightarrow{DA}|^2-|\overrightarrow{BC}|^2$

$$|\overrightarrow{BC}|^2=|\overrightarrow{DA}|^2\quad\cdots ⑤$$

よって　　$BC=DA$

⑤ を ③ に代入すると　　$|\overrightarrow{AB}|^2=|\overrightarrow{CD}|^2$

よって　　$AB=CD$

したがって，四角形 ABCD は向かい合う辺の長さが等しくなる。

問題 33 平面上の異なる3点O，$A(\vec{a})$，$B(\vec{b})$ において，次の直線を表すベクトル方程式を求めよ。ただし，3点O，A，Bは一直線上にないものとする。
(1) 線分OAの中点と線分ABを3:2に内分する点を通る直線
(2) 点Aを中心とし，半径がABである円について円上の点Bにおける接線

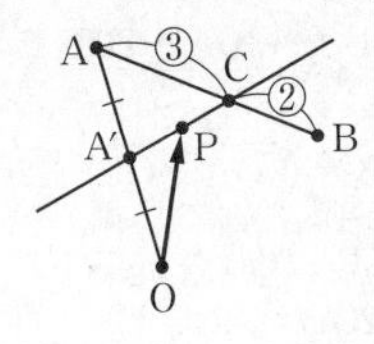

(1) 線分OAの中点をA′，線分ABを3:2に内分する点をCとする。$\overrightarrow{A'C}$ は求める直線の方向ベクトルであるから，求める直線上の点を

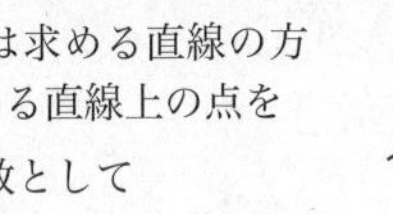

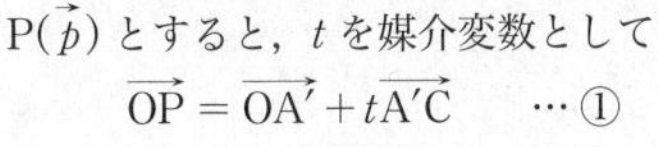

$P(\vec{p})$ とすると，t を媒介変数として

$$\overrightarrow{OP}=\overrightarrow{OA'}+t\overrightarrow{A'C} \quad \cdots①$$

ここで　$\overrightarrow{OP}=\vec{p}$，$\overrightarrow{OA'}=\dfrac{1}{2}\vec{a}$，

$$\overrightarrow{A'C}=\overrightarrow{OC}-\overrightarrow{OA'}=\frac{2\vec{a}+3\vec{b}}{5}-\frac{1}{2}\vec{a}=\frac{-\vec{a}+6\vec{b}}{10}$$

◀点Cは線分ABを3:2に内分する点であるから　$\overrightarrow{OC}=\dfrac{2\vec{a}+3\vec{b}}{5}$

①に代入すると　$\vec{p}=\dfrac{1}{2}\vec{a}+t\cdot\dfrac{-\vec{a}+6\vec{b}}{10}$

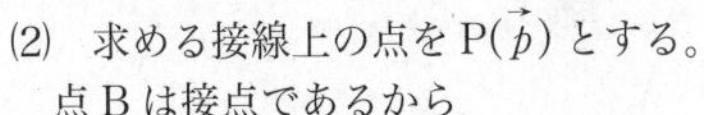

すなわち　$\boldsymbol{\vec{p}=\dfrac{5-t}{10}\vec{a}+\dfrac{3}{5}t\vec{b}}$

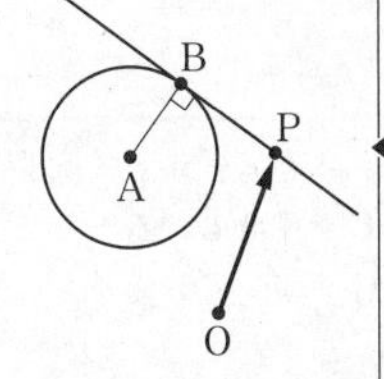

(2) 求める接線上の点を $P(\vec{p})$ とする。
点Bは接点であるから

$$\overrightarrow{BP}\perp\overrightarrow{AB} \quad \text{または} \quad \overrightarrow{BP}=\vec{0}$$

◀$\overrightarrow{AB}$ は求める接線の法線ベクトルの1つである。

よって　$\overrightarrow{BP}\cdot\overrightarrow{AB}=0 \quad \cdots②$

ここで　$\overrightarrow{BP}=\overrightarrow{OP}-\overrightarrow{OB}=\vec{p}-\vec{b}$

$\overrightarrow{AB}=\overrightarrow{OB}-\overrightarrow{OA}=\vec{b}-\vec{a}$

②に代入すると

$$\boldsymbol{(\vec{p}-\vec{b})\cdot(\vec{b}-\vec{a})=0}$$

問題 34 点 $A(x_1,\ y_1)$ を通り，$\vec{d}=(1,\ m)$ に平行な直線 l について
(1) 直線 l の方程式を媒介変数 t を用いて表せ。
(2) 直線 l の方程式が $y-y_1=m(x-x_1)$ で表されることを確かめよ。

(1) 求める直線 l 上の点を $P(\vec{p})$ とし，$\vec{p}=(x,\ y)$ とする。
点Aの位置ベクトル $\vec{a}$ は $\vec{a}=(x_1,\ y_1)$ であり，方向ベクトルは $\vec{d}=(1,\ m)$ であるから，直線 l のベクトル方程式は　$\vec{p}=\vec{a}+t\vec{d}$

◀方向ベクトルが(1, m)であるから傾き m の直線を表している。

すなわち　$(x,\ y)=(x_1,\ y_1)+t(1,\ m)=(t+x_1,\ mt+y_1)$
よって，直線 l を媒介変数表示すると

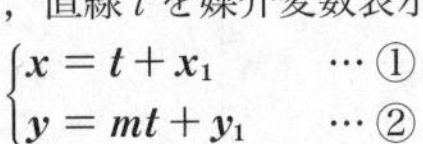

$$\begin{cases}\boldsymbol{x=t+x_1} & \cdots①\\ \boldsymbol{y=mt+y_1} & \cdots②\end{cases}$$

(2) ①より　$t=x-x_1$
②に代入すると　$y=m(x-x_1)+y_1$
したがって　$y-y_1=m(x-x_1)$

問題 35 平面上に異なる2つの定点A，Bと，中心O，半径rの定円上を動く点Pがある。$\overrightarrow{OQ}=3\overrightarrow{PA}+2\overrightarrow{PB}$ によって点Qを定めるとき

(1) 線分ABを2:3に内分する点をCとするとき，$\overrightarrow{OC}$を$\overrightarrow{OA}$と$\overrightarrow{OB}$を用いて表せ。

(2) 点Qはどのような図形をえがくか。 (鳴門教育大)

(1) $\overrightarrow{OC}=\dfrac{3\overrightarrow{OA}+2\overrightarrow{OB}}{2+3}=\boldsymbol{\dfrac{3\overrightarrow{OA}+2\overrightarrow{OB}}{5}}$

(2) $\overrightarrow{OQ}=3\overrightarrow{PA}+2\overrightarrow{PB}=3(\overrightarrow{OA}-\overrightarrow{OP})+2(\overrightarrow{OB}-\overrightarrow{OP})$

$=3\overrightarrow{OA}+2\overrightarrow{OB}-5\overrightarrow{OP}$

(1)より $3\overrightarrow{OA}+2\overrightarrow{OB}=5\overrightarrow{OC}$

であるから

$\overrightarrow{OQ}=5\overrightarrow{OC}-5\overrightarrow{OP}$

$\overrightarrow{OQ}-5\overrightarrow{OC}=-5\overrightarrow{OP}$

$|\overrightarrow{OP}|=r$ から

$|\overrightarrow{OQ}-5\overrightarrow{OC}|=5r$

したがって，点Qは，**線分OCを5:4に外分する点を中心とする半径$5r$の円**をえがく。

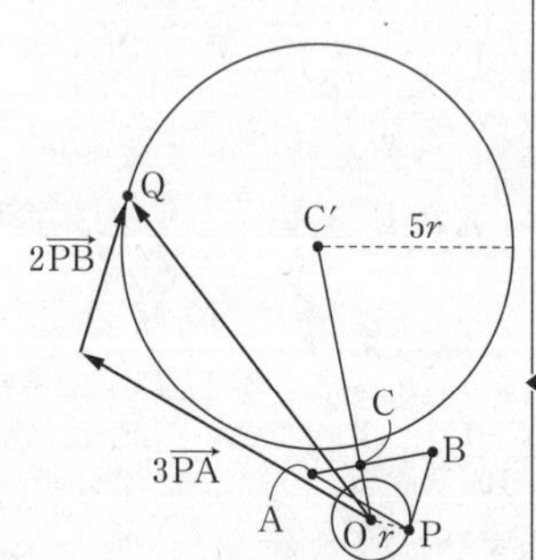

◀$5\overrightarrow{OC}=\overrightarrow{OC'}$ とすると，C′はOCを5:4に外分する点である。

問題 36 座標平面上に4点A$(\vec{a})$, B$(\vec{b})$, C$(\vec{c})$, D$(\vec{d})$があり，$|\vec{a}|=2$, $|\vec{b}|=1$, $|\vec{a}-\vec{b}|=\sqrt{3}$, $\vec{d}=4\vec{b}$ を満たす。点Cを中心とする円Cがあり，円Cは実数kに対してベクトル方程式 $(\vec{p}-k\vec{a}-\vec{b})\cdot(\vec{p}+3\vec{b})=0$ で表される。また，点Dを通り$\vec{a}$に平行な直線をlとする。

(1) $\vec{c}$を$\vec{a}$, $\vec{b}$, kで表せ。

(2) 点Cから直線lに垂線CHを下ろす。Hの位置ベクトル$\vec{h}$を$\vec{a}$, $\vec{b}$, kで表せ。

(3) 直線lが円Cに接するとき，kの値を求めよ。 (京都府立大 改)

(1) $(\vec{p}-k\vec{a}-\vec{b})\cdot(\vec{p}+3\vec{b})=0$ より

円Cは位置ベクトルが$k\vec{a}+\vec{b}$, $-3\vec{b}$である2点を直径の両端とする円を表すから，中心の位置ベクトル$\vec{c}$は

$\vec{c}=\dfrac{(k\vec{a}+\vec{b})+(-3\vec{b})}{2}=\boldsymbol{\dfrac{k}{2}\vec{a}-\vec{b}}$

〔別解〕

$(\vec{p}-k\vec{a}-\vec{b})\cdot(\vec{p}+3\vec{b})=0$ より

$|\vec{p}|^2+(2\vec{b}-k\vec{a})\cdot\vec{p}=(k\vec{a}+\vec{b})\cdot3\vec{b}$

$\left|\vec{p}-\dfrac{k\vec{a}-2\vec{b}}{2}\right|^2=\left|\dfrac{k}{2}\vec{a}+2\vec{b}\right|^2$

したがって，中心の位置ベクトルは

$\vec{c}=\dfrac{k\vec{a}-2\vec{b}}{2}=\dfrac{k}{2}\vec{a}-\vec{b}$

(2) Hはl上の点であるから，tを実数として，次のように表される。

$\vec{h}=\vec{d}+t\vec{a}=t\vec{a}+4\vec{b}$

◀$\vec{d}=4\vec{b}$

$\overrightarrow{CH}=\vec{h}-\vec{c}=t\vec{a}+4\vec{b}-\vec{c}=t\vec{a}+4\vec{b}-\dfrac{k}{2}\vec{a}+\vec{b}$

$= \left(t-\dfrac{k}{2}\right)\vec{a}+5\vec{b}$

$l \perp \mathrm{CH}$ より，$\vec{a} \perp \overrightarrow{\mathrm{CH}}$ であるから

$$\vec{a}\cdot\overrightarrow{\mathrm{CH}}=\vec{a}\cdot\left\{\left(t-\frac{k}{2}\right)\vec{a}+5\vec{b}\right\}=0$$

よって　$\left(t-\dfrac{k}{2}\right)|\vec{a}|^2+5\vec{a}\cdot\vec{b}=0$

$|\vec{a}-\vec{b}|^2=|\vec{a}|^2-2\vec{a}\cdot\vec{b}+|\vec{b}|^2=3$ より　$\vec{a}\cdot\vec{b}=1$

◀ $|\vec{a}|=2$，$|\vec{b}|=1$，$|\vec{a}-\vec{b}|=\sqrt{3}$

ゆえに　$\left(t-\dfrac{k}{2}\right)\times 4+5\times 1=0$

$$4t-2k+5=0$$

よって　$t=\dfrac{2k-5}{4}$

したがって　$\boldsymbol{\vec{h}=\dfrac{2k-5}{4}\vec{a}+4\vec{b}}$

(3)　$|\overrightarrow{\mathrm{CH}}|=\left|\left(\dfrac{2k-5}{4}-\dfrac{k}{2}\right)\vec{a}+5\vec{b}\right|=\left|-\dfrac{5}{4}\vec{a}+5\vec{b}\right|=\dfrac{5}{4}|\vec{a}-4\vec{b}|$

◀ (2) より $\overrightarrow{\mathrm{CH}}=\left(t-\dfrac{k}{2}\right)\vec{a}+5\vec{b}$

H

C

l

$\mathrm{CH}=$(円 C の半径)

円 C の半径は

$$\left|\left(\frac{k}{2}\vec{a}-\vec{b}\right)-(-3\vec{b})\right|=\left|\frac{k}{2}\vec{a}+2\vec{b}\right|$$

直線 l が円 C に接するとき

$$\frac{5}{4}|\vec{a}-4\vec{b}|=\left|\frac{k}{2}\vec{a}+2\vec{b}\right|$$

よって，両辺を 2 乗して

$$\frac{25}{16}|\vec{a}-4\vec{b}|^2=\left|\frac{k}{2}\vec{a}+2\vec{b}\right|^2$$

$$\frac{25}{16}(|\vec{a}|^2-8\vec{a}\cdot\vec{b}+16|\vec{b}|^2)=\frac{k^2}{4}|\vec{a}|^2+2k\vec{a}\cdot\vec{b}+4|\vec{b}|^2$$

$|\vec{a}|=2$，$|\vec{b}|=1$，$\vec{a}\cdot\vec{b}=1$ であるから

$$\frac{25}{16}(2^2-8\cdot 1+16\cdot 1^2)=\frac{k^2}{4}\cdot 2^2+2k\cdot 1+4\cdot 1^2$$

整理すると　$4k^2+8k-59=0$

これを解くと　$\boldsymbol{k=\dfrac{-2\pm 3\sqrt{7}}{2}}$

問題 37　平面上の異なる 3 点 O，A，B は一直線上にないものとする。
この平面上の点 P が $2|\overrightarrow{\mathrm{OP}}|^2-\overrightarrow{\mathrm{OA}}\cdot\overrightarrow{\mathrm{OP}}+2\overrightarrow{\mathrm{OB}}\cdot\overrightarrow{\mathrm{OP}}-\overrightarrow{\mathrm{OA}}\cdot\overrightarrow{\mathrm{OB}}=0$ を満たすとき，P の軌跡が円となることを示し，この円の中心を C とするとき，$\overrightarrow{\mathrm{OC}}$ を $\overrightarrow{\mathrm{OA}}$ と $\overrightarrow{\mathrm{OB}}$ で表せ。

$\overrightarrow{\mathrm{OP}}=\vec{p}$，$\overrightarrow{\mathrm{OA}}=\vec{a}$，$\overrightarrow{\mathrm{OB}}=\vec{b}$ とすると

$$2|\vec{p}|^2-\vec{a}\cdot\vec{p}+2\vec{b}\cdot\vec{p}-\vec{a}\cdot\vec{b}=0$$

$$2|\vec{p}|^2-(\vec{a}-2\vec{b})\cdot\vec{p}=\vec{a}\cdot\vec{b}$$

$$|\vec{p}|^2-\frac{\vec{a}-2\vec{b}}{2}\cdot\vec{p}=\frac{\vec{a}\cdot\vec{b}}{2}$$

$$\left|\vec{p}-\frac{\vec{a}-2\vec{b}}{4}\right|^2=\frac{|\vec{a}-2\vec{b}|^2}{16}+\frac{8\vec{a}\cdot\vec{b}}{16}$$

◀ 2 次式の平方完成のように考える。

$$\left|\vec{p}-\frac{\vec{a}-2\vec{b}}{4}\right|^2=\frac{|\vec{a}+2\vec{b}|^2}{4^2}$$

よって，点Pの軌跡は，中心の位置ベク**ト**ル $\dfrac{\vec{a}-2\vec{b}}{4}$，半径 $\dfrac{|\vec{a}+2\vec{b}|}{4}$ の円である。

したがって　$\overrightarrow{\mathbf{OC}}=\dfrac{\overrightarrow{\mathbf{OA}}-2\overrightarrow{\mathbf{OB}}}{4}$

問題 38　平面上の2つのベクトル $\vec{a}$，$\vec{b}$ が $|\vec{a}|=3$，$|\vec{b}|=4$，$\vec{a}\cdot\vec{b}=8$ を満たし，$\vec{p}=s\vec{a}+t\vec{b}$（$s$，$t$ は実数），$\mathrm{A}(\vec{a})$，$\mathrm{B}(\vec{b})$，$\mathrm{P}(\vec{p})$ とする。s，t が次の条件を満たすとき，点Pがえがく図形の面積を求めよ。

(1)　$s+t\leqq 1$，$s\geqq 0$，$t\geqq 0$　　　(2)　$0\leqq s\leqq 2$，$1\leqq t\leqq 2$

原点をOとする。

$\vec{a}$ と $\vec{b}$ のなす角を θ とすると

$$\cos\theta=\frac{\vec{a}\cdot\vec{b}}{|\vec{a}||\vec{b}|}=\frac{2}{3}$$

よって，△OABは右の図のようになる。

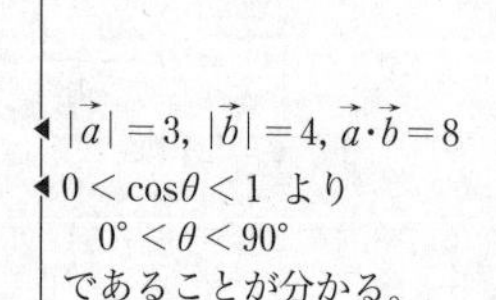

◀ $|\vec{a}|=3$, $|\vec{b}|=4$, $\vec{a}\cdot\vec{b}=8$

◀ $0<\cos\theta<1$ より $0°<\theta<90°$ であることが分かる。

(1)　$\vec{p}=s\vec{a}+t\vec{b}$，$s\geqq 0$，$t\geqq 0$，$s+t\leqq 1$ より，点Pは△OABの周および内部をえがく。

ここで　$\sin\theta=\sqrt{1-\left(\dfrac{2}{3}\right)^2}=\dfrac{\sqrt{5}}{3}$

よって，求める面積を S_1 とすると

$$S_1=\frac{1}{2}|\vec{a}||\vec{b}|\sin\theta=\mathbf{2\sqrt{5}}$$

◀ $S_1=\dfrac{1}{2}\sqrt{|\vec{a}|^2|\vec{b}|^2-(\vec{a}\cdot\vec{b})^2}=2\sqrt{5}$ としてもよい。

(2)　$\vec{p}=s\vec{a}+t\vec{b}$，$0\leqq s\leqq 2$，$1\leqq t\leqq 2$ より，

$\overrightarrow{\mathrm{OA'}}=2\overrightarrow{\mathrm{OA}}$，$\overrightarrow{\mathrm{OB'}}=2\overrightarrow{\mathrm{OB}}$，

$\overrightarrow{\mathrm{OC}}=\overrightarrow{\mathrm{OA'}}+\overrightarrow{\mathrm{OB}}$，$\overrightarrow{\mathrm{OC'}}=\overrightarrow{\mathrm{OA'}}+\overrightarrow{\mathrm{OB'}}$

としたとき，点Pは平行四辺形B′BCC′の周および内部をえがく。

その面積を S_2 とすると

$$S_2=4S_1=\mathbf{8\sqrt{5}}$$

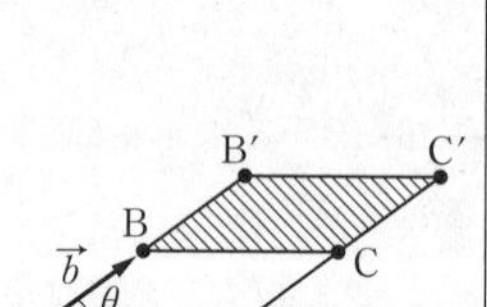

問題 39　点A(1, 2)を通り，直線 $x-y+1=0$ となす角が $60°$ である直線の方程式を求めよ。

直線 $x-y+1=0$ の法線ベクトルの1つは　$\overrightarrow{n_1}=(1,\ -1)$

求める直線の方程式は，傾きを a とすると

$$y-2=a(x-1)\quad すなわち\quad ax-y-a+2=0\quad \cdots①$$

直線①の法線ベクトルの1つは　$\overrightarrow{n_2}=(a,\ -1)$

直線 $x-y+1=0$ と①のなす角が $60°$ であるとき，$\overrightarrow{n_1}$，$\overrightarrow{n_2}$ のなす角は $60°$ または $120°$ であるから

$$\cos 60°=\frac{\overrightarrow{n_1}\cdot\overrightarrow{n_2}}{|\overrightarrow{n_1}||\overrightarrow{n_2}|}\quad または\quad \cos 120°=\frac{\overrightarrow{n_1}\cdot\overrightarrow{n_2}}{|\overrightarrow{n_1}||\overrightarrow{n_2}|}$$

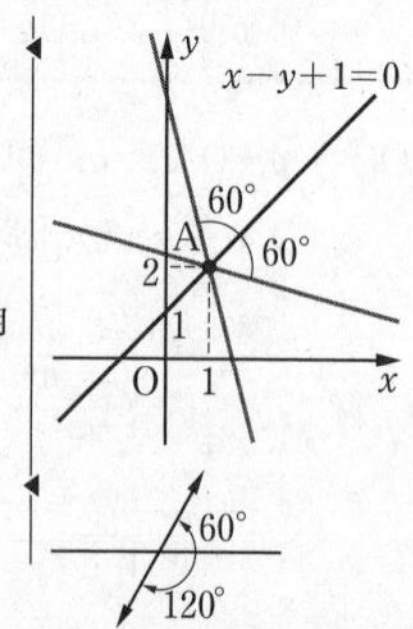

よって　$\dfrac{a+1}{\sqrt{2}\sqrt{a^2+1}}=\pm\dfrac{1}{2}$　すなわち　$2(a+1)=\pm\sqrt{2}\sqrt{a^2+1}$

…②

② の両辺を 2 乗すると

$$4(a^2+2a+1)=2(a^2+1)$$

整理すると　$a^2+4a+1=0$

これを解くと　$a=-2\pm\sqrt{3}$

これらは ② を満たす。

これらを ① に代入すると

$$(-2+\sqrt{3})x-y-(-2+\sqrt{3})+2=0$$

$$(-2-\sqrt{3})x-y-(-2-\sqrt{3})+2=0$$

これらを整理して，求める直線の方程式は

$$\boldsymbol{(2+\sqrt{3})x+y-4-\sqrt{3}=0,}$$

$$\boldsymbol{(2-\sqrt{3})x+y-4+\sqrt{3}=0}$$

◀これらの値が ② を満たすか確認する。
$a=-2+\sqrt{3}$ のとき
$2(a+1)=2(-1+\sqrt{3})$
$\sqrt{2}\sqrt{a^2+1}=\sqrt{2}\sqrt{8-4\sqrt{3}}$
$=2\sqrt{4-2\sqrt{3}}$
$=2(-1+\sqrt{3})$

p.85 本質を問う 3

1　3 点 $\mathrm{A}(\vec{a})$，$\mathrm{B}(\vec{b})$，$\mathrm{P}(\vec{p})$ がある。ただし，2 点 A，B は異なる。
(1)　3 点 A，B，P が一直線上にあるならば，$\overrightarrow{\mathrm{AP}}=k\overrightarrow{\mathrm{AB}}$ となる実数 k が存在することを証明せよ。
(2)　点 P が線分 AB 上にあるとき，k の値の範囲を求めよ。

(1)　(ア)　点 P が点 A と一致するとき

$\overrightarrow{\mathrm{AP}}=\vec{0}$ であるから，$k=0$ として $\overrightarrow{\mathrm{AP}}=k\overrightarrow{\mathrm{AB}}$ と表すことができる。

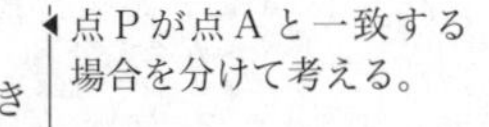

◀点 P が点 A と一致する場合を分けて考える。

(イ)　点 P が点 A と異なるとき

3 点 A，B，P が一直線上にあるから，$\overrightarrow{\mathrm{AB}}\neq\vec{0}$，$\overrightarrow{\mathrm{AP}}\neq\vec{0}$ であり，$\overrightarrow{\mathrm{AB}}$ と $\overrightarrow{\mathrm{AP}}$ は平行である。

よって，$\overrightarrow{\mathrm{AP}}=k\overrightarrow{\mathrm{AB}}$ となる実数 k が存在する。

(ア)，(イ) より，3 点 A，B，P が一直線上にあるならば，$\overrightarrow{\mathrm{AP}}=k\overrightarrow{\mathrm{AB}}$ となる実数 k が存在する。

(2)　3 点 A，B，P が一直線上にあるとき，実数 k を用いて $\overrightarrow{\mathrm{AP}}=k\overrightarrow{\mathrm{AB}}$ と表すことができる。

点 P が線分 AB 上にあるとき　$\boldsymbol{0\leqq k\leqq 1}$

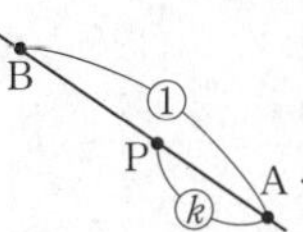

◀$k=0$ のとき，点 P は点 A と一致する。
$k=1$ のとき，点 P は点 B と一致する。

2　(1)　位置ベクトルとはどのようなベクトルのことか述べよ。
(2)　2 つの点が一致することをベクトルを用いて証明する方法を説明せよ。

(1)　平面上にある点 O を定めると，任意の点 P の位置は $\overrightarrow{\mathrm{OP}}=\vec{p}$ で定まる。この $\vec{p}$ を点 O を基準とする点 P の位置ベクトルという。

(2)　位置ベクトルでは，基準となる点 O を定め，点 O を始点とするベクトルを考えているため，位置ベクトルが座標の代わりとなり点の位置を表すことができる。

◀$\overrightarrow{\mathrm{OA}}=\overrightarrow{\mathrm{OB}}$ であるとき，点 A と点 B が一致することを意味する。

よって，2点の位置ベクトルが等しいことを示せば，2点が一致することを示すことができる。

> **3** 一直線上にない3点O，A，Bと点Pに対して
> 「$\overrightarrow{\mathrm{OP}}=s\overrightarrow{\mathrm{OA}}+t\overrightarrow{\mathrm{OB}}$，$s+t\leqq 1$，$s\geqq 0$，$t\geqq 0$ ならば点Pは△OABの内部および周上を動く」
> が成り立つことを説明せよ。

$s+t=k$ とおくと，$0\leqq k\leqq 1$ である。

◀ $s\geqq 0$，$t\geqq 0$ より $0\leqq s+t$

$k\neq 0$ のとき

$$\overrightarrow{\mathrm{OP}}=\frac{s}{k}(k\overrightarrow{\mathrm{OA}})+\frac{t}{k}(k\overrightarrow{\mathrm{OB}}),\quad \frac{s}{k}\geqq 0,\quad \frac{t}{k}\geqq 0,\quad \frac{s}{k}+\frac{t}{k}=1$$

◀ $\overrightarrow{\mathrm{OP}}=s\overrightarrow{\mathrm{OA}}+t\overrightarrow{\mathrm{OB}}$，$s+t=1$，$s\geqq 0$，$t\geqq 0$ $\Longleftrightarrow$ 点Pは線分AB上を動く。

$k\overrightarrow{\mathrm{OA}}=\overrightarrow{\mathrm{OA}_k}$，$k\overrightarrow{\mathrm{OB}}=\overrightarrow{\mathrm{OB}_k}$ とおくと，点Pは線分 $\mathrm{A}_k\mathrm{B}_k$ 上にある。

ここで，k は $0<k\leqq 1$ の範囲で変化するから，

点 A_k は点Oを除く線分OA上を，点 B_k は点Oを除く線分OB上を動く。

◀ A_k，B_k は $\mathrm{A}_k\mathrm{B}_k /\!/ \mathrm{AB}$ を保ちながら移動する。

$k=0$ のとき　　点Pは点Oと一致する。

したがって，点Pは△OABの内部および周上を動く。

p.86

Let's Try! 3

> **①** △ABCがあり，AB＝3，BC＝4，∠ABC＝60° である。線分ACを2:1に内分した点をEとし，Aから線分BCに垂線AHを下ろすとする。また，線分BEと線分AHの交点をPとする。
> $\overrightarrow{\mathrm{BC}}=\vec{a}$，$\overrightarrow{\mathrm{BA}}=\vec{b}$ とおく。
> (1) △ABCの面積を求めよ。
> (2) $\overrightarrow{\mathrm{BE}}$ を $\vec{a}$ と $\vec{b}$ を用いて表せ。
> (3) $\overrightarrow{\mathrm{HA}}$ を $\vec{a}$ と $\vec{b}$ を用いて表せ。
> (4) $\overrightarrow{\mathrm{BP}}$ を $\vec{a}$ と $\vec{b}$ を用いて表せ。
> (5) △BPCの面積を求めよ。
> （北里大　改）

(1) △ABCの面積は　　$\dfrac{1}{2}\cdot 3\cdot 4\cdot\sin 60°=3\sqrt{3}$

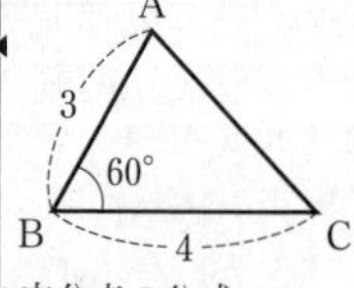

(2) 点Eは線分ACを2:1に内分した点であるから

$$\overrightarrow{\mathrm{BE}}=\frac{2\vec{a}+\vec{b}}{3}=\frac{2}{3}\vec{a}+\frac{1}{3}\vec{b}$$

◀ 内分点の公式

(3) 点Hは線分BC上の点であるから，

$\overrightarrow{\mathrm{BH}}=k\overrightarrow{\mathrm{BC}}=k\vec{a}$（$k$ は実数）とおける。

◀ 点B, H, Cは一直線上にある。

このとき　　$\overrightarrow{\mathrm{AH}}=\overrightarrow{\mathrm{BH}}-\overrightarrow{\mathrm{BA}}=k\vec{a}-\vec{b}$

ここで，$\overrightarrow{\mathrm{AH}}\perp\overrightarrow{\mathrm{BC}}$ より　$\overrightarrow{\mathrm{AH}}\cdot\overrightarrow{\mathrm{BC}}=0$

よって　　$(k\vec{a}-\vec{b})\cdot\vec{a}=0$

ゆえに　　$k|\vec{a}|^2-\vec{a}\cdot\vec{b}=0$　　…①

BC＝4 より $|\vec{a}|=4$，AB＝3 より $|\vec{b}|=3$ であるから

$$\vec{a}\cdot\vec{b}=|\vec{a}||\vec{b}|\cos 60°=4\cdot 3\cdot\frac{1}{2}=6$$

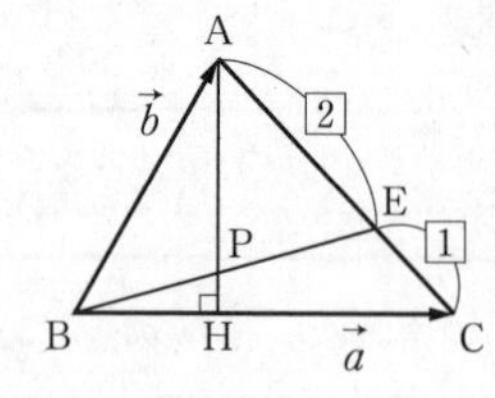

◀ $\mathrm{BH}=\mathrm{BA}\cos 60°=3\cdot\dfrac{1}{2}=\dfrac{3}{2}$ より $\overrightarrow{\mathrm{BH}}=\dfrac{3}{8}\overrightarrow{\mathrm{BC}}=\dfrac{3}{8}\vec{a}$

◀ $\overrightarrow{\mathrm{HA}}=\overrightarrow{\mathrm{BA}}-\overrightarrow{\mathrm{BH}}=\vec{b}-\dfrac{3}{8}\vec{a}$ としてもよい。

① に代入すると　$16k-6=0$

よって　$k=\dfrac{3}{8}$

したがって　$\overrightarrow{\mathrm{HA}}=-\overrightarrow{\mathrm{AH}}=-k\vec{a}+\vec{b}=-\dfrac{3}{8}\vec{a}+\vec{b}$

(4) 点 P は線分 BE 上の点であるから

$$\overrightarrow{\mathrm{BP}}=s\overrightarrow{\mathrm{BE}}=\frac{2}{3}s\vec{a}+\frac{1}{3}s\vec{b}\quad\cdots②$$

P は線分 AH 上の点であるから，AP : PH $=t:(1-t)$ とおくと

$$\overrightarrow{\mathrm{BP}}=t\overrightarrow{\mathrm{BH}}+(1-t)\overrightarrow{\mathrm{BA}}=\frac{3}{8}t\vec{a}+(1-t)\vec{b}\quad\cdots③$$

$\vec{a}\neq\vec{0}$，$\vec{b}\neq\vec{0}$ であり，$\vec{a}$ と $\vec{b}$ は平行でないから，②，③ より

◀係数を比較するときには必ず 1 次独立であることを述べる。

$$\frac{2}{3}s=\frac{3}{8}t,\quad \frac{1}{3}s=1-t$$

これを解くと　$s=\dfrac{9}{19}$，　$t=\dfrac{16}{19}$

よって　$\overrightarrow{\mathbf{BP}}=\dfrac{\mathbf{6}}{\mathbf{19}}\vec{a}+\dfrac{\mathbf{3}}{\mathbf{19}}\vec{b}$

(5) $t=\dfrac{16}{19}$ より　AH : PH $=19:3$

ゆえに　△ABC : △PBC $=19:3$

◀面積の比は高さの比と等しい。

したがって　$\triangle\mathrm{BPC}=\dfrac{3}{19}\triangle\mathrm{ABC}=\dfrac{\mathbf{9\sqrt{3}}}{\mathbf{19}}$

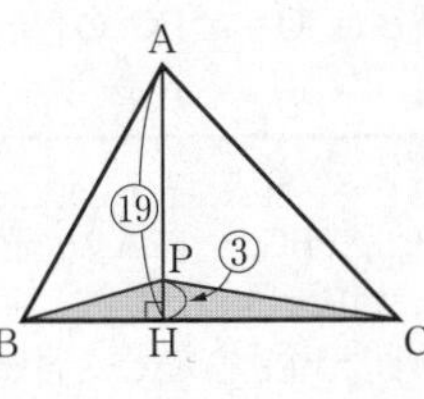

② 一直線上にない 3 点 O，A，B があり，$\overrightarrow{\mathrm{OA}}=\vec{a}$，$\overrightarrow{\mathrm{OB}}=\vec{b}$ とする。
(1) OA を 2 : 1 に内分する点を Q，OB を 1 : 3 に内分する点を R，AR と BQ の交点を S とするとき，$\overrightarrow{\mathrm{OS}}$ を $\vec{a}$，$\vec{b}$ で表せ。
(2) 点 C を $\overrightarrow{\mathrm{OC}}=10\overrightarrow{\mathrm{OS}}$ となるようにとる。このとき，四角形 OACB は台形になることを示せ。
（県立広島大）

(1) 点 Q は OA を 2 : 1 に内分する点であるから　$\overrightarrow{\mathrm{OQ}}=\dfrac{2}{3}\overrightarrow{\mathrm{OA}}$

点 R は OB を 1 : 3 に内分する点であるから　$\overrightarrow{\mathrm{OR}}=\dfrac{1}{4}\overrightarrow{\mathrm{OB}}$

AS : SR $=s:(1-s)$ とおくと

◀点 S を △OAR の 辺 AR の内分点と考える。

$$\begin{aligned}\overrightarrow{\mathrm{OS}}&=s\overrightarrow{\mathrm{OR}}+(1-s)\overrightarrow{\mathrm{OA}}\\&=\frac{1}{4}s\overrightarrow{\mathrm{OB}}+(1-s)\overrightarrow{\mathrm{OA}}\\&=(1-s)\vec{a}+\frac{1}{4}s\vec{b}\quad\cdots①\end{aligned}$$

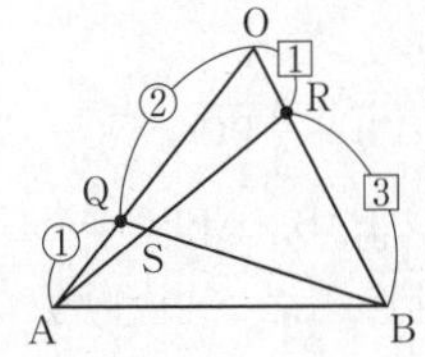

BS : SQ $=t:(1-t)$ とおくと

◀点 S を △OBQ の 辺 BQ の内分点と考える。

$$\begin{aligned}\overrightarrow{\mathrm{OS}}&=t\overrightarrow{\mathrm{OQ}}+(1-t)\overrightarrow{\mathrm{OB}}\\&=\frac{2}{3}t\overrightarrow{\mathrm{OA}}+(1-t)\overrightarrow{\mathrm{OB}}=\frac{2}{3}t\vec{a}+(1-t)\vec{b}\quad\cdots②\end{aligned}$$

$\vec{a}\neq\vec{0}$，$\vec{b}\neq\vec{0}$ であり，$\vec{a}$ と $\vec{b}$ は平行でないから，①，② より

◀係数を比較するときには必ず 1 次独立であることを述べる。

$$1-s=\frac{2}{3}t,\ \ \frac{1}{4}s=1-t$$

これを解くと　　$s=\frac{2}{5},\ t=\frac{9}{10}$

よって　　$\boldsymbol{\overrightarrow{OS}=\frac{3}{5}\vec{a}+\frac{1}{10}\vec{b}}$

〔別解〕　△OQB と直線 AR について，メネラウスの定理により

$$\frac{OA}{AQ}\cdot\frac{QS}{SB}\cdot\frac{BR}{RO}=1\quad すなわち\quad \frac{3}{1}\cdot\frac{QS}{SB}\cdot\frac{3}{1}=1$$

$\frac{QS}{SB}=\frac{1}{9}$ より　　QS : SB $=1:9$

ゆえに　　$\overrightarrow{OS}=\dfrac{9\overrightarrow{OQ}+\overrightarrow{OB}}{1+9}=\dfrac{9\cdot\frac{2}{3}\vec{a}+\vec{b}}{10}=\frac{3}{5}\vec{a}+\frac{1}{10}\vec{b}$

(2)　$\overrightarrow{OC}=10\overrightarrow{OS}=10\left(\frac{3}{5}\vec{a}+\frac{1}{10}\vec{b}\right)=6\vec{a}+\vec{b}$ より

$$\overrightarrow{BC}=\overrightarrow{OC}-\overrightarrow{OB}=(6\vec{a}+\vec{b})-\vec{b}=6\vec{a}=6\overrightarrow{OA}$$

よって，$\overrightarrow{OA}\neq\vec{0},\ \overrightarrow{BC}\neq\vec{0},\ \overrightarrow{BC}\,/\!/\,\overrightarrow{OA}$ であるから　　BC // OA
ゆえに，四角形 OACB は OA // BC の台形である。

$\vec{a}\neq\vec{0},\ \vec{b}\neq\vec{0}$ のとき
◀ $\vec{a}\,/\!/\,\vec{b}\Longleftrightarrow\vec{a}=k\vec{b}$
(k は実数)

③　△ABC の内部に点 P を，$2\overrightarrow{PA}+\overrightarrow{PB}+2\overrightarrow{PC}=\vec{0}$ を満たすようにとる。直線 AP と辺 BC の交点を D とし，△PAB，△PBC，△PCA の重心をそれぞれ E，F，G とする。
(1)　$\overrightarrow{PD}$ を $\overrightarrow{PB}$ および $\overrightarrow{PC}$ を用いて表せ。
(2)　ある実数 k に対して $\overrightarrow{EF}=k\overrightarrow{AC}$ と書けることを示せ。
(3)　△EFG と △PDC の面積の比を求めよ。　　　　(秋田大)

(1)　$2\overrightarrow{PA}+\overrightarrow{PB}+2\overrightarrow{PC}=\vec{0}$ より　　$\overrightarrow{PA}=-\dfrac{\overrightarrow{PB}+2\overrightarrow{PC}}{2}$

3 点 A，P，D は一直線上にあるから，$\overrightarrow{PD}=k\overrightarrow{PA}$ とおくと

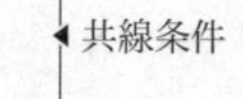
◀ 共線条件

$$\overrightarrow{PD}=-k\frac{\overrightarrow{PB}+2\overrightarrow{PC}}{2}=-\frac{1}{2}k\overrightarrow{PB}-k\overrightarrow{PC}$$

D は直線 BC 上にあるから

$$-\frac{1}{2}k+(-k)=1$$

よって　　$k=-\frac{2}{3}$

ゆえに　　$\boldsymbol{\overrightarrow{PD}=\frac{1}{3}\overrightarrow{PB}+\frac{2}{3}\overrightarrow{PC}}$

(2)　E，F はそれぞれ △PAB，△PBC の重心であるから

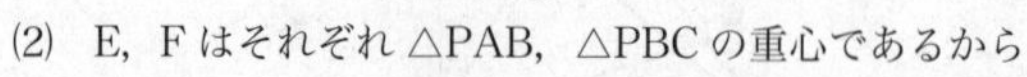

$$\overrightarrow{PE}=\frac{\overrightarrow{PA}+\overrightarrow{PB}}{3},\ \overrightarrow{PF}=\frac{\overrightarrow{PB}+\overrightarrow{PC}}{3}$$

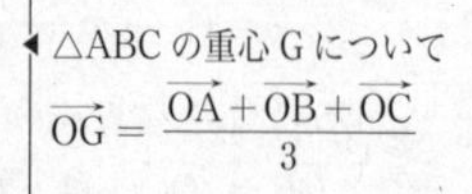
◀ △ABC の重心 G について
$\overrightarrow{OG}=\dfrac{\overrightarrow{OA}+\overrightarrow{OB}+\overrightarrow{OC}}{3}$

よって　　$\overrightarrow{EF}=\overrightarrow{PF}-\overrightarrow{PE}$

$$=\frac{\overrightarrow{PB}+\overrightarrow{PC}}{3}-\frac{\overrightarrow{PA}+\overrightarrow{PB}}{3}=\frac{\overrightarrow{PC}-\overrightarrow{PA}}{3}=\frac{1}{3}\overrightarrow{AC}$$

したがって，$\overrightarrow{\mathrm{EF}}=\dfrac{1}{3}\overrightarrow{\mathrm{AC}}$ と表すことができる。

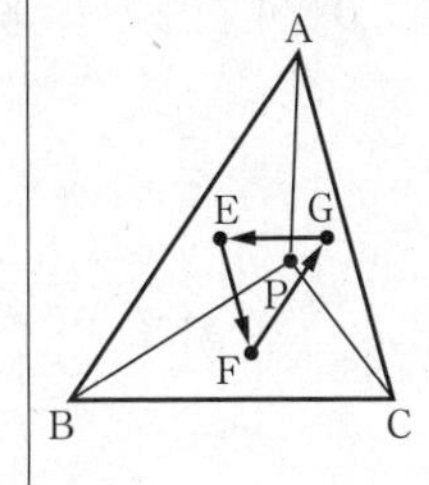

(3) G は △PCA の重心であるから　$\overrightarrow{\mathrm{PG}}=\dfrac{\overrightarrow{\mathrm{PC}}+\overrightarrow{\mathrm{PA}}}{3}$

よって　$\overrightarrow{\mathrm{FG}}=\overrightarrow{\mathrm{PG}}-\overrightarrow{\mathrm{PF}}$

$=\dfrac{\overrightarrow{\mathrm{PC}}+\overrightarrow{\mathrm{PA}}}{3}-\dfrac{\overrightarrow{\mathrm{PB}}+\overrightarrow{\mathrm{PC}}}{3}=\dfrac{\overrightarrow{\mathrm{PA}}-\overrightarrow{\mathrm{PB}}}{3}=\dfrac{1}{3}\overrightarrow{\mathrm{BA}}$

$\overrightarrow{\mathrm{GE}}=\overrightarrow{\mathrm{PE}}-\overrightarrow{\mathrm{PG}}$

$=\dfrac{\overrightarrow{\mathrm{PA}}+\overrightarrow{\mathrm{PB}}}{3}-\dfrac{\overrightarrow{\mathrm{PC}}+\overrightarrow{\mathrm{PA}}}{3}=\dfrac{\overrightarrow{\mathrm{PB}}-\overrightarrow{\mathrm{PC}}}{3}=\dfrac{1}{3}\overrightarrow{\mathrm{CB}}$

以上より　$\overrightarrow{\mathrm{EF}}=\dfrac{1}{3}\overrightarrow{\mathrm{AC}}$, $\overrightarrow{\mathrm{FG}}=\dfrac{1}{3}\overrightarrow{\mathrm{BA}}$, $\overrightarrow{\mathrm{GE}}=\dfrac{1}{3}\overrightarrow{\mathrm{CB}}$

よって　$\mathrm{EF}:\mathrm{FG}:\mathrm{GE}=|\overrightarrow{\mathrm{EF}}|:|\overrightarrow{\mathrm{FG}}|:|\overrightarrow{\mathrm{GE}}|$

$=\left|\dfrac{1}{3}\overrightarrow{\mathrm{AC}}\right|:\left|\dfrac{1}{3}\overrightarrow{\mathrm{BA}}\right|:\left|\dfrac{1}{3}\overrightarrow{\mathrm{CB}}\right|$

$=\mathrm{CA}:\mathrm{AB}:\mathrm{BC}$

ゆえに，$\triangle\mathrm{EFG}\backsim\triangle\mathrm{CAB}$ であり，その相似比は　1:3

よって　$\triangle\mathrm{EFG}=\dfrac{1}{9}\triangle\mathrm{ABC}$

◀ $\triangle\mathrm{A_1B_1C_1}\backsim\triangle\mathrm{A_2B_2C_2}$ で　$\mathrm{A_1B_1}:\mathrm{A_2B_2}=1:k$ のとき，2つの三角形の面積比は
$\triangle\mathrm{A_1B_1C_1}:\triangle\mathrm{A_2B_2C_2}=1:k^2$

ここで，(1) より $\overrightarrow{\mathrm{PD}}=-\dfrac{2}{3}\overrightarrow{\mathrm{PA}}$ であるから　$\mathrm{AP}:\mathrm{PD}=3:2$

また，$\overrightarrow{\mathrm{PD}}=\dfrac{1}{3}\overrightarrow{\mathrm{PB}}+\dfrac{2}{3}\overrightarrow{\mathrm{PC}}$ より　$\mathrm{BD}:\mathrm{DC}=2:1$

よって　$\triangle\mathrm{PDC}=\dfrac{1}{3}\triangle\mathrm{PBC}=\dfrac{1}{3}\times\dfrac{2}{5}\triangle\mathrm{ABC}=\dfrac{2}{15}\triangle\mathrm{ABC}$

したがって，△EFG と △PDC の面積の比は

$\triangle\mathrm{EFG}:\triangle\mathrm{PDC}=\dfrac{1}{9}\triangle\mathrm{ABC}:\dfrac{2}{15}\triangle\mathrm{ABC}=\mathbf{5:6}$

---

④ 座標平面上に点 P と Q があり，原点 O に対して $\overrightarrow{\mathrm{OQ}}=2\overrightarrow{\mathrm{OP}}$ という関係が成り立っている。
点 P が，点 (1, 1) を中心とする半径 1 の円 C 上を動くとき
(1) 点 Q のえがく図形 D を図示せよ。
(2) C と D の交点の x 座標をすべて求めよ。　　（東京女子大）

---

(1) A(1, 1) とおくと，P が C 上を動くとき

$|\overrightarrow{\mathrm{AP}}|=1$　すなわち　$|\overrightarrow{\mathrm{OP}}-\overrightarrow{\mathrm{OA}}|=1$

$\overrightarrow{\mathrm{OQ}}=2\overrightarrow{\mathrm{OP}}$ であるから

$\left|\dfrac{1}{2}\overrightarrow{\mathrm{OQ}}-\overrightarrow{\mathrm{OA}}\right|=1$

$|\overrightarrow{\mathrm{OQ}}-2\overrightarrow{\mathrm{OA}}|=2$

よって，点 Q のえがく図形 D は，中心 $2\overrightarrow{\mathrm{OA}}$ すなわち (2, 2)，半径 2 の円である。
図形 D は **右の図** である。

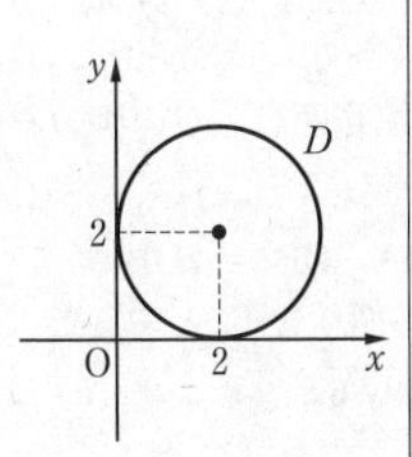

(2) C と D を方程式で表すと
C は中心 (1, 1)，半径 1 の円であるから

$(x-1)^2+(y-1)^2=1$

◀ ベクトルでなく，座標を利用すればよい。

$$x^2+y^2-2x-2y+1=0 \quad \cdots ①$$

D は中心 $(2,\ 2)$，半径 2 の円であるから

$$(x-2)^2+(y-2)^2=4$$

$$x^2+y^2-4x-4y+4=0 \quad \cdots ②$$

C，D の交点を通る直線は，①−② より

$$x^2+y^2-2x-2y+1-(x^2+y^2-4x-4y+4)=0$$

$$2x+2y-3=0$$

$$y=-x+\frac{3}{2} \quad \cdots ③$$

③ を ① に代入すると

$$x^2+\left(-x+\frac{3}{2}\right)^2-2x-2\left(-x+\frac{3}{2}\right)+1=0$$

◀連立して求めた x が，交点の x 座標である。

$$2x^2-3x+\frac{1}{4}=0$$

よって　　$\boldsymbol{x=\frac{3\pm\sqrt{7}}{4}}$

---

⑤ 平面上に △OAB があり，OA = 5，OB = 6，AB = 7 を満たしている。s，t を実数とし，点 P を $\overrightarrow{\mathrm{OP}}=s\overrightarrow{\mathrm{OA}}+t\overrightarrow{\mathrm{OB}}$ によって定めるとき

(1) △OAB の面積を求めよ。

(2) s，t が，$s\geqq 0$，$t\geqq 0$，$1\leqq s+t\leqq 2$ を満たすとき，点 P が存在しうる部分の面積を求めよ。

(横浜国立大　改)

---

(1) $\angle\mathrm{AOB}=\theta$ とすると，余弦定理により

$$\cos\theta=\frac{\mathrm{OA}^2+\mathrm{OB}^2-\mathrm{AB}^2}{2\cdot\mathrm{OA}\cdot\mathrm{OB}}=\frac{5^2+6^2-7^2}{2\cdot5\cdot6}=\frac{1}{5}$$

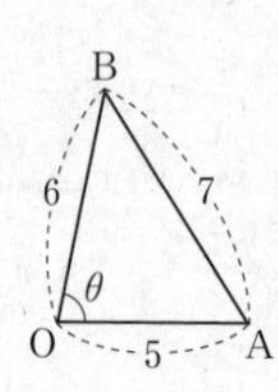

$\sin\theta>0$ より

$$\sin\theta=\sqrt{1-\left(\frac{1}{5}\right)^2}=\frac{2\sqrt{6}}{5}$$

◀ヘロンの公式
$S=\sqrt{s(s-a)(s-b)(s-c)}$
$\left(s=\dfrac{a+b+c}{2}\right)$
を用いてもよい。

よって，△OAB の面積を S とすると

$$S=\frac{1}{2}\cdot\mathrm{OA}\cdot\mathrm{OB}\cdot\sin\theta=\frac{1}{2}\cdot5\cdot6\cdot\frac{2\sqrt{6}}{5}=\boldsymbol{6\sqrt{6}}$$

(2) 線分 AB を $t:s$ に内分する点を Q とすると

$$\overrightarrow{\mathrm{OQ}}=\frac{s}{s+t}\overrightarrow{\mathrm{OA}}+\frac{t}{s+t}\overrightarrow{\mathrm{OB}}$$

◀線分 AB を $m:n$ に内分する点 T の位置ベクトル $\overrightarrow{\mathrm{OT}}$ は
$\overrightarrow{\mathrm{OT}}=\dfrac{n\overrightarrow{\mathrm{OA}}+m\overrightarrow{\mathrm{OB}}}{m+n}$

よって

$$\overrightarrow{\mathrm{OP}}=s\overrightarrow{\mathrm{OA}}+t\overrightarrow{\mathrm{OB}}=(s+t)\overrightarrow{\mathrm{OQ}}$$

$$(s\geqq 0,\ t\geqq 0,\ 1\leqq s+t\leqq 2)$$

◀$\overrightarrow{\mathrm{OP}}=(s+t)\left(\dfrac{s}{s+t}\overrightarrow{\mathrm{OA}}+\dfrac{t}{s+t}\overrightarrow{\mathrm{OB}}\right)$

ゆえに，点 P の存在範囲は，右の図の斜線部分で境界線も含む。

ただし，$\overrightarrow{\mathrm{OA'}}=2\overrightarrow{\mathrm{OA}}$，$\overrightarrow{\mathrm{OB'}}=2\overrightarrow{\mathrm{OB}}$

したがって，求める面積を S_1 とすると

$$S_1=3S=\boldsymbol{18\sqrt{6}}$$

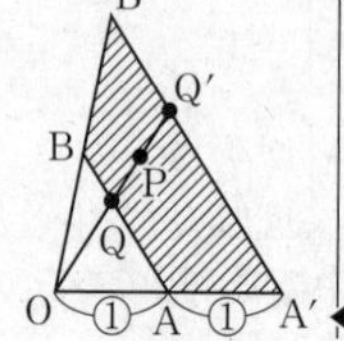

◀△OAB ∽ △OA′B′ で相似比 1:2 であるから面積比は 1:4

4 空間におけるベクトル

練習 40 次の平面，直線，点に関して，点 A(4, −2, 3) と対称な点の座標を求めよ。

(1) xy 平面　(2) yz 平面　(3) x 軸

(4) z 軸　(5) 原点　(6) 平面 $z=1$

(1) 求める点をB，点Aから xy 平面に垂線APを下ろすとすると

P(4, −2, 0)

であるから，求める点Bの座標は

(4, −2, −3)

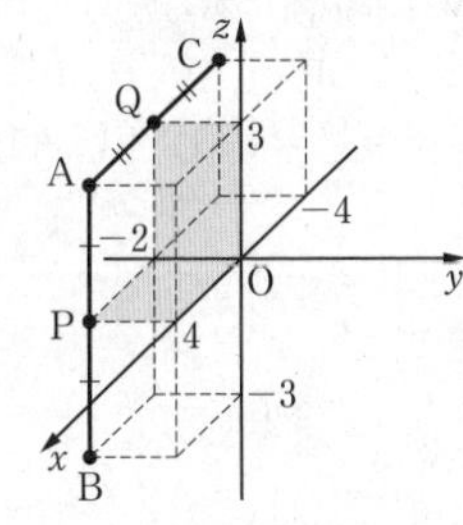

◀ xy 平面 ⟺ 平面 $z=0$

◀ xy 平面に関して対称な点
⇨ z 座標の符号が変わる。

(2) 求める点をC，点Aから yz 平面に垂線AQを下ろすとすると

Q(0, −2, 3)

であるから，求める点Cの座標は

(−4, −2, 3)

◀ yz 平面 ⟺ 平面 $x=0$

◀ yz 平面に関して対称な点
⇨ x 座標の符号が変わる。

(3) 求める点をD，点Aから x 軸に垂線ARを下ろすとすると

R(4, 0, 0)

であるから，求める点Dの座標は

(4, 2, −3)

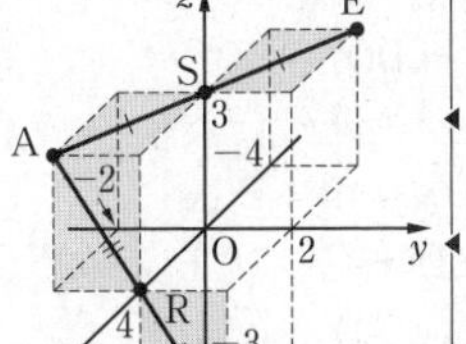

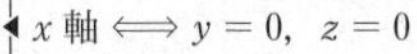

◀ x 軸 ⟺ $y=0$, $z=0$

◀ x 軸に関して対称な点
⇨ y, z 座標の符号が変わる。

(4) 求める点をE，点Aから z 軸に垂線ASを下ろすとすると

S(0, 0, 3)

であるから，求める点Eの座標は

(−4, 2, 3)

◀ z 軸 ⟺ $x=0$, $y=0$

◀ z 軸に関して対称な点
⇨ x, y 座標の符号が変わる。

(5) 求める点をFとすると　AO = FO

であるから，求める点Fの座標は

(−4, 2, −3)

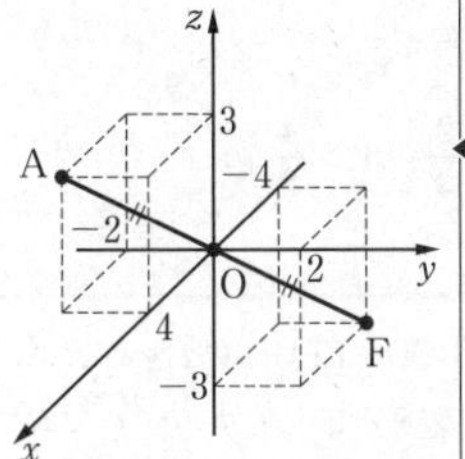

◀ 原点に関して対称な点
⇨ x, y, z 座標すべての符号が変わる。

(6) 求める点をG，点Aから平面 $z=1$ に垂線ATを下ろすとすると

T(4, −2, 1)

であるから，求める点Gの座標は

(4, −2, −1)

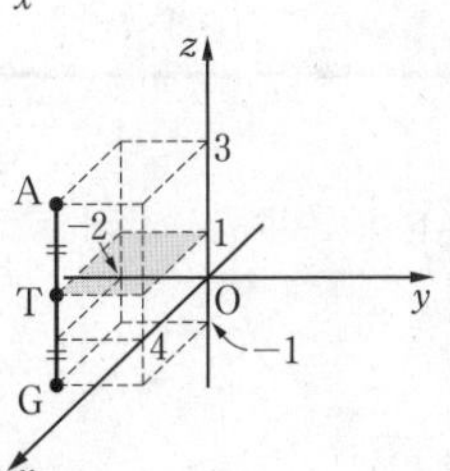

練習 41 (1) yz 平面上にあって，3 点 O(0, 0, 0)，A(1, −1, 1)，B(1, 2, 1) から等距離にある点 P の座標を求めよ。

(2) 4 点 O(0, 0, 0)，C(0, 2, 0)，D(−1, 1, 2)，E(0, 1, 3) から等距離にある点 Q の座標を求めよ。
(関西学院大)

(1) 点 P は yz 平面上にあるから，P(0, y, z) とおく。
P は 3 点 O，A，B から等距離にあるから
OP = AP = BP より　$OP^2 = AP^2 = BP^2$
$OP^2 = AP^2$ より　$y^2 + z^2 = (-1)^2 + (y+1)^2 + (z-1)^2$
よって　$2y - 2z + 3 = 0$　…①
$OP^2 = BP^2$ より　$y^2 + z^2 = (-1)^2 + (y-2)^2 + (z-1)^2$
よって　$-2y - z + 3 = 0$　…②
①，② より　$y = \frac{1}{2}$，$z = 2$

◀ ①+② より $-3z+6=0$
よって　$z=2$

したがって　$\mathbf{P\left(0,\ \frac{1}{2},\ 2\right)}$

(2) Q(x, y, z) とおく。点 Q は 4 点 O，C，D，E から等距離にあるから　$OQ^2 = CQ^2 = DQ^2 = EQ^2$

$OQ^2 = x^2 + y^2 + z^2$
$CQ^2 = x^2 + (y-2)^2 + z^2$
$DQ^2 = (x+1)^2 + (y-1)^2 + (z-2)^2$
$EQ^2 = x^2 + (y-1)^2 + (z-3)^2$

$OQ^2 = CQ^2$ より　$-4y + 4 = 0$　…③
$OQ^2 = DQ^2$ より　$x - y - 2z + 3 = 0$　…④
$OQ^2 = EQ^2$ より　$-y - 3z + 5 = 0$　…⑤

◀ 3 文字の連立方程式であるから，異なる方程式を 3 つつくる。

③〜⑤ より　$x = \frac{2}{3}$，$y = 1$，$z = \frac{4}{3}$

◀ ③ より　$y = 1$
⑤ に代入すると　$z = \frac{4}{3}$

したがって　$\mathbf{Q\left(\frac{2}{3},\ 1,\ \frac{4}{3}\right)}$

練習 42 平行六面体 ABCD−EFGH において，$\overrightarrow{AB} = \vec{a}$，$\overrightarrow{AD} = \vec{b}$，$\overrightarrow{AE} = \vec{c}$ とする。
このとき，次のベクトルを $\vec{a}$，$\vec{b}$，$\vec{c}$ で表せ。
(1) $\overrightarrow{CF}$　(2) $\overrightarrow{HB}$　(3) $\overrightarrow{EC} + \overrightarrow{AG}$

(1) $\overrightarrow{CF} = \overrightarrow{CB} + \overrightarrow{BF}$
$= (-\overrightarrow{AD}) + \overrightarrow{AE}$
$= \boldsymbol{-\vec{b} + \vec{c}}$

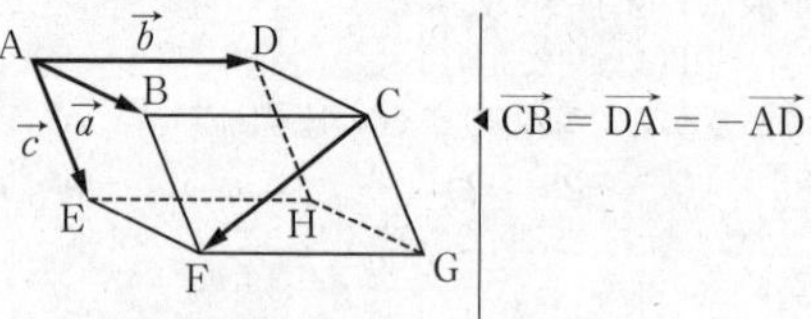

◀ $\overrightarrow{CB} = \overrightarrow{DA} = -\overrightarrow{AD}$

(2) $\overrightarrow{HB} = \overrightarrow{HG} + \overrightarrow{GF} + \overrightarrow{FB}$
$= \overrightarrow{AB} + (-\overrightarrow{AD}) + (-\overrightarrow{AE})$
$= \boldsymbol{\vec{a} - \vec{b} - \vec{c}}$

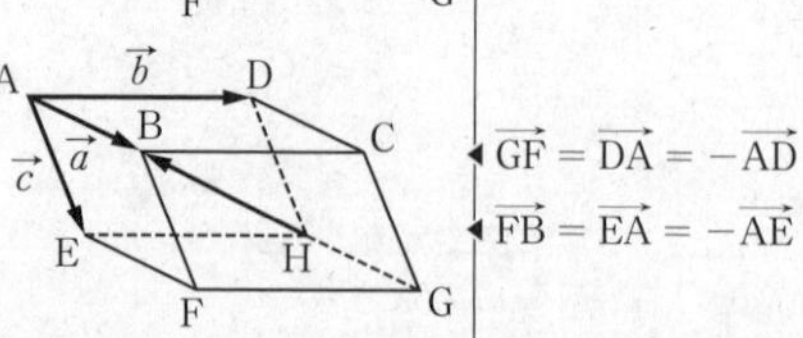

◀ $\overrightarrow{GF} = \overrightarrow{DA} = -\overrightarrow{AD}$
◀ $\overrightarrow{FB} = \overrightarrow{EA} = -\overrightarrow{AE}$

(3) $\overrightarrow{EC}=\overrightarrow{EF}+\overrightarrow{FG}+\overrightarrow{GC}$

$=\overrightarrow{AB}+\overrightarrow{AD}+(-\overrightarrow{AE})$

$=\vec{a}+\vec{b}-\vec{c}$ …①

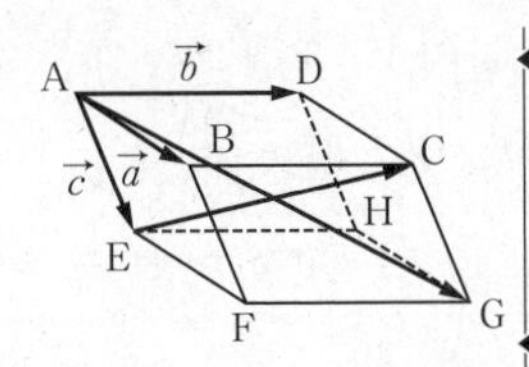

◀まず $\overrightarrow{EC}$ を考える。

また

$\overrightarrow{AG}=\overrightarrow{AB}+\overrightarrow{BC}+\overrightarrow{CG}$

$=\overrightarrow{AB}+\overrightarrow{AD}+\overrightarrow{AE}$

$=\vec{a}+\vec{b}+\vec{c}$ …②

◀次に $\overrightarrow{AG}$ を考える。

①，②より

$\overrightarrow{EC}+\overrightarrow{AG}=(\vec{a}+\vec{b}-\vec{c})+(\vec{a}+\vec{b}+\vec{c})$

$=\mathbf{2\vec{a}+2\vec{b}}$

練習 43 $\vec{a}=(0,\ 1,\ 2)$，$\vec{b}=(-1,\ 1,\ 3)$，$\vec{c}=(3,\ -1,\ 2)$ のとき

(1) $|5\vec{a}-2\vec{b}-3\vec{c}|$ を求めよ。

(2) $\vec{p}=(-5,\ 5,\ 8)$ を $k\vec{a}+l\vec{b}+m\vec{c}$（$k,\ l,\ m$ は実数）の形に表せ。

(1) $5\vec{a}-2\vec{b}-3\vec{c}$

$=5(0,\ 1,\ 2)-2(-1,\ 1,\ 3)-3(3,\ -1,\ 2)$

$=(-7,\ 6,\ -2)$

よって　$|5\vec{a}-2\vec{b}-3\vec{c}|=\sqrt{(-7)^2+6^2+(-2)^2}$

$=\mathbf{\sqrt{89}}$

(2) $k\vec{a}+l\vec{b}+m\vec{c}=k(0,\ 1,\ 2)+l(-1,\ 1,\ 3)+m(3,\ -1,\ 2)$

$=(-l+3m,\ k+l-m,\ 2k+3l+2m)$

◀1つのベクトルを2通りに成分表示して，ベクトルの相等条件より，各成分が等しいことを利用する。

これが $\vec{p}=(-5,\ 5,\ 8)$ に等しいから

$$\begin{cases}-l+3m=-5 & \cdots① \\ k+l-m=5 & \cdots② \\ 2k+3l+2m=8 & \cdots③\end{cases}$$

②×2−③ より　$-l-4m=2$ …④

◀②，③から k を消去した式をつくる。

①−④ より　$7m=-7$　すなわち　$m=-1$

$m=-1$ を①に代入すると

$-l-3=-5$　すなわち　$l=2$

$l=2$，$m=-1$ を②に代入すると　$k=2$

したがって　$\mathbf{\vec{p}=2\vec{a}+2\vec{b}-\vec{c}}$

練習 44 空間に3点 A(2, 3, 5)，B(0, −1, 1)，C(1, 0, 2) がある。実数 $s,\ t$ に対して $\overrightarrow{OP}=\overrightarrow{OA}+s\overrightarrow{OB}+t\overrightarrow{OC}$ とおくとき

(1) $|\overrightarrow{OP}|$ の最小値と，そのときの $s,\ t$ の値を求めよ。

(2) $\overrightarrow{OP}$ が $\vec{d}=(1,\ 1,\ 2)$ と平行となるとき，$s,\ t$ の値を求めよ。

$\overrightarrow{OP}=\overrightarrow{OA}+s\overrightarrow{OB}+t\overrightarrow{OC}=(2,\ 3,\ 5)+s(0,\ -1,\ 1)+t(1,\ 0,\ 2)$

$=(2+t,\ 3-s,\ 5+s+2t)$ …①

(1) $|\overrightarrow{OP}|^2=(2+t)^2+(3-s)^2+(5+s+2t)^2$

$=2s^2+4(t+1)s+5t^2+24t+38$

$$= 2\{s+(t+1)\}^2+3t^2+20t+36$$
$$= 2(s+t+1)^2+3\left(t+\frac{10}{3}\right)^2+\frac{8}{3}$$

◀まず s の2次式と考えて平方完成する。引き続き定数項 $3t^2+20t+36$ を t について平方完成する。

ゆえに，$|\overrightarrow{\mathrm{OP}}|^2$ は $s+t+1=0$ かつ $t+\dfrac{10}{3}=0$ のとき，

すなわち $s=\dfrac{7}{3}$，$t=-\dfrac{10}{3}$ のとき，最小値 $\dfrac{8}{3}$ をとる。

このとき $|\overrightarrow{\mathrm{OP}}|$ も最小となるから，$|\overrightarrow{\mathrm{OP}}|$ は

◀$|\overrightarrow{\mathrm{OP}}| \geqq 0$ であるから，$|\overrightarrow{\mathrm{OP}}|^2$ が最小のとき，$|\overrightarrow{\mathrm{OP}}|$ も最小となる。

$$\boldsymbol{s=\frac{7}{3},\ t=-\frac{10}{3}}\ \textbf{のとき　最小値}\ \boldsymbol{\frac{2\sqrt{6}}{3}}$$

(2) $\overrightarrow{\mathrm{OP}} /\!/ \vec{d}$ のとき，k を実数として $\overrightarrow{\mathrm{OP}}=k\vec{d}$ と表される。

①より　$(2+t,\ 3-s,\ 5+s+2t)=(k,\ k,\ 2k)$

◀各成分を比較する。

よって　$\begin{cases} 2+t=k & \cdots ② \\ 3-s=k & \cdots ③ \\ 5+s+2t=2k & \cdots ④ \end{cases}$

②より　$t=k-2$

③より　$s=3-k$

これらを④に代入すると　$5+(3-k)+2(k-2)=2k$

これを解くと　$k=4$

したがって　$\boldsymbol{s=-1,\ t=2}$

練習 45 $\mathrm{AB}=\sqrt{3}$，$\mathrm{AE}=1$，$\mathrm{AD}=1$ の直方体 ABCD−EFGH において，次の内積を求めよ。

(1) $\overrightarrow{\mathrm{AB}}\cdot\overrightarrow{\mathrm{AF}}$　(2) $\overrightarrow{\mathrm{AD}}\cdot\overrightarrow{\mathrm{HG}}$　(3) $\overrightarrow{\mathrm{ED}}\cdot\overrightarrow{\mathrm{GF}}$

(4) $\overrightarrow{\mathrm{EB}}\cdot\overrightarrow{\mathrm{DG}}$　(5) $\overrightarrow{\mathrm{AC}}\cdot\overrightarrow{\mathrm{AF}}$

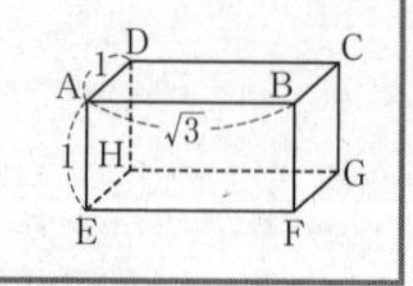

---

(1) $|\overrightarrow{\mathrm{AB}}|=\sqrt{3}$，$|\overrightarrow{\mathrm{AF}}|=2$，

$\angle\mathrm{BAF}=30°$ であるから

$$\overrightarrow{\mathrm{AB}}\cdot\overrightarrow{\mathrm{AF}}=\sqrt{3}\times2\times\cos30°=\boldsymbol{3}$$

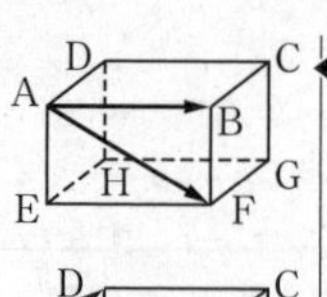

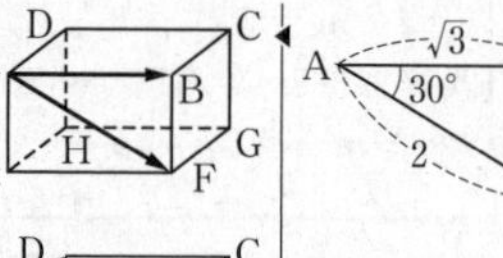

(2) $|\overrightarrow{\mathrm{AD}}|=1$，$|\overrightarrow{\mathrm{HG}}|=\sqrt{3}$，

$\overrightarrow{\mathrm{AD}}$ と $\overrightarrow{\mathrm{HG}}$ のなす角は $90°$ であるから

$$\overrightarrow{\mathrm{AD}}\cdot\overrightarrow{\mathrm{HG}}=1\times\sqrt{3}\times\cos90°=\boldsymbol{0}$$

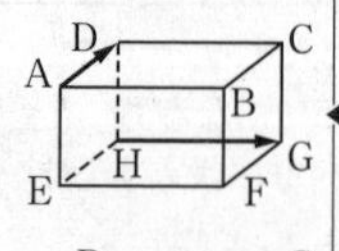

◀$\overrightarrow{\mathrm{AD}}$ と $\overrightarrow{\mathrm{HG}}$ のなす角は，$\overrightarrow{\mathrm{AD}}$ と $\overrightarrow{\mathrm{AB}}$ のなす角と等しい。

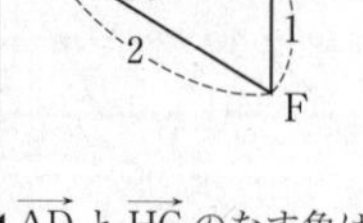

(3) $|\overrightarrow{\mathrm{ED}}|=\sqrt{2}$，$|\overrightarrow{\mathrm{GF}}|=1$，

$\overrightarrow{\mathrm{ED}}$ と $\overrightarrow{\mathrm{GF}}$ のなす角は $135°$ であるから

$$\overrightarrow{\mathrm{ED}}\cdot\overrightarrow{\mathrm{GF}}=\sqrt{2}\times1\times\cos135°=\boldsymbol{-1}$$

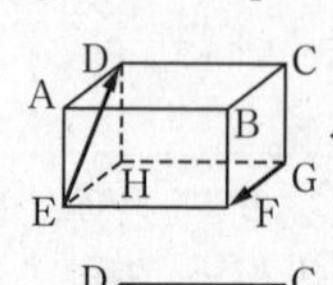

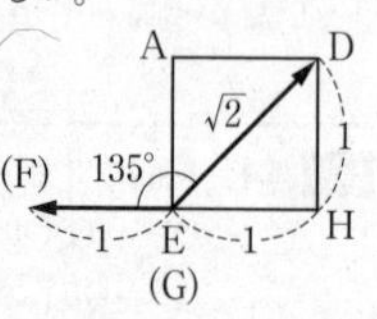

(4) $|\overrightarrow{\mathrm{EB}}|=2$，$|\overrightarrow{\mathrm{DG}}|=2$

$\overrightarrow{\mathrm{EB}}$ と $\overrightarrow{\mathrm{DG}}$ のなす角は $60°$ であるから

$$\overrightarrow{\mathrm{EB}}\cdot\overrightarrow{\mathrm{DG}}=2\times2\times\cos60°=\boldsymbol{2}$$

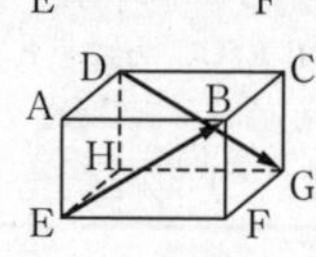

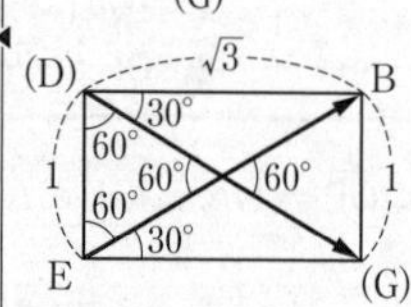

(5) $|\overrightarrow{\mathrm{AC}}|=2,\ |\overrightarrow{\mathrm{AF}}|=2$

△ACF において，余弦定理により

$$\cos\angle\mathrm{CAF}=\frac{2^2+2^2-(\sqrt{2})^2}{2\cdot2\cdot2}=\frac{3}{4}$$

よって

$$\overrightarrow{\mathrm{AC}}\cdot\overrightarrow{\mathrm{AF}}=2\times2\times\cos\angle\mathrm{CAF}=\mathbf{3}$$

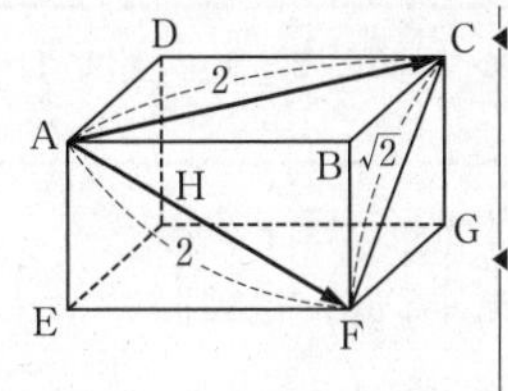

◀ △CAB, △AFB は直角三角形であるから，三平方の定理により $\overrightarrow{\mathrm{AC}}$, $\overrightarrow{\mathrm{AF}}$ の大きさを求める。

◀

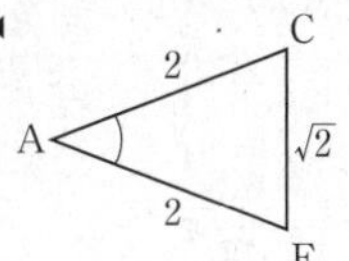

チャレンジ
〈4〉 例題 45 (4) を，正射影ベクトルを用いて解け。

$$\begin{aligned}\overrightarrow{\mathrm{EC}}\cdot\overrightarrow{\mathrm{EG}}&=|\overrightarrow{\mathrm{EC}}||\overrightarrow{\mathrm{EG}}|\cos\angle\mathrm{CEG}\\&=|\overrightarrow{\mathrm{EG}}||\overrightarrow{\mathrm{EC}}|\cos\angle\mathrm{CEG}\\&=|\overrightarrow{\mathrm{EG}}||\overrightarrow{\mathrm{EG}}|=(\sqrt{2}a)^2=\boldsymbol{2a^2}\end{aligned}$$

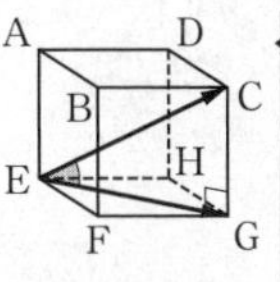

◀ $\overrightarrow{\mathrm{EG}}$ は $\overrightarrow{\mathrm{EC}}$ の直線 EG への正射影ベクトル

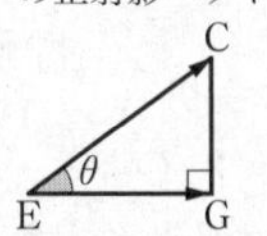

練習 46 〔1〕 次の 2 つのベクトルのなす角 θ $(0^\circ\leqq\theta\leqq180^\circ)$ を求めよ。

(1) $\vec{a}=(-3,\ 1,\ 2),\ \vec{b}=(2,\ -3,\ 1)$

(2) $\vec{a}=(1,\ -1,\ 2),\ \vec{b}=(2,\ 0,\ -1)$

〔2〕 3 点 A(2, 3, 1), B(4, 5, 5), C(4, 3, 3) について，△ABC の面積 S を求めよ。

---

〔1〕 (1) $\vec{a}\cdot\vec{b}=-3\times2+1\times(-3)+2\times1=-7$

$|\vec{a}|=\sqrt{(-3)^2+1^2+2^2}=\sqrt{14}$

$|\vec{b}|=\sqrt{2^2+(-3)^2+1^2}=\sqrt{14}$

よって　$\cos\theta=\dfrac{-7}{\sqrt{14}\sqrt{14}}=-\dfrac{1}{2}$

◀ $\cos\theta=\dfrac{\vec{a}\cdot\vec{b}}{|\vec{a}||\vec{b}|}$

$0^\circ\leqq\theta\leqq180^\circ$ より　$\boldsymbol{\theta=120^\circ}$

(2) $\vec{a}\cdot\vec{b}=1\times2+(-1)\times0+2\times(-1)=0$

よって　$\boldsymbol{\theta=90^\circ}$

◀ $\vec{a}\neq\vec{0},\ \vec{b}\neq\vec{0}$ のとき $\vec{a}\cdot\vec{b}=0\iff\vec{a}\perp\vec{b}$

〔2〕 $\overrightarrow{\mathrm{AB}}=(4-2,\ 5-3,\ 5-1)=(2,\ 2,\ 4)$

$\overrightarrow{\mathrm{AC}}=(4-2,\ 3-3,\ 3-1)=(2,\ 0,\ 2)$ より

◀ ∠BAC は $\overrightarrow{\mathrm{AB}}$ と $\overrightarrow{\mathrm{AC}}$ のなす角であるから，まず $\overrightarrow{\mathrm{AB}}$, $\overrightarrow{\mathrm{AC}}$ を求める。

$\overrightarrow{\mathrm{AB}}\cdot\overrightarrow{\mathrm{AC}}=2\times2+2\times0+4\times2=12$

$|\overrightarrow{\mathrm{AB}}|=\sqrt{2^2+2^2+4^2}=2\sqrt{6}$

$|\overrightarrow{\mathrm{AC}}|=\sqrt{2^2+0^2+2^2}=2\sqrt{2}$

よって　$\cos\angle\mathrm{BAC}=\dfrac{\overrightarrow{\mathrm{AB}}\cdot\overrightarrow{\mathrm{AC}}}{|\overrightarrow{\mathrm{AB}}||\overrightarrow{\mathrm{AC}}|}=\dfrac{12}{2\sqrt{6}\times2\sqrt{2}}=\dfrac{\sqrt{3}}{2}$

$0^\circ\leqq\angle\mathrm{BAC}\leqq180^\circ$ より　$\angle\mathrm{BAC}=30^\circ$

したがって　$S=\dfrac{1}{2}\cdot2\sqrt{6}\cdot2\sqrt{2}\sin30^\circ=\boldsymbol{2\sqrt{3}}$

〔別解〕

$$S=\frac{1}{2}\sqrt{(2\sqrt{6})^2(2\sqrt{2})^2-12^2}=2\sqrt{3}$$

練習 47　2つのベクトル $\vec{a}=(1,\ 2,\ 4)$, $\vec{b}=(2,\ 1,\ -1)$ の両方に垂直で，大きさが$2\sqrt{7}$ のベクトルを求めよ。

求めるベクトルを $\vec{p}=(x,\ y,\ z)$ とおく。

$\vec{a}\perp\vec{p}$ より　$\vec{a}\cdot\vec{p}=x+2y+4z=0$　…①

$\vec{b}\perp\vec{p}$ より　$\vec{b}\cdot\vec{p}=2x+y-z=0$　…②

$|\vec{p}|=2\sqrt{7}$ より　$|\vec{p}|^2=x^2+y^2+z^2=28$　…③

①×2−② より　$3y+9z=0$

よって　$y=-3z$　…④

$y=-3z$ を ① に代入すると　$x-6z+4z=0$

よって　$x=2z$　…⑤

$x=2z$, $y=-3z$ を ③ に代入すると

$(2z)^2+(-3z)^2+z^2=28$

$14z^2=28$ より　$z=\pm\sqrt{2}$

④，⑤ より

$z=\sqrt{2}$ のとき　$x=2\sqrt{2}$,　$y=-3\sqrt{2}$

$z=-\sqrt{2}$ のとき　$x=-2\sqrt{2}$, $y=3\sqrt{2}$

したがって，求めるベクトルは

$(2\sqrt{2},\ -3\sqrt{2},\ \sqrt{2})$, $(-2\sqrt{2},\ 3\sqrt{2},\ -\sqrt{2})$

◀ $\vec{a}\neq\vec{0}$, $\vec{p}\neq\vec{0}$ のとき $\vec{a}\perp\vec{p}\Longleftrightarrow\vec{a}\cdot\vec{p}=0$

◀ $|\vec{p}|=\sqrt{x^2+y^2+z^2}$

◀ x, y, z のいずれか1文字で残りの2文字を表す。ここでは，x と y をそれぞれ z の式で表した。

◀ 2つのベクトルは互いに逆ベクトルである。

チャレンジ 〈5〉　Point 2 を用いて，例題 47 を解け。

$\vec{a}=(2,\ -1,\ 4)$, $\vec{b}=(1,\ 0,\ 1)$ より

$\vec{n}=((-1)\cdot1-4\cdot0,\ 4\cdot1-2\cdot1,\ 2\cdot0-(-1)\cdot1)$

$=(-1,\ 2,\ 1)$

とすると，$\vec{n}$ は $\vec{a}$, $\vec{b}$ の両方に垂直なベクトルである。

$|\vec{n}|=\sqrt{(-1)^2+2^2+1^2}=\sqrt{6}$

よって，求める大きさ6のベクトルは

$\pm6\times\dfrac{\vec{n}}{|\vec{n}|}=\pm\sqrt{6}(-1,\ 2,\ 1)$

すなわち　$(\sqrt{6},\ -2\sqrt{6},\ -\sqrt{6})$, $(-\sqrt{6},\ 2\sqrt{6},\ \sqrt{6})$

練習 48　$\vec{p}=(1,\ \sqrt{2},\ -1)$ と x 軸，y 軸，z 軸の正の向きとのなす角をそれぞれ α, β, γ とするとき，α, β, γ の値を求めよ。

$\overrightarrow{e_1}=(1,\ 0,\ 0)$, $\overrightarrow{e_2}=(0,\ 1,\ 0)$, $\overrightarrow{e_3}=(0,\ 0,\ 1)$ とすると

$\cos\alpha=\dfrac{\vec{p}\cdot\overrightarrow{e_1}}{|\vec{p}||\overrightarrow{e_1}|}=\dfrac{1}{2}$

$0°\leqq\alpha\leqq180°$ であるから　$\boldsymbol{\alpha=60°}$

$\cos\beta=\dfrac{\vec{p}\cdot\overrightarrow{e_2}}{|\vec{p}||\overrightarrow{e_2}|}=\dfrac{\sqrt{2}}{2}$

◀ $\vec{p}\cdot\overrightarrow{e_1}$
$=1\times1+\sqrt{2}\times0+(-1)\times0$
$=1$
$|\vec{p}|=\sqrt{1^2+(\sqrt{2})^2+(-1)^2}$
$=2$

$0° \leqq \beta \leqq 180°$ であるから　　$\boldsymbol{\beta = 45°}$

$$\cos\gamma = \frac{\vec{p}\cdot\vec{e_3}}{|\vec{p}||\vec{e_3}|} = \frac{-1}{2} = -\frac{1}{2}$$

$0° \leqq \gamma \leqq 180°$ であるから　　$\boldsymbol{\gamma = 120°}$

練習 49　3点A(1, −1, 3), B(−2, 3, 1), C(4, 0, −2) に対して，線分AB, BC, CAを3:2に外分する点をそれぞれP, Q, Rとする。
(1) 点P, Q, Rの座標を求めよ。　　(2) △PQRの重心Gの座標を求めよ。

(1) $\overrightarrow{OP} = \dfrac{-2\overrightarrow{OA}+3\overrightarrow{OB}}{3-2} = -2(1,\ -1,\ 3)+3(-2,\ 3,\ 1)$

$= (-8,\ 11,\ -3)$

$\overrightarrow{OQ} = \dfrac{-2\overrightarrow{OB}+3\overrightarrow{OC}}{3-2} = -2(-2,\ 3,\ 1)+3(4,\ 0,\ -2)$

$= (16,\ -6,\ -8)$

$\overrightarrow{OR} = \dfrac{-2\overrightarrow{OC}+3\overrightarrow{OA}}{3-2} = -2(4,\ 0,\ -2)+3(1,\ -1,\ 3)$

$= (-5,\ -3,\ 13)$

よって　　**P(−8, 11, −3), Q(16, −6, −8), R(−5, −3, 13)**

◀Pが線分ABを$m:n$に外分するとき
$\overrightarrow{OP} = \dfrac{-n\overrightarrow{OA}+m\overrightarrow{OB}}{m-n}$

(2) $\overrightarrow{OG} = \dfrac{\overrightarrow{OP}+\overrightarrow{OQ}+\overrightarrow{OR}}{3}$

$= \dfrac{1}{3}\{(-8,\ 11,\ -3)+(16,\ -6,\ -8)+(-5,\ -3,\ 13)\}$

$= \dfrac{1}{3}(3,\ 2,\ 2) = \left(1,\ \dfrac{2}{3},\ \dfrac{2}{3}\right)$

よって　　$\mathbf{G}\left(\mathbf{1},\ \dfrac{\mathbf{2}}{\mathbf{3}},\ \dfrac{\mathbf{2}}{\mathbf{3}}\right)$

◀△ABCの重心
$\left(\dfrac{1+(-2)+4}{3},\ \dfrac{-1+3+0}{3},\ \dfrac{3+1+(-2)}{3}\right)$
すなわち　$\left(1,\ \dfrac{2}{3},\ \dfrac{2}{3}\right)$
と一致する。

練習 50　直方体OADB−CEFGにおいて，△ABC, △EDGの重心をそれぞれS, Tとする。このとき，点S, Tは対角線OF上にあり，OFを3等分することを示せ。

$\overrightarrow{OA} = \vec{a}$, $\overrightarrow{OB} = \vec{b}$, $\overrightarrow{OC} = \vec{c}$ とおく。
点Sは△ABCの重心であるから

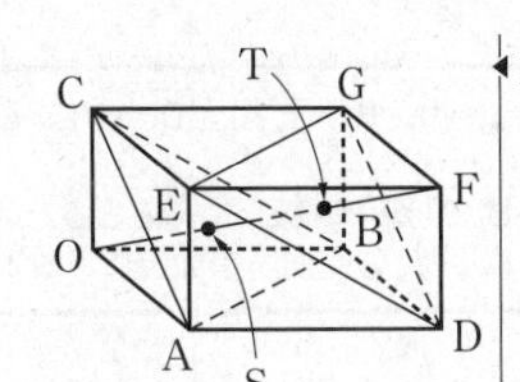

◀始点をOとしたベクトルで表すことを考える。

$$\overrightarrow{OS} = \frac{\overrightarrow{OA}+\overrightarrow{OB}+\overrightarrow{OC}}{3}$$

$$= \frac{1}{3}(\vec{a}+\vec{b}+\vec{c}) \quad \cdots ①$$

点Tは△EDGの重心であるから

$$\overrightarrow{OT} = \frac{\overrightarrow{OE}+\overrightarrow{OD}+\overrightarrow{OG}}{3}$$

ここで　　$\overrightarrow{OE} = \overrightarrow{OA}+\overrightarrow{AE} = \vec{a}+\vec{c}$　　◀$\overrightarrow{AE} = \overrightarrow{OC}$

$\overrightarrow{OD} = \overrightarrow{OA}+\overrightarrow{AD} = \vec{a}+\vec{b}$　　◀$\overrightarrow{AD} = \overrightarrow{OB}$

$\overrightarrow{OG} = \overrightarrow{OB}+\overrightarrow{BG} = \vec{b}+\vec{c}$　　◀$\overrightarrow{BG} = \overrightarrow{OC}$

であるから

$$\overrightarrow{\mathrm{OT}}=\frac{(\vec{a}+\vec{c})+(\vec{a}+\vec{b})+(\vec{b}+\vec{c})}{3}=\frac{2}{3}(\vec{a}+\vec{b}+\vec{c}) \quad \cdots ②$$

また　$\overrightarrow{\mathrm{OF}}=\overrightarrow{\mathrm{OA}}+\overrightarrow{\mathrm{AD}}+\overrightarrow{\mathrm{DF}}=\vec{a}+\vec{b}+\vec{c} \quad \cdots ③$

◀ $\overrightarrow{\mathrm{DF}}=\overrightarrow{\mathrm{OC}}$

①〜③より　$\overrightarrow{\mathrm{OS}}=\frac{1}{3}\overrightarrow{\mathrm{OF}},\ \overrightarrow{\mathrm{OT}}=\frac{2}{3}\overrightarrow{\mathrm{OF}}$

よって，点S，Tは対角線OF上にある。
また，OS：OF＝1：3，OT：OF＝2：3 であるから，点S，Tは対角線OFを3等分する。

◀ 3点O，S，Fが一直線上にあり，3点O，T，Fも一直線上にあることから，S，Tは直線OF上にある。

練習 51　四面体OABCの辺AB，OCの中点をそれぞれM，N，△ABCの重心をGとし，線分OG，MNの交点をPとする。$\overrightarrow{\mathrm{OA}}=\vec{a},\ \overrightarrow{\mathrm{OB}}=\vec{b},\ \overrightarrow{\mathrm{OC}}=\vec{c}$ とするとき，$\overrightarrow{\mathrm{OP}}$ を $\vec{a},\ \vec{b},\ \vec{c}$ で表せ。

$$\overrightarrow{\mathrm{OM}}=\frac{\vec{a}+\vec{b}}{2},\ \overrightarrow{\mathrm{ON}}=\frac{1}{2}\vec{c},\ \overrightarrow{\mathrm{OG}}=\frac{\vec{a}+\vec{b}+\vec{c}}{3}$$

◀ 点M，Nはそれぞれ辺AB，OCの中点である。

点Pは線分OG上にあるから，
$\overrightarrow{\mathrm{OP}}=k\overrightarrow{\mathrm{OG}}$（$k$ は実数）とおくと

$$\overrightarrow{\mathrm{OP}}=\frac{1}{3}k\vec{a}+\frac{1}{3}k\vec{b}+\frac{1}{3}k\vec{c} \quad \cdots ①$$

◀ 点Gは△ABCの重心であるから，中線CM上にある。よって，G，Nはそれぞれ△OMCの辺CM，OC上にあるから，線分OGとMNは1点で交わる。

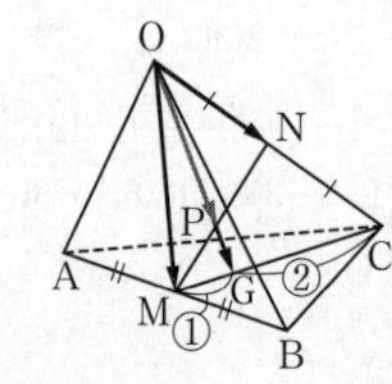

点Pは線分MN上にあるから，
MP：PN＝t：$(1-t)$ とおくと

$$\overrightarrow{\mathrm{OP}}=(1-t)\overrightarrow{\mathrm{OM}}+t\overrightarrow{\mathrm{ON}}$$
$$=\frac{1}{2}(1-t)\vec{a}+\frac{1}{2}(1-t)\vec{b}+\frac{1}{2}t\vec{c} \quad \cdots ②$$

◀ 点Pを△OMNの辺MNの内分点と考える。

$\vec{a},\ \vec{b},\ \vec{c}$ はいずれも $\vec{0}$ でなく，また同一平面上にないから，①，②より

$$\frac{1}{3}k=\frac{1}{2}(1-t) \cdots ③, \quad \frac{1}{3}k=\frac{1}{2}t \cdots ④$$

◀ 係数を比較するときには必ず1次独立であることを述べる。

③，④より　$k=\frac{3}{4},\ t=\frac{1}{2}$

したがって　$\boldsymbol{\overrightarrow{\mathrm{OP}}=\frac{1}{4}\vec{a}+\frac{1}{4}\vec{b}+\frac{1}{4}\vec{c}}$

◀ ①に $k=\frac{3}{4}$ または②に $t=\frac{1}{2}$ を代入する。

練習 52　3点A(−2，1，3)，B(−1，3，4)，C(1，4，5)があり，yz 平面上に点Pを，x 軸上に点Qをとる。
(1)　3点A，B，Pが一直線上にあるとき，点Pの座標を求めよ。
(2)　4点A，B，C，Qが同一平面上にあるとき，点Qの座標を求めよ。

$\overrightarrow{\mathrm{AB}}=(-1-(-2),\ 3-1,\ 4-3)=(1,\ 2,\ 1)$，
$\overrightarrow{\mathrm{AC}}=(1-(-2),\ 4-1,\ 5-3)=(3,\ 3,\ 2)$

(1)　点Pは yz 平面上にあるから，P$(0,\ y,\ z)$ とおける。

このとき　$\overrightarrow{\mathrm{AP}}=(2,\ y-1,\ z-3)$

3点A，B，Pが一直線上にあるとき，$\overrightarrow{\mathrm{AP}}=k\overrightarrow{\mathrm{AB}}$ となる実数 k が存在するから　$(2,\ y-1,\ z-3)=(k,\ 2k,\ k)$

◀ 共線条件
$k\overrightarrow{\mathrm{AB}}=k(1,\ 2,\ 1)$
$=(k,\ 2k,\ k)$

成分を比較すると $\begin{cases} 2 = k \\ y-1 = 2k \\ z-3 = k \end{cases}$

$k = 2$ より　　$y = 5,\ z = 5$

したがって　　**P(0, 5, 5)**

◀ $\overrightarrow{\mathrm{OP}} = s\overrightarrow{\mathrm{OA}} + t\overrightarrow{\mathrm{OB}}$ $(s+t=1)$ を用いて解いてもよい。

(2)　点 Q は x 軸上にあるから，Q$(x,\ 0,\ 0)$ とおける。

$\overrightarrow{\mathrm{AB}} \neq \vec{0}$，$\overrightarrow{\mathrm{AC}} \neq \vec{0}$ であり，$\overrightarrow{\mathrm{AB}}$ と $\overrightarrow{\mathrm{AC}}$ は平行でない。

よって，4 点 A, B, C, Q が同一平面上にあるとき，$\overrightarrow{\mathrm{AQ}} = s\overrightarrow{\mathrm{AB}} + t\overrightarrow{\mathrm{AC}}$ となる実数 s，t が存在するから

$$(x+2,\ -1,\ -3) = s(1,\ 2,\ 1) + t(3,\ 3,\ 2)$$
$$= (s+3t,\ 2s+3t,\ s+2t)$$

◀ $\overrightarrow{\mathrm{AB}}$ と $\overrightarrow{\mathrm{AC}}$ は 1 次独立であるから，この平面上の任意のベクトルを 1 次結合 $s\overrightarrow{\mathrm{AB}} + t\overrightarrow{\mathrm{AC}}$ で表すことができる。

◀ $\overrightarrow{\mathrm{AQ}} = (x+2,\ -1,\ -3)$

成分を比較すると $\begin{cases} x+2 = s+3t \\ -1 = 2s+3t \\ -3 = s+2t \end{cases}$

これを解くと　　$s = 7,\ t = -5,\ x = -10$

したがって　　**Q(−10, 0, 0)**

$\overrightarrow{\mathrm{OQ}} = s\overrightarrow{\mathrm{OA}} + t\overrightarrow{\mathrm{OB}} + u\overrightarrow{\mathrm{OC}}$ $(s+t+u=1)$ を用いて解いてもよい。

◀ 例題 53 参照。

練習 53　四面体 OABC において，辺 AC の中点を M，辺 OB を 1 : 2 に内分する点を Q，線分 MQ を 3 : 2 に内分する点を R とし，直線 OR と平面 ABC との交点を P とする。$\overrightarrow{\mathrm{OA}} = \vec{a}$，$\overrightarrow{\mathrm{OB}} = \vec{b}$，$\overrightarrow{\mathrm{OC}} = \vec{c}$ とするとき

(1)　$\overrightarrow{\mathrm{OR}}$ を $\vec{a}$，$\vec{b}$，$\vec{c}$ で表せ。　　　(2)　OR : RP を求めよ。

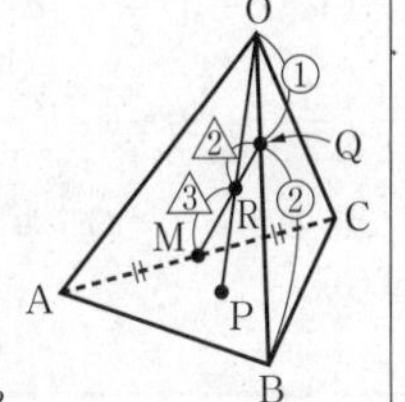

(1)　点 M は辺 AC の中点であるから

$$\overrightarrow{\mathrm{OM}} = \frac{\overrightarrow{\mathrm{OA}} + \overrightarrow{\mathrm{OC}}}{2} = \frac{\vec{a}+\vec{c}}{2}$$

点 Q は辺 OB を 1 : 2 に内分する点であるから

$$\overrightarrow{\mathrm{OQ}} = \frac{1}{3}\overrightarrow{\mathrm{OB}} = \frac{\vec{b}}{3}$$

点 R は線分 MQ を 3 : 2 に内分する点であるから

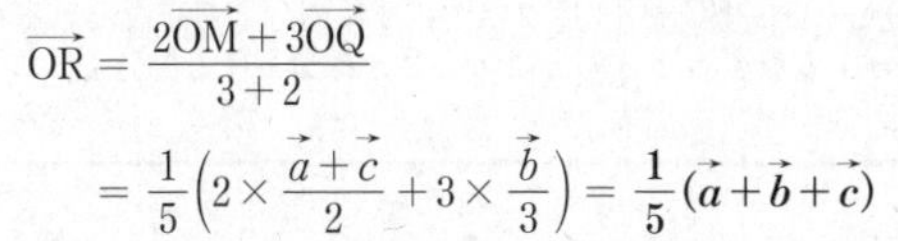

$$\overrightarrow{\mathrm{OR}} = \frac{2\overrightarrow{\mathrm{OM}} + 3\overrightarrow{\mathrm{OQ}}}{3+2}$$
$$= \frac{1}{5}\left(2 \times \frac{\vec{a}+\vec{c}}{2} + 3 \times \frac{\vec{b}}{3}\right) = \boldsymbol{\frac{1}{5}(\vec{a}+\vec{b}+\vec{c})}$$

◀ 分点公式 $\dfrac{n\vec{a}+m\vec{b}}{m+n}$ を用いる。

(2)　点 P は直線 OR 上にあるから，$\overrightarrow{\mathrm{OP}} = k\overrightarrow{\mathrm{OR}}$（$k$ は実数）とおくと

(1) より　　$\overrightarrow{\mathrm{OP}} = \dfrac{1}{5}k\vec{a} + \dfrac{1}{5}k\vec{b} + \dfrac{1}{5}k\vec{c}$

点 P は平面 ABC 上にあるから

$$\frac{1}{5}k + \frac{1}{5}k + \frac{1}{5}k = 1$$

◀ $\vec{p} = l\vec{a} + m\vec{b} + n\vec{c}$ と表されるとき
点 P が平面 ABC 上にある
$\Longleftrightarrow l+m+n=1$

よって　　$k = \dfrac{5}{3}$

ゆえに　　$\mathrm{OR} : \mathrm{OP} = 1 : \dfrac{5}{3} = 3 : 5$

したがって　　**OR : RP = 3 : 2**

1 章 4 空間におけるベクトル

練習 54 正四面体 OABC において，$\overrightarrow{OA}=\vec{a}$，$\overrightarrow{OB}=\vec{b}$，$\overrightarrow{OC}=\vec{c}$ とする。
△OAB の重心を G とするとき，次の問に答えよ。
(1) $\overrightarrow{OG}$ をベクトル $\vec{a}$，$\vec{b}$ を用いて表せ。
(2) OG ⊥ GC であることを示せ。 （宮崎大）

(1) G は △OAB の重心であるから

$$\overrightarrow{\mathbf{OG}}=\frac{\vec{a}+\vec{b}}{3}$$

◀ $\overrightarrow{OG}=\dfrac{\overrightarrow{OO}+\overrightarrow{OA}+\overrightarrow{OB}}{3}=\dfrac{\vec{a}+\vec{b}}{3}$

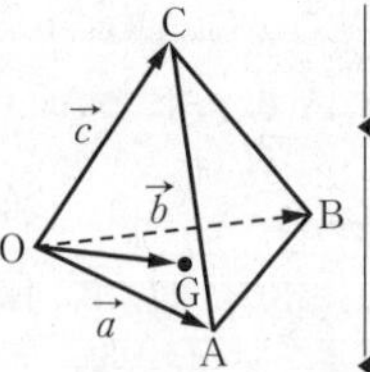

(2) OABC は正四面体であるから

$$|\vec{a}|=|\vec{b}|=|\vec{c}|$$

また，$\vec{a}$，$\vec{b}$，$\vec{c}$ のどの 2 つのベクトルのなす角も 60° であるから

◀ OABC は正四面体であるから △OAB，△OBC，△OCA はいずれも正三角形である。

$$\vec{a}\cdot\vec{c}=|\vec{a}||\vec{c}|\cos 60^\circ=\frac{1}{2}|\vec{a}|^2$$

同様に $\vec{b}\cdot\vec{c}=\vec{a}\cdot\vec{b}=\dfrac{1}{2}|\vec{a}|^2$

◀ $|\vec{a}|=|\vec{b}|=|\vec{c}|$

よって

$$\begin{aligned}\overrightarrow{OG}\cdot\overrightarrow{GC}&=\overrightarrow{OG}\cdot(\overrightarrow{OC}-\overrightarrow{OG})\\&=\frac{\vec{a}+\vec{b}}{3}\cdot\left(\vec{c}-\frac{\vec{a}+\vec{b}}{3}\right)\\&=\frac{1}{9}(\vec{a}+\vec{b})\cdot(3\vec{c}-\vec{a}-\vec{b})\\&=\frac{1}{9}(3\vec{a}\cdot\vec{c}+3\vec{b}\cdot\vec{c}-|\vec{a}|^2-2\vec{a}\cdot\vec{b}-|\vec{b}|^2)\\&=\frac{1}{9}\left(\frac{3}{2}|\vec{a}|^2+\frac{3}{2}|\vec{a}|^2-|\vec{a}|^2-|\vec{a}|^2-|\vec{a}|^2\right)=0\end{aligned}$$

◀ (1) より $\overrightarrow{OG}=\dfrac{\vec{a}+\vec{b}}{3}$

$\overrightarrow{OG}\neq\vec{0}$，$\overrightarrow{GC}\neq\vec{0}$ であるから $\overrightarrow{OG}\perp\overrightarrow{GC}$
すなわち OG ⊥ GC

練習 55 四面体 OABC において，辺 OA，AB，BC を 1:1，2:1，1:2 に内分する点をそれぞれ P，Q，R とし，線分 CQ を 3:1 に内分する点を S とする。このとき，線分 PR と線分 OS は 1 点で交わることを証明せよ。

$\overrightarrow{OA}=\vec{a}$，$\overrightarrow{OB}=\vec{b}$，$\overrightarrow{OC}=\vec{c}$ とする。

$\overrightarrow{OQ}=\dfrac{\vec{a}+2\vec{b}}{3}$ より

$$\overrightarrow{OS}=\frac{3\overrightarrow{OQ}+\overrightarrow{OC}}{4}=\frac{1}{4}(\vec{a}+2\vec{b}+\vec{c})\quad\cdots①$$

また

$$\overrightarrow{PR}=\overrightarrow{OR}-\overrightarrow{OP}=\frac{2}{3}\vec{b}+\frac{1}{3}\vec{c}-\frac{1}{2}\vec{a}=-\frac{1}{2}\vec{a}+\frac{2}{3}\vec{b}+\frac{1}{3}\vec{c}\quad\cdots②$$

$$\overrightarrow{PC}=\overrightarrow{OC}-\overrightarrow{OP}=\vec{c}-\frac{1}{2}\vec{a}=-\frac{1}{2}\vec{a}+\vec{c}\quad\cdots③$$

平面 CPR と直線 OS は平行でないから，これらの交点を M とすると，点 M は OS 上にある。

◀ 線分 PR を含む平面を考える。

したがって，① より，$\overrightarrow{\mathrm{OM}}$ は k を実数として，次のように表される。

$$\overrightarrow{\mathrm{OM}} = \frac{k}{4}(\vec{a}+2\vec{b}+\vec{c}) \quad \cdots ④$$

◀ $\overrightarrow{\mathrm{OM}} = k\overrightarrow{\mathrm{OS}}$

また，点 M は平面 CPR 上にあるから，$\overrightarrow{\mathrm{PM}}$ は m, n を実数として，次のように表される。

$$\overrightarrow{\mathrm{PM}} = m\overrightarrow{\mathrm{PR}} + n\overrightarrow{\mathrm{PC}}$$

②, ③ より

$$\overrightarrow{\mathrm{PM}} = m\left(-\frac{1}{2}\vec{a}+\frac{2}{3}\vec{b}+\frac{1}{3}\vec{c}\right)+n\left(-\frac{1}{2}\vec{a}+\vec{c}\right)$$

$$= \left(-\frac{m}{2}-\frac{n}{2}\right)\vec{a}+\frac{2}{3}m\vec{b}+\left(\frac{1}{3}m+n\right)\vec{c}$$

よって

$$\overrightarrow{\mathrm{OM}} = \overrightarrow{\mathrm{OP}}+\overrightarrow{\mathrm{PM}} = \left(-\frac{m}{2}-\frac{n}{2}+\frac{1}{2}\right)\vec{a}+\frac{2}{3}m\vec{b}+\left(\frac{1}{3}m+n\right)\vec{c} \quad \cdots ⑤$$

$\vec{a}$, $\vec{b}$, $\vec{c}$ はいずれも $\vec{0}$ でなく，同一平面上にないから，④, ⑤ より

$$\frac{k}{4} = -\frac{m}{2}-\frac{n}{2}+\frac{1}{2},\ \frac{k}{2} = \frac{2}{3}m,\ \frac{k}{4} = \frac{1}{3}m+n$$

これを解くと

$$k = \frac{4}{5},\ m = \frac{3}{5},\ n = 0$$

よって　$\overrightarrow{\mathrm{PM}} = \frac{3}{5}\overrightarrow{\mathrm{PR}}+0\cdot\overrightarrow{\mathrm{PC}} = \frac{3}{5}\overrightarrow{\mathrm{PR}}$

◀ 点 M は OS 上かつ PR 上の点であるから，OS と PR の交点である。

すなわち，点 M は PR 上にある。
したがって，線分 PR と線分 OS は 1 点で交わる。

練習 56　4 点 A(3, −3, 4), B(1, −1, 3), C(−1, −3, 3), D(−2, −2, 7) がある。
(1) △BCD の面積を求めよ。
(2) 直線 AB は平面 BCD に垂直であることを示せ。
(3) 四面体 ABCD の体積 V を求めよ。

(1) $\overrightarrow{\mathrm{BC}} = (-2,\ -2,\ 0)$, $\overrightarrow{\mathrm{BD}} = (-3,\ -1,\ 4)$ より

$$|\overrightarrow{\mathrm{BC}}|^2 = (-2)^2+(-2)^2+0^2 = 8$$

$$|\overrightarrow{\mathrm{BD}}|^2 = (-3)^2+(-1)^2+4^2 = 26$$

$$\overrightarrow{\mathrm{BC}}\cdot\overrightarrow{\mathrm{BD}} = (-2)\times(-3)+(-2)\times(-1)+0\times4 = 8$$

よって　$\triangle\mathrm{BCD} = \frac{1}{2}\sqrt{|\overrightarrow{\mathrm{BC}}|^2|\overrightarrow{\mathrm{BD}}|^2-(\overrightarrow{\mathrm{BC}}\cdot\overrightarrow{\mathrm{BD}})^2}$

$$= \frac{1}{2}\sqrt{8\times26-8^2} = \mathbf{6}$$

◀ 例題 46 **Point** 参照。
平面における三角形の面積公式は，空間における三角形にも適用できる。

(2) $\overrightarrow{\mathrm{AB}} = (-2,\ 2,\ -1)$

$\overrightarrow{\mathrm{AB}}$ と平面 BCD 上の平行でない 2 つのベクトル $\overrightarrow{\mathrm{BC}}$, $\overrightarrow{\mathrm{BD}}$ について

$$\overrightarrow{\mathrm{AB}}\cdot\overrightarrow{\mathrm{BC}} = -2\times(-2)+2\times(-2)+(-1)\times0 = 0$$

$$\overrightarrow{\mathrm{AB}}\cdot\overrightarrow{\mathrm{BD}} = -2\times(-3)+2\times(-1)+(-1)\times4 = 0$$

$\overrightarrow{\mathrm{AB}} \neq \vec{0}$, $\overrightarrow{\mathrm{BC}} \neq \vec{0}$, $\overrightarrow{\mathrm{BD}} \neq \vec{0}$ より

$$\overrightarrow{\mathrm{AB}} \perp \overrightarrow{\mathrm{BC}},\ \overrightarrow{\mathrm{AB}} \perp \overrightarrow{\mathrm{BD}}$$

ゆえに，直線 AB は平面 BCD に垂直である。

◀ 直線 $l \perp$ 平面 $\alpha \Longleftrightarrow$
平面 α 上の平行でない 2 つの直線 m, n に対して
$l \perp m$, $l \perp n$
例題 47 **Point** 参照。

(3) (2)より，線分 AB は △BCD を底面としたときの四面体 ABCD の高さである。

$$\mathrm{AB}=|\overrightarrow{\mathrm{AB}}|=\sqrt{(-2)^2+2^2+(-1)^2}=3$$

よって　$V=\dfrac{1}{3}\times\triangle\mathrm{BCD}\times\mathrm{AB}=\dfrac{1}{3}\times6\times3=\mathbf{6}$

練習 57　1辺の長さが1の正四面体 OABC において，頂点 A から △OBC に垂線 AH を下ろしたとき，$\overrightarrow{\mathrm{AH}}$ を $\overrightarrow{\mathrm{OA}}$, $\overrightarrow{\mathrm{OB}}$, $\overrightarrow{\mathrm{OC}}$ を用いて表せ。

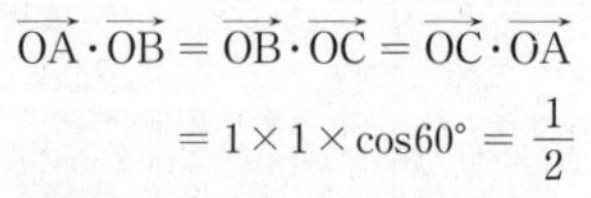

$$\overrightarrow{\mathrm{OA}}\cdot\overrightarrow{\mathrm{OB}}=\overrightarrow{\mathrm{OB}}\cdot\overrightarrow{\mathrm{OC}}=\overrightarrow{\mathrm{OC}}\cdot\overrightarrow{\mathrm{OA}}$$
$$=1\times1\times\cos60^\circ=\frac{1}{2}$$

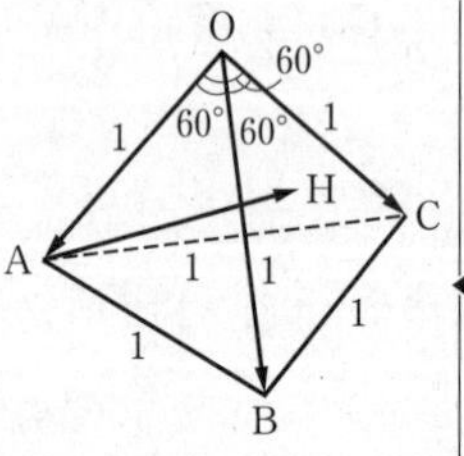

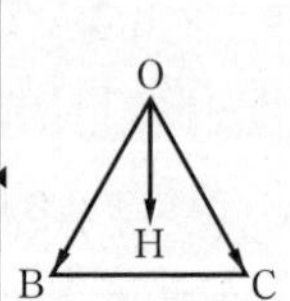

点 H は平面 OBC 上にあるから

$$\overrightarrow{\mathrm{OH}}=s\overrightarrow{\mathrm{OB}}+t\overrightarrow{\mathrm{OC}}\quad(s,\ t \text{ は実数})$$

とおける。

AH は平面 OBC に垂直であるから

$$\overrightarrow{\mathrm{AH}}\perp\overrightarrow{\mathrm{OB}}\ \text{ かつ }\ \overrightarrow{\mathrm{AH}}\perp\overrightarrow{\mathrm{OC}}$$

すなわち　$\overrightarrow{\mathrm{AH}}\cdot\overrightarrow{\mathrm{OB}}=0$ …①，$\overrightarrow{\mathrm{AH}}\cdot\overrightarrow{\mathrm{OC}}=0$ …②

ここで　$\overrightarrow{\mathrm{AH}}=\overrightarrow{\mathrm{OH}}-\overrightarrow{\mathrm{OA}}$

$$=-\overrightarrow{\mathrm{OA}}+s\overrightarrow{\mathrm{OB}}+t\overrightarrow{\mathrm{OC}}$$

◀ $\overrightarrow{\mathrm{AH}}$ を $\overrightarrow{\mathrm{OA}}$, $\overrightarrow{\mathrm{OB}}$, $\overrightarrow{\mathrm{OC}}$ で表す。

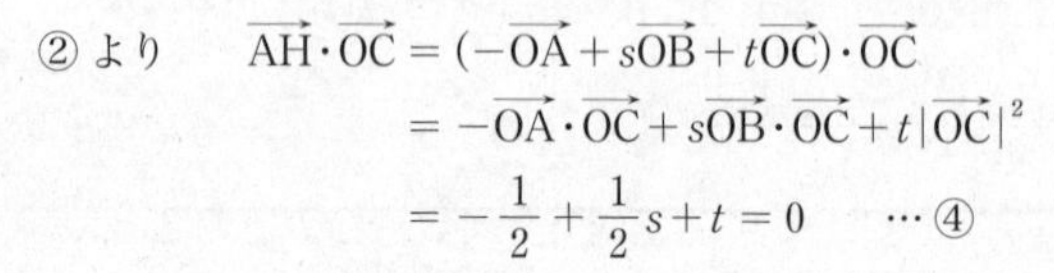

①より　$\overrightarrow{\mathrm{AH}}\cdot\overrightarrow{\mathrm{OB}}=(-\overrightarrow{\mathrm{OA}}+s\overrightarrow{\mathrm{OB}}+t\overrightarrow{\mathrm{OC}})\cdot\overrightarrow{\mathrm{OB}}$

$$=-\overrightarrow{\mathrm{OA}}\cdot\overrightarrow{\mathrm{OB}}+s|\overrightarrow{\mathrm{OB}}|^2+t\overrightarrow{\mathrm{OC}}\cdot\overrightarrow{\mathrm{OB}}$$
$$=-\frac{1}{2}+s+\frac{1}{2}t=0\quad\cdots③$$

②より　$\overrightarrow{\mathrm{AH}}\cdot\overrightarrow{\mathrm{OC}}=(-\overrightarrow{\mathrm{OA}}+s\overrightarrow{\mathrm{OB}}+t\overrightarrow{\mathrm{OC}})\cdot\overrightarrow{\mathrm{OC}}$

$$=-\overrightarrow{\mathrm{OA}}\cdot\overrightarrow{\mathrm{OC}}+s\overrightarrow{\mathrm{OB}}\cdot\overrightarrow{\mathrm{OC}}+t|\overrightarrow{\mathrm{OC}}|^2$$
$$=-\frac{1}{2}+\frac{1}{2}s+t=0\quad\cdots④$$

③，④より　$s=t=\dfrac{1}{3}$

したがって　$\boldsymbol{\overrightarrow{\mathrm{AH}}=-\overrightarrow{\mathrm{OA}}+\dfrac{1}{3}\overrightarrow{\mathrm{OB}}+\dfrac{1}{3}\overrightarrow{\mathrm{OC}}}$

〔別解〕
H は △OBC の重心であるから

$$\overrightarrow{\mathrm{AH}}=\overrightarrow{\mathrm{OH}}-\overrightarrow{\mathrm{OA}}$$
$$=\frac{\overrightarrow{\mathrm{OB}}+\overrightarrow{\mathrm{OC}}}{3}-\overrightarrow{\mathrm{OA}}$$
$$=-\overrightarrow{\mathrm{OA}}+\frac{1}{3}\overrightarrow{\mathrm{OB}}+\frac{1}{3}\overrightarrow{\mathrm{OC}}$$

練習 58　4点 A(1, 2, 0), B(1, 4, 2), C(2, 2, 2), D(4, 4, 1) において，点 D から平面 ABC に垂線 DH を下ろしたとき，点 H の座標を求めよ。

点 H は平面 ABC 上にあるから，O を原点として

$\overrightarrow{\mathrm{OH}}=s\overrightarrow{\mathrm{OA}}+t\overrightarrow{\mathrm{OB}}+u\overrightarrow{\mathrm{OC}}$ …① とおける。

◀ 原点 O を始点に考える。

ただし，s, t, u は実数で

$$s+t+u=1\quad\cdots②$$

①より

$$\overrightarrow{\mathrm{OH}}=s(1,\ 2,\ 0)+t(1,\ 4,\ 2)+u(2,\ 2,\ 2)$$
$$=(s+t+2u,\ 2s+4t+2u,\ 2t+2u)$$
$$\cdots③$$

DH は平面 ABC に垂直であるから

$\overrightarrow{DH} \perp \overrightarrow{AB}$ かつ $\overrightarrow{DH} \perp \overrightarrow{AC}$

すなわち　$\overrightarrow{DH} \cdot \overrightarrow{AB} = 0$ …④，$\overrightarrow{DH} \cdot \overrightarrow{AC} = 0$ …⑤

ここで

$\overrightarrow{DH} = \overrightarrow{OH} - \overrightarrow{OD}$

$= (s+t+2u-4,\ 2s+4t+2u-4,\ 2t+2u-1)$

$\overrightarrow{AB} = (0,\ 2,\ 2)$，$\overrightarrow{AC} = (1,\ 0,\ 2)$ であるから

◀ $\overrightarrow{AB} = (1-1,\ 4-2,\ 2-0) = (0,\ 2,\ 2)$

$\overrightarrow{AC} = (2-1,\ 2-2,\ 2-0) = (1,\ 0,\ 2)$

④より　$2(2s+4t+2u-4)+2(2t+2u-1)=0$

よって　$s+3t+2u=\dfrac{5}{2}$　…⑥

⑤より　$(s+t+2u-4)+2(2t+2u-1)=0$

よって　$s+5t+6u=6$　…⑦

②－⑥より　$-2t-u=-\dfrac{3}{2}$　…⑧

⑥－⑦より　$-2t-4u=-\dfrac{7}{2}$　…⑨

⑧，⑨より　$u=\dfrac{2}{3}$，$t=\dfrac{5}{12}$

②に代入すると　$s=-\dfrac{1}{12}$

③に代入すると　$\overrightarrow{OH}=\left(\dfrac{5}{3},\ \dfrac{17}{6},\ \dfrac{13}{6}\right)$

したがって，点 H の座標は　$\left(\dfrac{5}{3},\ \dfrac{17}{6},\ \dfrac{13}{6}\right)$

練習 59　OA = 2，OB = 3，OC = 4，$\angle AOB = \angle BOC = \angle COA = 60°$ である四面体 OABC の内部に点 P があり，等式 $3\overrightarrow{PO}+3\overrightarrow{PA}+2\overrightarrow{PB}+\overrightarrow{PC}=\vec{0}$ が成り立っている。

(1)　直線 OP と底面 ABC の交点を Q，直線 AQ と辺 BC の交点を R とするとき，BR : RC，AQ : QR，OP : PQ を求めよ。

(2)　4 つの四面体 PABC，POBC，POCA，POAB の体積比を求めよ。

(3)　線分 OQ の長さを求めよ。

(1)　$3\overrightarrow{PO}+3\overrightarrow{PA}+2\overrightarrow{PB}+\overrightarrow{PC}=\vec{0}$ より

$-3\overrightarrow{OP}+3(\overrightarrow{OA}-\overrightarrow{OP})+2(\overrightarrow{OB}-\overrightarrow{OP})+(\overrightarrow{OC}-\overrightarrow{OP})=\vec{0}$

$9\overrightarrow{OP}=3\overrightarrow{OA}+2\overrightarrow{OB}+\overrightarrow{OC}$

◀ 始点を O とするベクトルに直し，$\overrightarrow{OP}$ を表す。

よって　$\overrightarrow{OP}=\dfrac{3\overrightarrow{OA}+2\overrightarrow{OB}+\overrightarrow{OC}}{9}$

$=\dfrac{1}{9}\left(3\overrightarrow{OA}+3\times\dfrac{2\overrightarrow{OB}+\overrightarrow{OC}}{3}\right)$

$=\dfrac{1}{3}\left(\overrightarrow{OA}+\dfrac{2\overrightarrow{OB}+\overrightarrow{OC}}{3}\right)$

$=\dfrac{2}{3}\times\dfrac{\overrightarrow{OA}+\dfrac{2\overrightarrow{OB}+\overrightarrow{OC}}{3}}{2}$

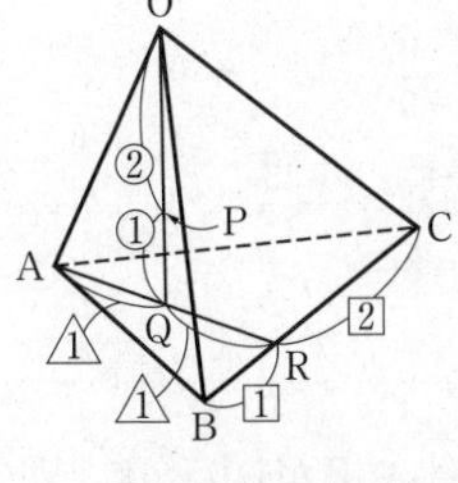

3 点 O，P，Q は一直線上にあり，点 Q は AR 上，点 R は BC 上の点であるから

$$\overrightarrow{OR}=\frac{2\overrightarrow{OB}+\overrightarrow{OC}}{3},\ \overrightarrow{OQ}=\frac{\overrightarrow{OA}+\overrightarrow{OR}}{2},\ \overrightarrow{OP}=\frac{2}{3}\overrightarrow{OQ}$$

したがって

BR : RC = 1 : 2, AQ : QR = 1 : 1, OP : PQ = 2 : 1

(2) 四面体 OABC の体積を V とすると

$$(\text{四面体 PABC})=\frac{1}{3}(\text{四面体 OABC})=\frac{V}{3}$$

$$(\text{四面体 POBC})=\frac{2}{3}(\text{四面体 QOBC})$$
$$=\frac{2}{3}\times\frac{1}{2}(\text{四面体 OABC})=\frac{V}{3}$$

$$(\text{四面体 POCA})=\frac{2}{3}(\text{四面体 QOCA})$$
$$=\frac{2}{3}\times\frac{1}{2}(\text{四面体 ROCA})$$
$$=\frac{2}{3}\times\frac{1}{2}\times\frac{2}{3}(\text{四面体 OABC})=\frac{2}{9}V$$

$$(\text{四面体 POAB})=\frac{2}{3}(\text{四面体 QOAB})$$
$$=\frac{2}{3}\times\frac{1}{2}(\text{四面体 ROAB})$$
$$=\frac{2}{3}\times\frac{1}{2}\times\frac{1}{3}(\text{四面体 OABC})=\frac{V}{9}$$

◀ (四面体 POAB)
$=V-\left(\frac{V}{3}+\frac{V}{3}+\frac{2}{9}V\right)$
$=\frac{V}{9}$
としてもよい。

したがって，求める体積比は

$$\frac{V}{3}:\frac{V}{3}:\frac{2}{9}V:\frac{V}{9}=\mathbf{3:3:2:1}$$

(3) $|\overrightarrow{OA}|=2,\ |\overrightarrow{OB}|=3,\ |\overrightarrow{OC}|=4$ より

$$\overrightarrow{OA}\cdot\overrightarrow{OB}=2\times3\cos60^\circ=3$$
$$\overrightarrow{OB}\cdot\overrightarrow{OC}=3\times4\cos60^\circ=6$$
$$\overrightarrow{OC}\cdot\overrightarrow{OA}=4\times2\cos60^\circ=4$$

よって $|\overrightarrow{OQ}|^2=\left|\frac{3}{2}\overrightarrow{OP}\right|^2=\left|\frac{3\overrightarrow{OA}+2\overrightarrow{OB}+\overrightarrow{OC}}{6}\right|^2$

$$=\frac{1}{36}(9|\overrightarrow{OA}|^2+4|\overrightarrow{OB}|^2+|\overrightarrow{OC}|^2+12\overrightarrow{OA}\cdot\overrightarrow{OB}+4\overrightarrow{OB}\cdot\overrightarrow{OC}+6\overrightarrow{OC}\cdot\overrightarrow{OA})$$
$$=\frac{1}{36}(9\times2^2+4\times3^2+4^2+12\times3+4\times6+6\times4)$$
$$=\frac{43}{9}$$

◀ $(a+b+c)^2$
$=a^2+b^2+c^2$
$+2ab+2bc+2ca$

$|\overrightarrow{OQ}|>0$ より，$|\overrightarrow{OQ}|=\frac{\sqrt{43}}{3}$ であるから　**OQ** $=\mathbf{\frac{\sqrt{43}}{3}}$

Plus One

四面体 ABCD の内部に点 P があり，$a\overrightarrow{PA}+b\overrightarrow{PB}+c\overrightarrow{PC}+d\overrightarrow{PD}=\vec{0}$ を満たしているとき，4 つの四面体 PBCD, PCDA, PDAB, PABC の体積比は $a:b:c:d$ になる。(⇨ **Play Back**

5 参照。）

練習 60　空間内に一直線上にない異なる 3 点 $A(\vec{a})$，$B(\vec{b})$，$C(\vec{c})$ がある。次の図形を表すベクトル方程式を求めよ。
(1) △ABC の重心 G を通り，BC に平行な直線
(2) 線分 AB の中点 M を通り，AB に垂直な平面
(3) 線分 AB の中点 M を中心とし，点 C を通る球

(1) $\overrightarrow{BC}$ が求める直線の方向ベクトルとなるから，求める直線上の点を $P(\vec{p})$ とすると，t を媒介変数として

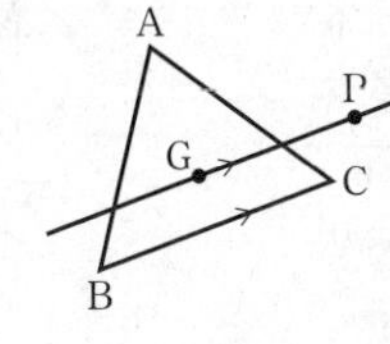

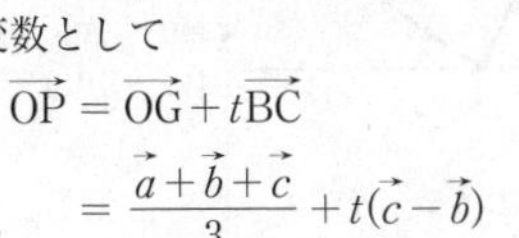

$$\overrightarrow{OP}=\overrightarrow{OG}+t\overrightarrow{BC}$$
$$=\frac{\vec{a}+\vec{b}+\vec{c}}{3}+t(\vec{c}-\vec{b})$$

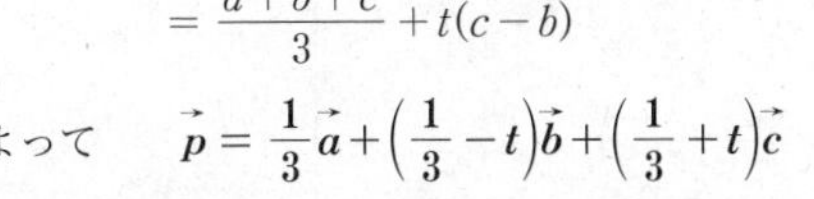
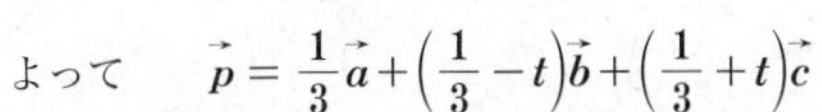

よって　$\boldsymbol{\vec{p}=\frac{1}{3}\vec{a}+\left(\frac{1}{3}-t\right)\vec{b}+\left(\frac{1}{3}+t\right)\vec{c}}$

(2) $\overrightarrow{AB}$ が求める平面の法線ベクトルとなるから，求める平面上の点を $P(\vec{p})$ とすると

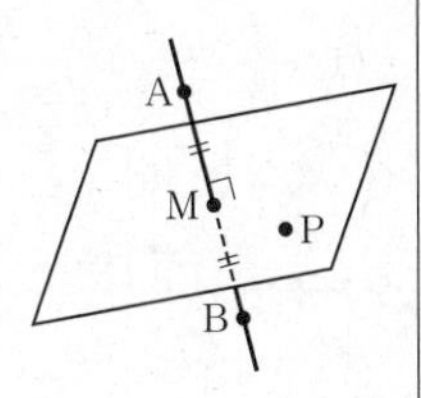

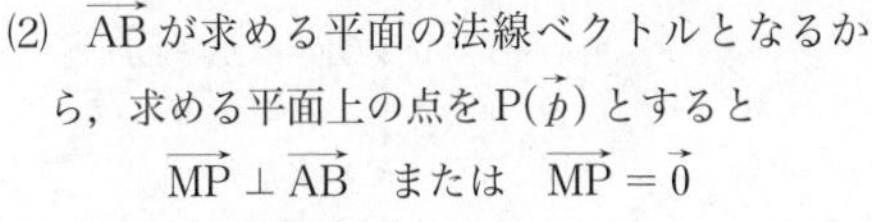

$\overrightarrow{MP}\perp\overrightarrow{AB}$　または　$\overrightarrow{MP}=\vec{0}$

よって　$\overrightarrow{MP}\cdot\overrightarrow{AB}=0$

$$\boldsymbol{\left(\vec{p}-\frac{\vec{a}+\vec{b}}{2}\right)\cdot(\vec{b}-\vec{a})=0}$$

(3) 中心の位置ベクトルは　$\dfrac{\vec{a}+\vec{b}}{2}$

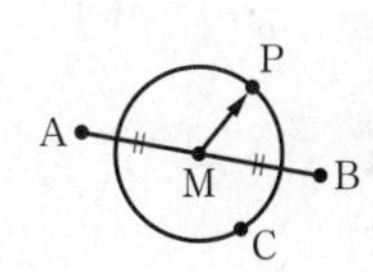

半径は　$|\overrightarrow{MC}|=\left|\vec{c}-\dfrac{\vec{a}+\vec{b}}{2}\right|$

よって，求める球上の点を $P(\vec{p})$ とすると

$$\boldsymbol{\left|\vec{p}-\frac{\vec{a}+\vec{b}}{2}\right|=\left|\vec{c}-\frac{\vec{a}+\vec{b}}{2}\right|}$$

練習 61　O(0, 0, 0)，A(2, 0, 0)，C(0, 3, 0)，$D(-1,\ 0,\ \sqrt{6})$ であるような平行六面体 OABC－DEFG において，辺 AB の中点を M とし，辺 DG 上の点 N を MN = 4 かつ DN < GN を満たすように定める。
(1) N の座標を求めよ。
(2) 3 点 E, M, N を通る平面と y 軸との交点 P の座標を求めよ。
(3) 3 点 E, M, N を通る平面による平行六面体 OABC－DEFG の切り口の面積を求めよ。
（東北大）

(1) $\overrightarrow{OA}=(2,\ 0,\ 0)$，$\overrightarrow{OC}=(0,\ 3,\ 0)$，$\overrightarrow{OD}=(-1,\ 0,\ \sqrt{6})$ より

$$\overrightarrow{OM}=\overrightarrow{OA}+\frac{1}{2}\overrightarrow{OC}=(2,\ 0,\ 0)+\frac{1}{2}(0,\ 3,\ 0)=\left(2,\ \frac{3}{2},\ 0\right)$$

$\overrightarrow{ON}$ は，実数 t を用いて

$$\overrightarrow{ON}=\overrightarrow{OD}+t\overrightarrow{OC}=(-1,\ 0,\ \sqrt{6})+t(0,\ 3,\ 0)$$
$$=(-1,\ 3t,\ \sqrt{6})\quad\cdots①$$

よって　$\overrightarrow{\mathrm{MN}}=\overrightarrow{\mathrm{ON}}-\overrightarrow{\mathrm{OM}}=\left(-1,\ 3t,\ \sqrt{6}\right)-\left(2,\ \frac{3}{2},\ 0\right)$

$=\left(-3,\ 3t-\frac{3}{2},\ \sqrt{6}\right)$

ゆえに　$|\overrightarrow{\mathrm{MN}}|=\sqrt{(-3)^2+\left(3t-\frac{3}{2}\right)^2+\left(\sqrt{6}\right)^2}=4$

すなわち

$9+9t^2-9t+\frac{9}{4}+6=16$

$9t^2-9t+\frac{5}{4}=0$

よって　$t=\frac{1}{6},\ \frac{5}{6}$

◀ $36t^2-36t+5=0$
$(6t-5)(6t-1)=0$

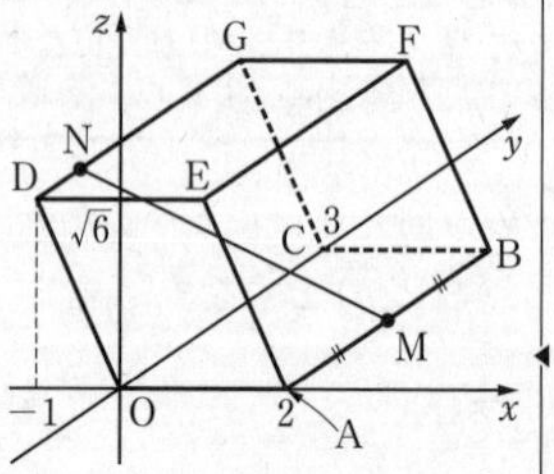

ここで，$\mathrm{DN}<\mathrm{GN}$ より

$t<\frac{1}{2}$ であるから　$t=\frac{1}{6}$

① に代入すると，点Nの座標は　$\left(\mathbf{-1,\ \frac{1}{2},\ \sqrt{6}}\right)$

(2)　$\overrightarrow{\mathrm{EM}}=\overrightarrow{\mathrm{OM}}-\overrightarrow{\mathrm{OE}}=\left(1,\ \frac{3}{2},\ -\sqrt{6}\right)$

◀ $\overrightarrow{\mathrm{OE}}=\overrightarrow{\mathrm{OA}}+\overrightarrow{\mathrm{OD}}$
$=\left(1,\ 0,\ \sqrt{6}\right)$

$\overrightarrow{\mathrm{EN}}=\overrightarrow{\mathrm{ON}}-\overrightarrow{\mathrm{OE}}=\left(-2,\ \frac{1}{2},\ 0\right)$

◀ (1) より
$\overrightarrow{\mathrm{ON}}=\left(-1,\ \frac{1}{2},\ \sqrt{6}\right)$

Pは平面EMN上にあるから，$\overrightarrow{\mathrm{EP}}$ は実数 $m,\ n$ を用いて
$\overrightarrow{\mathrm{EP}}=m\overrightarrow{\mathrm{EM}}+n\overrightarrow{\mathrm{EN}}$ と表すことができる。

よって　$\overrightarrow{\mathrm{EP}}=m\left(1,\ \frac{3}{2},\ -\sqrt{6}\right)+n\left(-2,\ \frac{1}{2},\ 0\right)$

$=\left(m-2n,\ \frac{3}{2}m+\frac{1}{2}n,\ -\sqrt{6}\,m\right)$

よって

$\overrightarrow{\mathrm{OP}}=\overrightarrow{\mathrm{OE}}+\overrightarrow{\mathrm{EP}}$

$=\left(m-2n+1,\ \frac{3}{2}m+\frac{1}{2}n,\ -\sqrt{6}\,m+\sqrt{6}\right)$　…②

ここで，点Pは y 軸上の点より，$\overrightarrow{\mathrm{OP}}$ の x 成分と z 成分は0であるから

$m-2n+1=0$　かつ　$-\sqrt{6}\,m+\sqrt{6}=0$

これを解くと　$m=1,\ n=1$　…③

③ を ② に代入すると　$\overrightarrow{\mathrm{OP}}=(0,\ 2,\ 0)$

したがって，点Pの座標は　$\mathbf{(0,\ 2,\ 0)}$

(3)　(2) より，点Pは辺OC上の点であるから，平面EMNによる平行六面体の切り口は，四角形EMPNと一致する。

◀ 線分EM, MP, PN, NEをつなぐと，平行六面体OABC−DEFGの周囲を1周する。

ここで，③ より　$\overrightarrow{\mathrm{EP}}=\overrightarrow{\mathrm{EM}}+\overrightarrow{\mathrm{EN}}$

ゆえに，四角形EMPNは平行四辺形であり，その面積 S は $\triangle\mathrm{EMN}$ の2倍に等しいから

$S=2\times\frac{1}{2}\sqrt{|\overrightarrow{\mathrm{EM}}|^2|\overrightarrow{\mathrm{EN}}|^2-(\overrightarrow{\mathrm{EM}}\cdot\overrightarrow{\mathrm{EN}})^2}$

$=\sqrt{\left\{1^2+\left(\frac{3}{2}\right)^2+\left(-\sqrt{6}\right)^2\right\}\left\{(-2)^2+\left(\frac{1}{2}\right)^2+0^2\right\}-\left\{1\cdot(-2)+\frac{3}{2}\cdot\frac{1}{2}+\left(-\sqrt{6}\right)\cdot 0\right\}^2}$

$$=\sqrt{\frac{37}{4}\cdot\frac{17}{4}-\left(-\frac{5}{4}\right)^2}=\sqrt{\frac{604}{4^2}}=\frac{\sqrt{151}}{2}$$

練習 62 2点 A$(-1,\ 2,\ 1)$, B$(2,\ 1,\ 3)$ を通る直線 AB 上の点のうち，原点 O に最も近い点 P の座標を求めよ。また，そのときの線分 OP の長さを求めよ。

点 P は直線 AB 上にあるから，$\overrightarrow{OP}=\overrightarrow{OA}+t\overrightarrow{AB}$（$t$ は実数）とおける。

$\overrightarrow{OA}=(-1,\ 2,\ 1)$, $\overrightarrow{AB}=(3,\ -1,\ 2)$ であるから

$$\overrightarrow{OP}=(-1,\ 2,\ 1)+t(3,\ -1,\ 2)$$
$$=(-1+3t,\ 2-t,\ 1+2t) \quad \cdots ①$$

よって

$$|\overrightarrow{OP}|^2=(-1+3t)^2+(2-t)^2+(1+2t)^2$$
$$=14t^2-6t+6$$
$$=14\left(t-\frac{3}{14}\right)^2+\frac{75}{14}$$

$|\overrightarrow{OP}|^2$ は $t=\frac{3}{14}$ のとき最小値 $\frac{75}{14}$ をとる。

このとき $|\overrightarrow{OP}|$ も最小となり，OP の最小値は

$$\sqrt{\frac{75}{14}}=\frac{5\sqrt{3}}{\sqrt{14}}=\frac{5\sqrt{42}}{14}$$

また，$t=\frac{3}{14}$ のとき，① より　　$\mathrm{P}\left(-\frac{5}{14},\ \frac{25}{14},\ \frac{10}{7}\right)$

〔別解〕（解答4行目まで同じ）

直線 AB 上の点で原点 O に最も近い点 P は $\overrightarrow{OP}\perp\overrightarrow{AB}$ を満たすから

$$\overrightarrow{OP}\cdot\overrightarrow{AB}=0$$

よって　　$(-1+3t)\times3+(2-t)\times(-1)+(1+2t)\times2=0$

これを解くと　　$t=\frac{3}{14}$

したがって　　$\mathrm{P}\left(-\frac{5}{14},\ \frac{25}{14},\ \frac{10}{7}\right)$

このとき

$$\mathrm{OP}=\sqrt{\left(-\frac{5}{14}\right)^2+\left(\frac{25}{14}\right)^2+\left(\frac{10}{7}\right)^2}=\frac{5\sqrt{42}}{14}$$

◀ 直線 AB は点 A を通り，$\overrightarrow{AB}$ は方向ベクトルである。

◀ $|\overrightarrow{OP}|$ の最小値は $|\overrightarrow{OP}|^2$ の最小値から考える。

◀ 整理すると　$14t-3=0$

◀ $\mathrm{P}(-1+3t,\ 2-t,\ 1+2t)$ において，$t=\frac{3}{14}$ を代入する。

練習 63 空間において，2点 A$(2,\ 1,\ 0)$, B$(1,\ -2,\ 1)$ を通る直線上に点 P をとる。また，y 軸上に点 Q をとるとき，2点 P, Q 間の距離の最小値と，そのときの2点 P, Q の座標を求めよ。

$\overrightarrow{AB}=(-1,\ -3,\ 1)$ であり，点 P は直線 AB 上にあるから

$$\overrightarrow{OP}=\overrightarrow{OA}+s\overrightarrow{AB}=(2-s,\ 1-3s,\ s) \quad \cdots ①$$

とおける。

点 Q は y 軸上にあるから $\overrightarrow{OQ}=(0,\ t,\ 0)$ … ② とおける。

よって　　$\overrightarrow{PQ}=\overrightarrow{OQ}-\overrightarrow{OP}=(s-2,\ 3s+t-1,\ -s)$

$$|\overrightarrow{PQ}|^2=(s-2)^2+(3s+t-1)^2+(-s)^2$$

◀ 空間における直線のベクトル方程式

$$= (t+3s-1)^2+2s^2-4s+4$$
$$= (t+3s-1)^2+2(s-1)^2+2 \quad \cdots ③$$

ゆえに，PQ は　$t+3s-1=0$，$s-1=0$

すなわち $s=1$，$t=-2$ のとき，最小となる。

①，② より　$\overrightarrow{OP}=(1,\ -2,\ 1)$，$\overrightarrow{OQ}=(0,\ -2,\ 0)$

したがって　**P(1, −2, 1)，Q(0, −2, 0)**

③ より　$|\overrightarrow{PQ}|^2=2$

求める距離の最小値は　$PQ=|\overrightarrow{PQ}|=\boldsymbol{\sqrt{2}}$

◀ $|\overrightarrow{PQ}| \geqq 0$

〔別解〕（解答 5 行目まで同じ）

線分 PQ の長さが最小となるとき

$AB \perp PQ$ かつ y 軸 $\perp PQ$

$AB \perp PQ$ より，$\overrightarrow{AB}\cdot\overrightarrow{PQ}=0$ であるから

$$(-1)\times(s-2)+(-3)\times(3s+t-1)+1\times(-s)=0$$

整理すると　$-11s-3t+5=0 \quad \cdots ③$

y 軸 $\perp PQ$ より，y 軸の正の向きの単位ベクトルを $\vec{e}=(0,\ 1,\ 0)$

とおくと，$\vec{e}\cdot\overrightarrow{PQ}=0$ であるから

$$0\times(s-2)+1\times(3s+t-1)+0\times(-s)=0$$

整理すると　$3s+t-1=0 \quad \cdots ④$

③，④ を解くと　$s=1$，$t=-2$

①，② より　$\overrightarrow{OP}=(1,\ -2,\ 1)$，$\overrightarrow{OQ}=(0,\ -2,\ 0)$

したがって　P(1, −2, 1)，Q(0, −2, 0)

このとき $\overrightarrow{PQ}=(-1,\ 0,\ -1)$ であるから

求める距離の最小値は　$PQ=|\overrightarrow{PQ}|=\sqrt{2}$

練習 64　2 点 A(1, 2, −2)，B(−2, 3, 2) がある。zx 平面上に点 P をとるとき，AP＋BP の最小値およびそのときの点 P の座標を求めよ。

---

2 点 A，B は zx 平面に関して同じ側にあるから，点 A の zx 平面に関する対称点 A′ をとると　A′(1, −2, −2)

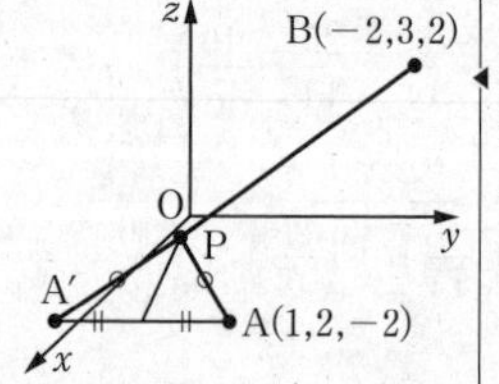

◀ 点 B と zx 平面に関して対称な点 B′ をとり
$AP+PB=AP+PB' \geqq AB'$
としてもよい。

$AP=A'P$ より

$$AP+PB=A'P+PB \geqq A'B$$

よって，AP＋PB の最小値は線分 A′B の長さに等しいから

$$A'B=\sqrt{(-2-1)^2+(3+2)^2+(2+2)^2}=\boldsymbol{5\sqrt{2}}$$

このとき，点 P は直線 A′B と zx 平面の交点であるから，

$\overrightarrow{OP}=\overrightarrow{OA'}+t\overrightarrow{A'B}$（$t$ は実数）とおける。

◀ $\overrightarrow{A'B}=\overrightarrow{OB}-\overrightarrow{OA'}$
$=(-2,\ 3,\ 2)-(1,\ -2,\ -2)$
$=(-3,\ 5,\ 4)$

$$\overrightarrow{OP}=(1,\ -2,\ -2)+t(-3,\ 5,\ 4)$$
$$=(1-3t,\ -2+5t,\ -2+4t)$$

点 P は zx 平面上の点であるから　$-2+5t=0$

◀ $\overrightarrow{OP}$ の y の成分が 0 である。

よって　$t=\dfrac{2}{5}$

したがって　$\mathbf{P}\left(-\dfrac{1}{5},\ 0,\ -\dfrac{2}{5}\right)$

練習 65 次の球の方程式を求めよ。

(1) 点 $(-3,\ -2,\ 1)$ を中心とし，半径 4 の球

(2) 点 $\mathrm{C}(-3,\ 1,\ 2)$ を中心とし，点 $\mathrm{P}(-2,\ 5,\ 4)$ を通る球

(3) 2 点 $\mathrm{A}(2,\ -3,\ 1)$, $\mathrm{B}(-2,\ 3,\ -1)$ を直径の両端とする球

(4) 点 $(5,\ 5,\ -2)$ を通り，3 つの座標平面に接する球

(1) 求める球の方程式は

$$\boldsymbol{(x+3)^2+(y+2)^2+(z-1)^2=16}$$

(2) 半径を r とすると

$$r=\mathrm{CP}=\sqrt{(-2+3)^2+(5-1)^2+(4-2)^2}=\sqrt{21}$$

◀半径 r は, 2 点 C, P 間の距離である。

よって，求める球の方程式は

$$\boldsymbol{(x+3)^2+(y-1)^2+(z-2)^2=21}$$

(3) 球の中心 C は線分 AB の中点であるから

$$\mathrm{C}\left(\frac{2-2}{2},\ \frac{-3+3}{2},\ \frac{1-1}{2}\right) \quad すなわち \quad \mathrm{C}(0,\ 0,\ 0)$$

また，半径は CA であり　　$\mathrm{CA}=\sqrt{2^2+(-3)^2+1^2}=\sqrt{14}$

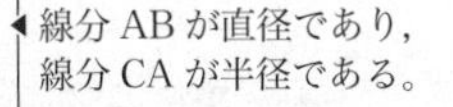

◀線分 AB が直径であり，線分 CA が半径である。

よって，求める球の方程式は

$$\boldsymbol{x^2+y^2+z^2=14}$$

(4) 点 $(5,\ 5,\ -2)$ を通り 3 つの座標平面に接するから，球の半径を r とおくと，中心は $(r,\ r,\ -r)$ と表すことができる。

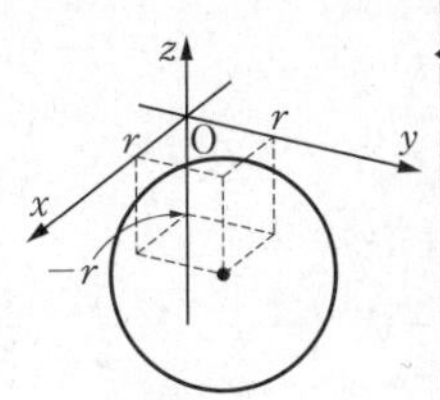

◀通る点の座標の正負から中心の座標の正負を考える。

よって，求める球の方程式は

$$(x-r)^2+(y-r)^2+(z+r)^2=r^2$$

これが点 $(5,\ 5,\ -2)$ を通るから

$$(5-r)^2+(5-r)^2+(-2+r)^2=r^2$$

ゆえに　　$2r^2-24r+54=0$

$(r-3)(r-9)=0$ より　　$r=3,\ 9$

したがって，求める球の方程式は

$$\boldsymbol{(x-3)^2+(y-3)^2+(z+3)^2=9}$$

$$\boldsymbol{(x-9)^2+(y-9)^2+(z+9)^2=81}$$

◀条件を満たす球は 2 つある。

練習 66 4 点 $(0,\ 0,\ 0)$, $(1,\ -1,\ 0)$, $(0,\ 1,\ 1)$, $(6,\ -1,\ 1)$ を通る球の方程式を求めよ。また，この球の中心の座標と半径を求めよ。

求める球の方程式を　$x^2+y^2+z^2+kx+ly+mz+n=0$ とおく。

◀与えられた条件が，通る点の座標だけであるから，一般形を用いる。

点 $(0,\ 0,\ 0)$ を通るから　　　$n=0$　　　…①

点 $(1,\ -1,\ 0)$ を通るから　　$k-l+n+2=0$　　　…②

点 $(0,\ 1,\ 1)$ を通るから　　　$l+m+n+2=0$　　　…③

点 $(6,\ -1,\ 1)$ を通るから　　$6k-l+m+n+38=0$　　…④

① を ②, ③, ④ に代入すると，それぞれ

$$k-l+2=0$$
$$l+m+2=0$$
$$6k-l+m+38=0$$

これを解くと　　$k=-8,\ l=-6,\ m=4$

したがって，求める球の方程式は

$$\boldsymbol{x^2+y^2+z^2-8x-6y+4z=0}$$

これより　　$(x^2-8x)+(y^2-6y)+(z^2+4z)=0$

◀左辺を $x,\ y,\ z$ それぞれについて平方完成する。

よって　$(x-4)^2+(y-3)^2+(z+2)^2=29$

したがって　**中心 $(4,\ 3,\ -2)$,　半径 $\sqrt{29}$**

練習 67　点 $\mathrm{A}(0,\ -2,\ k)$ を通り，$\vec{d}=(1,\ -1,\ 2)$ に平行な直線 l と球 $\omega: x^2+y^2+z^2=3$ がある。
(1) $k=1$ のとき，球 ω と直線 l の共有点の座標を求めよ。
(2) 球 ω と直線 l が共有点をもつような定数 k の値の範囲を求めよ。

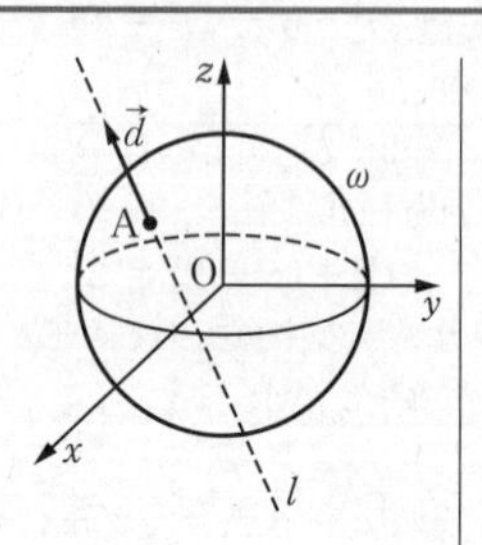

球 ω と直線 l の共有点を P とする。
点 P は直線 l 上にあるから，
$\overrightarrow{\mathrm{OP}}=\overrightarrow{\mathrm{OA}}+t\vec{d}$ （t は実数）とおける。

$\overrightarrow{\mathrm{OP}}=(0,\ -2,\ k)+t(1,\ -1,\ 2)$
$\qquad=(t,\ -t-2,\ 2t+k)$

よって　$\mathrm{P}(t,\ -t-2,\ 2t+k)$

(1)　$k=1$ のとき
　$\mathrm{P}(t,\ -t-2,\ 2t+1)$
これが球 ω 上の点であるから
　$t^2+(-t-2)^2+(2t+1)^2=3$
　$3t^2+4t+1=0$
$(t+1)(3t+1)=0$ より　$t=-1,\ -\dfrac{1}{3}$
よって，求める共有点の座標は

$$\boldsymbol{(-1,\ -1,\ -1),\ \left(-\frac{1}{3},\ -\frac{5}{3},\ \frac{1}{3}\right)}$$

◀ $x^2+y^2+z^2=3$ に $x=t,\ y=-t-2,$ $z=2t+1$ を代入する。

(2)　球 ω と直線 l が共有点をもつとき
　$t^2+(-t-2)^2+(2t+k)^2=3$
すなわち，$6t^2+4(k+1)t+k^2+1=0$ が実数解をもつから，判別式を D とすると　$D\geqq 0$

$$\frac{D}{4}=4(k+1)^2-6(k^2+1)=-2(k^2-4k+1)$$

$-2(k^2-4k+1)\geqq 0$ より　$k^2-4k+1\leqq 0$
よって　$\boldsymbol{2-\sqrt{3}\leqq k\leqq 2+\sqrt{3}}$

◀ $x^2+y^2+z^2=3$ に $x=t,\ y=-t-2,$ $z=2t+k$ を代入する。
◀ 球と直線が共有点をもつとき，この t についての2次方程式は実数解をもつ。

練習 68　中心 $\mathrm{A}(3,\ 4,\ -2a)$，半径 a の球が，平面 $y=3$ と交わってできる円 C の半径が $\sqrt{3}$ であるとき，次の問に答えよ。
(1) 定数 a の値とそのときの球の方程式を求めよ。
(2) 円 C の方程式を求めよ。

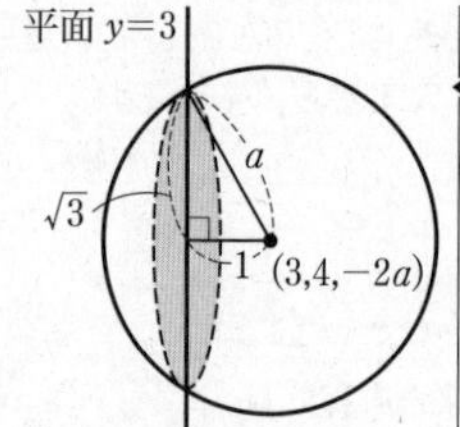

(1)　球の中心が $\mathrm{A}(3,\ 4,\ -2a)$ であるから，
円 C の中心は $\mathrm{C}(3,\ 3,\ -2a)$ である。
よって　$a^2=(\sqrt{3})^2+1^2=4$
$a>0$ より　$\boldsymbol{a=2}$
このとき，球の中心が $\mathrm{A}(3,\ 4,\ -4)$，半径が2であるから，球の方程式は
　$\boldsymbol{(x-3)^2+(y-4)^2+(z+4)^2=4}$

◀ 球の中心 A と平面 $y=3$ の距離は y 座標の差 $4-3=1$ である。

(2)　円の中心が $\mathrm{C}(3,\ 3,\ -4)$，半径が $\sqrt{3}$ で

あるから，円 C の方程式は

$$(x-3)^2+(z+4)^2=3,\ y=3$$

〔別解〕 球の方程式は，$(x-3)^2+(y-4)^2+(z+2a)^2=a^2$ とおける。

円 C の方程式は，これと $y=3$ を連立して

$$(x-3)^2+(z+2a)^2=a^2-1,\ y=3$$

この半径が $\sqrt{3}$ であるから，$a^2-1=3$ より　$a^2=4$

$a>0$ より　$a=2$

よって，球の方程式は　$(x-3)^2+(y-4)^2+(z+4)^2=4$

また，円 C の方程式は　$(x-3)^2+(z+4)^2=3,\ y=3$

練習 69 2つの球 $(x-4)^2+(y+2)^2+(z-1)^2=20$ …①，$(x-2)^2+(y-4)^2+(z-4)^2=13$ …② がある。
(1) 点 P$(-1,\ 6,\ 7)$ を中心とし，球①に接する球の方程式を求めよ。
(2) 2つの球①，②が交わってできる円 C の中心の座標と半径を求めよ。

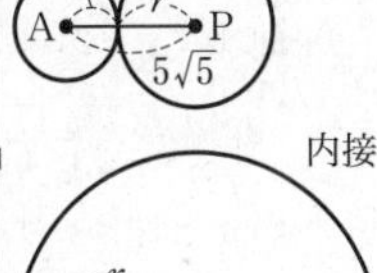

(1) 球①は，中心 A$(4,\ -2,\ 1)$，半径 $2\sqrt{5}$

よって，中心間の距離 AP は

$$\mathrm{AP}=\sqrt{(-1-4)^2+(6+2)^2+(7-1)^2}=5\sqrt{5}$$

ゆえに，求める球の半径は2つの球が外接するとき $3\sqrt{5}$，内接するとき $7\sqrt{5}$ であるから，求める球の方程式は

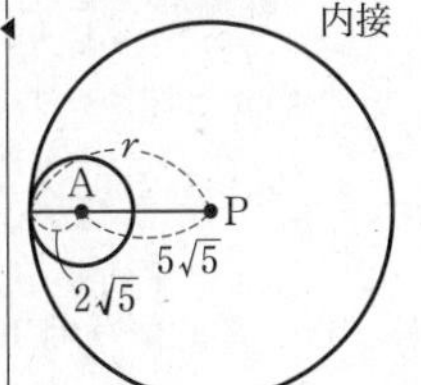

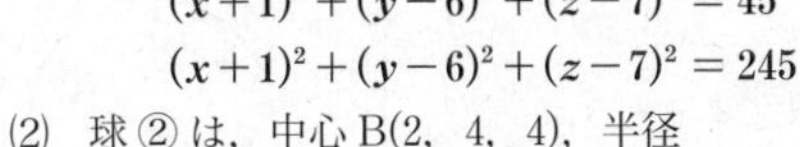

$$(x+1)^2+(y-6)^2+(z-7)^2=45$$
$$(x+1)^2+(y-6)^2+(z-7)^2=245$$

(2) 球②は，中心 B$(2,\ 4,\ 4)$，半径 $\sqrt{13}$ である。

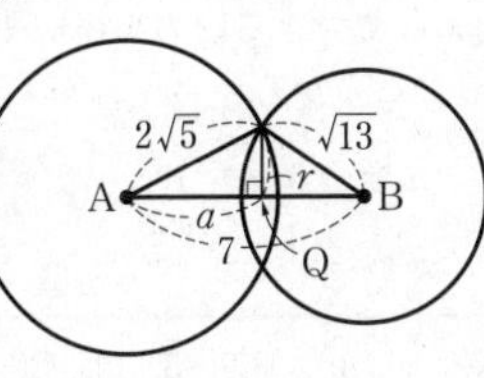

よって，球①，②の中心間の距離 AB は

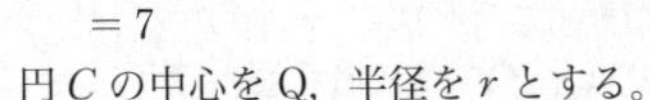

$$\mathrm{AB}=\sqrt{(2-4)^2+(4+2)^2+(4-1)^2}=7$$

円 C の中心を Q，半径を r とする。

AQ $=x$ とおくと，三平方の定理により

$$\begin{cases} r^2=20-x^2 \\ r^2=13-(7-x)^2 \end{cases}$$

$20-x^2=13-(7-x)^2$ より　$x=4$

よって，AQ $=4$，QB $=3$ より　AQ：QB $=4：3$

ゆえに，円 C の中心 Q の座標は

$$\left(\frac{3\cdot4+4\cdot2}{4+3},\ \frac{3\cdot(-2)+4\cdot4}{4+3},\ \frac{3\cdot1+4\cdot4}{4+3}\right)$$

すなわち　$\left(\dfrac{20}{7},\ \dfrac{10}{7},\ \dfrac{19}{7}\right)$

また，円 C の半径 r は　$r=\sqrt{20-4^2}=2$

練習 70 空間に $\vec{n}=(1,\ 2,\ -2)$ を法線ベクトルとし，点 A$(-8,\ -3,\ 2)$ を通る平面 α がある。
(1) 平面 α の方程式を求めよ。
(2) 原点 O から平面 α に下ろした垂線を OH とする。点 H の座標を求めよ。また，原点 O と平面 α の距離を求めよ。

(1) $1(x+8)+2(y+3)-2(z-2)=0$ より

$$\boldsymbol{x+2y-2z+18=0}$$

(2) 直線 OH は $\vec{n}$ に平行であるから $\overrightarrow{\mathrm{OH}}=t\vec{n}$ (t は実数) とおける。

$$\overrightarrow{\mathrm{OH}}=t(1,\ 2,\ -2)=(t,\ 2t,\ -2t)$$

よって　$\mathrm{H}(t,\ 2t,\ -2t)$

点 H は平面 α 上にあるから　$t+2\cdot 2t-2\cdot(-2t)+18=0$

$9t+18=0$ より　$t=-2$

したがって　$\mathbf{H(-2,\ -4,\ 4)}$

また，原点 O と平面 α の距離は，線分 OH の長さであるから

$$\mathrm{OH}=\sqrt{(-2)^2+(-4)^2+4^2}=6$$

◀ $\vec{a} /\!/ \vec{b} \Longleftrightarrow \vec{a}=t\vec{b}$ (t は実数)

◀ (1) の方程式に $x=t,\ y=2t,\ z=-2t$ を代入する。

◀ $\mathrm{H}(t,\ 2t,\ -2t)$ に $t=-2$ を代入する。

練習 71 空間に平面 $\alpha: x+2y+2z=a$ と球 $\omega: x^2+y^2+z^2=25$ がある。
(1) 平面 α と球 ω が共有点をもつとき，a の値の範囲を求めよ。
(2) 球 ω と平面 α が交わってできる円の半径が 4 のとき，定数 a の値を求めよ。

(1) 球 ω の中心の座標は $\mathrm{O}(0,\ 0,\ 0)$，半径 $r=5$

平面 $\alpha: x+2y+2z-a=0$ と $\mathrm{O}(0,\ 0,\ 0)$ の距離を d とおくと

$$d=\frac{|-a|}{\sqrt{1^2+2^2+2^2}}=\frac{|a|}{3}$$

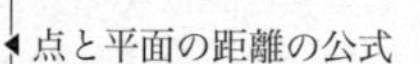

◀ 点と平面の距離の公式

平面 α と球 ω が共有点をもつから

$\dfrac{|a|}{3} \leqq 5$ より　$\boldsymbol{-15 \leqq a \leqq 15}$

(2) 球 ω と平面 α が交わってできる円の半径が 4 であるとき，

$4^2+d^2=5^2$ が成り立つことから

$16+\dfrac{a^2}{9}=25$ より　$\boldsymbol{a=\pm 9}$

◀

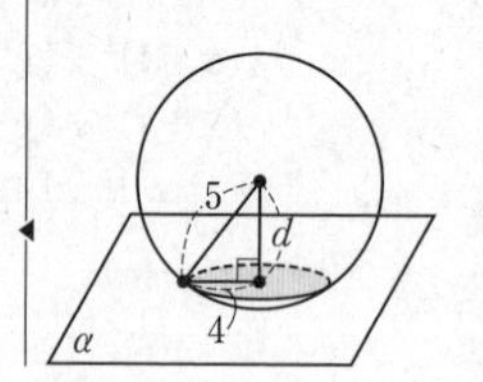

練習 72 空間内に 3 点 $\mathrm{A}(5,\ 0,\ 0)$，$\mathrm{B}(0,\ 3,\ 0)$，$\mathrm{C}(3,\ 6,\ 0)$ がある。点 $\mathrm{P}(x,\ y,\ z)$ が $\overrightarrow{\mathrm{PA}}\cdot(2\overrightarrow{\mathrm{PB}}+\overrightarrow{\mathrm{PC}})=0$ を満たすように動くとき，点 P はどのような図形上を動くか。また，その図形の方程式を求めよ。

与式より　$(\overrightarrow{\mathrm{OA}}-\overrightarrow{\mathrm{OP}})\cdot(2\overrightarrow{\mathrm{OB}}+\overrightarrow{\mathrm{OC}}-3\overrightarrow{\mathrm{OP}})=0$

$$(\overrightarrow{\mathrm{OP}}-\overrightarrow{\mathrm{OA}})\cdot\left(\overrightarrow{\mathrm{OP}}-\frac{2\overrightarrow{\mathrm{OB}}+\overrightarrow{\mathrm{OC}}}{3}\right)=0$$

よって，点 P は点 A と線分 BC を 1:2 に内分する点 D を直径の両端とする球上を動く。

点 D の座標は $(1,\ 4,\ 0)$ であるから，球の中心と半径は

中心 $(3,\ 2,\ 0)$，半径 $2\sqrt{2}$

ゆえに，点 P は **中心 $(3,\ 2,\ 0)$，半径 $2\sqrt{2}$ の球上を動く**。

したがって，この図形の方程式は

$$\boldsymbol{(x-3)^2+(y-2)^2+z^2=8}$$

◀ 2 点 A，B を直径の両端とする球のベクトル方程式は，AP ⊥ BP より $(\vec{p}-\vec{a})\cdot(\vec{p}-\vec{b})=0$

◀ 中心は線分 AD の中点

〔別解〕 $\overrightarrow{\mathrm{PA}}=(5-x,\ -y,\ -z)$

$$2\overrightarrow{\mathrm{PB}}+\overrightarrow{\mathrm{PC}}=2(-x,\ 3-y,\ -z)+(3-x,\ 6-y,\ -z)$$
$$=(3-3x,\ 12-3y,\ -3z)$$

$\overrightarrow{\mathrm{PA}}\cdot(2\overrightarrow{\mathrm{PB}}+\overrightarrow{\mathrm{PC}})=0$ より

$(5-x)(3-3x)+(-y)(12-3y)+(-z)(-3z)=0$

$3x^2+3y^2+3z^2-18x-12y+15=0$

$x^2+y^2+z^2-6x-4y+5=0$

よって　$(x-3)^2+(y-2)^2+z^2=8$

ゆえに，点Pは中心 (3, 2, 0)，半径 $2\sqrt{2}$ の球上を動く。

したがって，求める図形の方程式は　$(x-3)^2+(y-2)^2+z^2=8$

練習 73　空間に平面 $\alpha: 2x+y-3z=3$ と平面 $\beta: x-3y+2z=5$ がある。

(1) 平面 α と平面 β のなす角 θ ($0° \leqq \theta \leqq 90°$) を求めよ。

(2) 平面 α と平面 β の交線 l の方程式を求めよ。

(1) 平面 α と平面 β の法線ベクトルの1つをそれぞれ $\overrightarrow{n_1}$, $\overrightarrow{n_2}$ とすると

$\overrightarrow{n_1}=(2,\ 1,\ -3)$, $\overrightarrow{n_2}=(1,\ -3,\ 2)$

$\overrightarrow{n_1}$ と $\overrightarrow{n_2}$ のなす角 θ' ($0° \leqq \theta' \leqq 180°$) は

$$\cos\theta'=\frac{\overrightarrow{n_1}\cdot\overrightarrow{n_2}}{|\overrightarrow{n_1}||\overrightarrow{n_2}|}=\frac{2-3-6}{\sqrt{14}\sqrt{14}}=-\frac{1}{2}$$

よって　$\theta'=120°$

ゆえに，平面 α と平面 β のなす角 θ は　$\boldsymbol{\theta=60°}$

(2) $2x+y-3z=3$ …①, $x-3y+2z=5$ …② とおく。

①, ②より，x を y または z で表すと

①×3+②より　$7x-7z=14$

ゆえに　$x=z+2$

①×2+②×3より　$7x-7y=21$

ゆえに　$x=y+3$

よって，交線 l の方程式は　$\boldsymbol{x=y+3=z+2}$

◀平面 $ax+by+cz+d=0$ の法線ベクトル $\vec{n}$ の1つは　$\vec{n}=(a,\ b,\ c)$

◀まず，法線ベクトルのなす角 θ' を求める。

◀$0° \leqq \theta \leqq 90°$ であるから $90° < \theta' \leqq 180°$ のとき $\theta=180°-\theta'$

◀y を消去し x を z で表す。

◀z を消去し x を y で表す。

練習 74　空間に平面 $\alpha: 3x-5y-4z=9$ と直線 $l: x=\dfrac{y-6}{10}=\dfrac{z-9}{7}$ がある。平面 α と直線 l のなす角 θ ($0° \leqq \theta \leqq 90°$) と，交点Pの座標を求めよ。

平面 α の法線ベクトル $\vec{n}=(3,\ -5,\ -4)$ と直線 l の方向ベクトル $\vec{u}=(1,\ 10,\ 7)$ のなす角 θ' ($0° \leqq \theta' \leqq 180°$) は

$$\cos\theta'=\frac{\vec{n}\cdot\vec{u}}{|\vec{n}||\vec{u}|}=\frac{-75}{\sqrt{50}\sqrt{150}}=-\frac{\sqrt{3}}{2}$$

$0° \leqq \theta' \leqq 180°$ より　$\theta'=150°$

よって，平面 α と直線 l のなす角 θ は

$\theta=150°-90°=\boldsymbol{60°}$

次に，$x=\dfrac{y-6}{10}=\dfrac{z-9}{7}=t$ とおくと

$x=t,\ y=10t+6,\ z=7t+9$　…①

①を平面 α の方程式に代入すると

$3t-5(10t+6)-4(7t+9)=9$ より　$t=-1$

$t=-1$ を①に代入すると $x=-1$, $y=-4$, $z=2$ であるから，

求める交点Pの座標は　$\boldsymbol{P(-1,\ -4,\ 2)}$

◀まず平面 α の法線ベクトルと直線 l の方向ベクトルのなす角を求める。

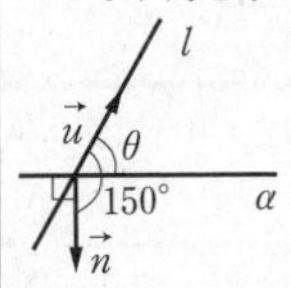

◀平面 α と $\vec{n}$ のなす角は 90°

◀直線 l を媒介変数表示する。

p.138 問題編 4

空間におけるベクトル

問題 40 点 $A(x,\ y,\ -4)$ を y 軸に関して対称移動し，さらに，zx 平面に関して対称移動すると，点 $B(2,\ -1,\ z)$ となる。このとき，$x,\ y,\ z$ の値を求めよ。

点 A を y 軸に関して対称移動した点を C とすると　$C(-x,\ y,\ 4)$
点 C を zx 平面に関して対称移動した点は $(-x,\ -y,\ 4)$ と表すことができ，それが点 $B(2,\ -1,\ z)$ であるから

$$-x=2,\ -y=-1,\ 4=z$$

よって　　$\boldsymbol{x=-2,\ y=1,\ z=4}$

◀ y 軸に関して対称移動
⇨ $x,\ z$ 座標の符号が変わる。

◀ zx 平面に関して対称移動
⇨ y 座標の符号が変わる。

問題 41 3 点 $A(2,\ 2,\ 0),\ B(2,\ 0,\ -2),\ C(0,\ 2,\ -2)$ に対して，四面体 ABCD が正四面体となるような点 D の座標を求めよ。

求める点を $D(x,\ y,\ z)$ とする。
$AB^2=BC^2=CA^2=8$ であるから

$$AD^2=BD^2=CD^2=8$$

よって

$$\begin{cases}(x-2)^2+(y-2)^2+z^2=8 & \cdots ① \\ (x-2)^2+y^2+(z+2)^2=8 & \cdots ② \\ x^2+(y-2)^2+(z+2)^2=8 & \cdots ③\end{cases}$$

①－② より　$-4y-4z=0$　　よって　　$y=-z$
①－③ より　$-4x-4z=0$　　よって　　$x=-z$
これらを ③ に代入すると

$$(-z)^2+(-z-2)^2+(z+2)^2=8$$
$$3z^2+8z=0$$

$z(3z+8)=0$ より　　$z=0,\ -\dfrac{8}{3}$

$z=0$ のとき　　$x=y=0$

$z=-\dfrac{8}{3}$ のとき　　$x=y=\dfrac{8}{3}$

したがって，求める点 D の座標は

$$\mathbf{D(0,\ 0,\ 0)}\ \ \textbf{または}\ \ \mathbf{D}\left(\frac{8}{3},\ \frac{8}{3},\ -\frac{8}{3}\right)$$

◀ $AD=BD=CD$ だけでは点 D が決定しないことに注意する。

問題 42 平行六面体 ABCD－EFGH において，次の等式が成り立つことを証明せよ。
(1) $\overrightarrow{AC}+\overrightarrow{AH}+\overrightarrow{AF}=2\overrightarrow{AG}$　　(2) $\overrightarrow{AG}+\overrightarrow{BH}+\overrightarrow{CE}+\overrightarrow{DF}=4\overrightarrow{AE}$

$\overrightarrow{AB}=\vec{a},\ \overrightarrow{AD}=\vec{b},\ \overrightarrow{AE}=\vec{c}$ とおく。

(1) $\overrightarrow{AC}=\overrightarrow{AB}+\overrightarrow{BC}=\overrightarrow{AB}+\overrightarrow{AD}=\vec{a}+\vec{b}$
$\overrightarrow{AH}=\overrightarrow{AD}+\overrightarrow{DH}=\overrightarrow{AD}+\overrightarrow{AE}=\vec{b}+\vec{c}$
$\overrightarrow{AF}=\overrightarrow{AB}+\overrightarrow{BF}=\overrightarrow{AB}+\overrightarrow{AE}=\vec{a}+\vec{c}$
よって

$$(\text{左辺})=\overrightarrow{AC}+\overrightarrow{AH}+\overrightarrow{AF}$$
$$=(\vec{a}+\vec{b})+(\vec{b}+\vec{c})+(\vec{a}+\vec{c})$$

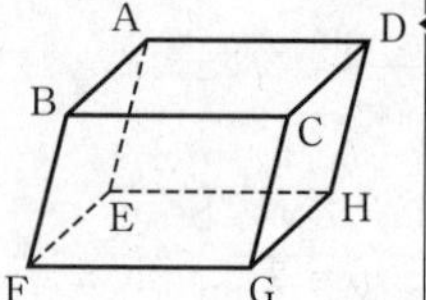

◀ $\overrightarrow{AB},\ \overrightarrow{AD},\ \overrightarrow{AE}$ はどの 2 つも平行ではないから，(1)，(2) で出てくるベクトルは，$\vec{a},\ \vec{b},\ \vec{c}$ で表すことができる。

◀ **ReAction** II B 例題 63
「等式の証明は，左辺，右辺を別々に整理せよ」

$= 2(\vec{a}+\vec{b}+\vec{c})$

また　$\overrightarrow{AG} = \overrightarrow{AB}+\overrightarrow{BC}+\overrightarrow{CG}$

$= \overrightarrow{AB}+\overrightarrow{AD}+\overrightarrow{AE}$

$= \vec{a}+\vec{b}+\vec{c}$

よって　(右辺) $= 2\overrightarrow{AG} = 2(\vec{a}+\vec{b}+\vec{c})$

◀(左辺) = (右辺)

したがって　$\overrightarrow{AC}+\overrightarrow{AH}+\overrightarrow{AF} = 2\overrightarrow{AG}$

(2) (1)より　$\overrightarrow{AG} = \vec{a}+\vec{b}+\vec{c}$

また　$\overrightarrow{BH} = \overrightarrow{BC}+\overrightarrow{CG}+\overrightarrow{GH} = -\vec{a}+\vec{b}+\vec{c}$

$\overrightarrow{CE} = \overrightarrow{CD}+\overrightarrow{DA}+\overrightarrow{AE} = -\vec{a}-\vec{b}+\vec{c}$

$\overrightarrow{DF} = \overrightarrow{DA}+\overrightarrow{AB}+\overrightarrow{BF} = \vec{a}-\vec{b}+\vec{c}$

◀$\overrightarrow{BC} = \overrightarrow{AD} = \vec{b}$
$\overrightarrow{CG} = \overrightarrow{AE} = \vec{c}$
$\overrightarrow{GH} = \overrightarrow{BA} = -\vec{a}$

よって

$\overrightarrow{AG}+\overrightarrow{BH}+\overrightarrow{CE}+\overrightarrow{DF}$

$= (\vec{a}+\vec{b}+\vec{c})+(-\vec{a}+\vec{b}+\vec{c})+(-\vec{a}-\vec{b}+\vec{c})+(\vec{a}-\vec{b}+\vec{c})$

$= 4\vec{c}$

$= 4\overrightarrow{AE}$

したがって　$\overrightarrow{AG}+\overrightarrow{BH}+\overrightarrow{CE}+\overrightarrow{DF} = 4\overrightarrow{AE}$

問題 43　$\overrightarrow{e_1} = (1,\ 0,\ 0)$, $\overrightarrow{e_2} = (0,\ 1,\ 0)$, $\overrightarrow{e_3} = (0,\ 0,\ 1)$ とし，$\vec{a} = (1,\ 2,\ 1)$, $\vec{b} = (-1,\ 0,\ 1)$, $\vec{c} = (0,\ 1,\ 2)$ とするとき

(1) $\overrightarrow{e_1}$, $\overrightarrow{e_2}$, $\overrightarrow{e_3}$ をそれぞれ $\vec{a}$, $\vec{b}$, $\vec{c}$ で表せ。

(2) $\vec{d} = (s,\ t,\ u)$ のとき，$\vec{d}$ を $\vec{a}$, $\vec{b}$, $\vec{c}$ で表せ。

(1)
$$\begin{cases} \vec{a} = \overrightarrow{e_1}+2\overrightarrow{e_2}+\overrightarrow{e_3} & \cdots ① \\ \vec{b} = -\overrightarrow{e_1}+\overrightarrow{e_3} & \cdots ② \\ \vec{c} = \overrightarrow{e_2}+2\overrightarrow{e_3} & \cdots ③ \end{cases}$$

◀$\vec{a}$, $\vec{b}$, $\vec{c}$ を定数，$\overrightarrow{e_1}$, $\overrightarrow{e_2}$, $\overrightarrow{e_3}$ を未知数と見なして，3元連立方程式を解く。

①＋② より　$\vec{a}+\vec{b} = 2\overrightarrow{e_2}+2\overrightarrow{e_3}$　$\cdots ④$

④－③ より　$\vec{a}+\vec{b}-\vec{c} = \overrightarrow{e_2}$　$\cdots ⑤$

⑤ を ③ に代入すると　$\vec{c} = \vec{a}+\vec{b}-\vec{c}+2\overrightarrow{e_3}$

よって　$\overrightarrow{e_3} = -\frac{1}{2}\vec{a}-\frac{1}{2}\vec{b}+\vec{c}$　$\cdots ⑥$

⑥ を ② に代入すると

$\vec{b} = -\overrightarrow{e_1}-\frac{1}{2}\vec{a}-\frac{1}{2}\vec{b}+\vec{c}$

よって　$\overrightarrow{e_1} = -\frac{1}{2}\vec{a}-\frac{3}{2}\vec{b}+\vec{c}$

ゆえに

$\boldsymbol{\overrightarrow{e_1} = -\frac{1}{2}\vec{a}-\frac{3}{2}\vec{b}+\vec{c},\ \overrightarrow{e_2} = \vec{a}+\vec{b}-\vec{c},\ \overrightarrow{e_3} = -\frac{1}{2}\vec{a}-\frac{1}{2}\vec{b}+\vec{c}}$

(2) $\vec{d} = s\overrightarrow{e_1}+t\overrightarrow{e_2}+u\overrightarrow{e_3}$ であるから

◀(1)の結果を代入する。

$\vec{d} = s\left(-\frac{1}{2}\vec{a}-\frac{3}{2}\vec{b}+\vec{c}\right)+t(\vec{a}+\vec{b}-\vec{c})+u\left(-\frac{1}{2}\vec{a}-\frac{1}{2}\vec{b}+\vec{c}\right)$

$$= \frac{-s+2t-u}{2}\vec{a}+\frac{-3s+2t-u}{2}\vec{b}+(s-t+u)\vec{c}$$

問題 44 空間の3つのベクトル $\vec{a}=(1,\ -3,\ -3)$, $\vec{b}=(1,\ -1,\ -2)$, $\vec{c}=(-2,\ 3,\ 4)$ に対して，次の2つの条件を満たすベクトル $\vec{e}$ を $s\vec{a}+t\vec{b}+u\vec{c}$ の形で表せ。
(ア) $\vec{e}$ は単位ベクトル　　　(イ) $\vec{e}$ は $\vec{d}=(-5,\ 6,\ 8)$ と平行

$\vec{d}=s'\vec{a}+t'\vec{b}+u'\vec{c}$ とおくと

$$(-5,\ 6,\ 8)=s'(1,\ -3,\ -3)+t'(1,\ -1,\ -2)+u'(-2,\ 3,\ 4)$$
$$=(s'+t'-2u',\ -3s'-t'+3u',\ -3s'-2t'+4u')$$

◀ $\vec{a}$, $\vec{b}$, $\vec{c}$ は1次独立である。

よって $\begin{cases}-5=s'+t'-2u' & \cdots ① \\ 6=-3s'-t'+3u' & \cdots ② \\ 8=-3s'-2t'+4u' & \cdots ③\end{cases}$

◀ 各成分を比較する。

①×3＋② より　$-9=2t'-3u'$　$\cdots$ ④
②－③ より　$-2=t'-u'$　$\cdots$ ⑤
⑤×2－④ より　$u'=5$
これを ⑤ に代入すると　$t'=3$
① より　$s'=2$
よって　$\vec{d}=2\vec{a}+3\vec{b}+5\vec{c}$　$\cdots$ ⑥
次に，$\vec{d}=(-5,\ 6,\ 8)$ であるから

$$|\vec{d}|=\sqrt{(-5)^2+6^2+8^2}=\sqrt{125}=5\sqrt{5}$$

$\vec{e}$ は $\vec{d}$ と平行な単位ベクトルであるから

$$\vec{e}=\pm\frac{\vec{d}}{5\sqrt{5}}=\pm\frac{\sqrt{5}}{25}\vec{d}$$

◀ $\vec{d}$ と平行な単位ベクトルは　$\pm\dfrac{\vec{d}}{|\vec{d}|}$

したがって，⑥ より

$$\vec{e}=\frac{2\sqrt{5}}{25}\vec{a}+\frac{3\sqrt{5}}{25}\vec{b}+\frac{\sqrt{5}}{5}\vec{c}$$

または　$$\vec{e}=-\frac{2\sqrt{5}}{25}\vec{a}-\frac{3\sqrt{5}}{25}\vec{b}-\frac{\sqrt{5}}{5}\vec{c}$$

問題 45 1辺の長さが2の正四面体ABCDで，CDの中点をMとする。次の内積を求めよ。
(1) $\overrightarrow{AB}\cdot\overrightarrow{AC}$　　(2) $\overrightarrow{BC}\cdot\overrightarrow{CD}$
(3) $\overrightarrow{AB}\cdot\overrightarrow{CD}$　　(4) $\overrightarrow{MA}\cdot\overrightarrow{MB}$

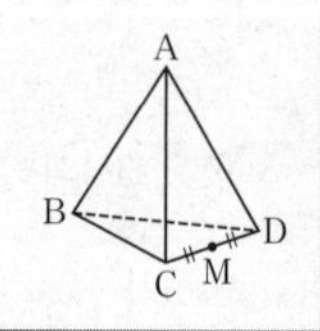

(1) $|\overrightarrow{AB}|=|\overrightarrow{AC}|=2$, $\angle BAC=60°$ であるから
$\overrightarrow{AB}\cdot\overrightarrow{AC}=2\times2\times\cos60°=2$

◀ △ABC は正三角形

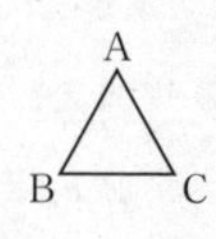

(2) $|\overrightarrow{BC}|=|\overrightarrow{CD}|=2$, $\overrightarrow{BC}$ と $\overrightarrow{CD}$ のなす角は 120° であるから
$\overrightarrow{BC}\cdot\overrightarrow{CD}=2\times2\times\cos120°=-2$

◀

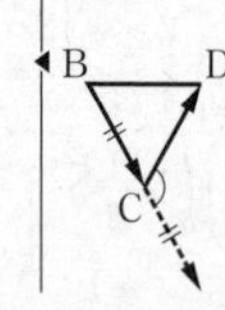

(3) $\overrightarrow{CD}=\overrightarrow{AD}-\overrightarrow{AC}$ より
$\overrightarrow{AB}\cdot\overrightarrow{CD}=\overrightarrow{AB}\cdot(\overrightarrow{AD}-\overrightarrow{AC})=\overrightarrow{AB}\cdot\overrightarrow{AD}-\overrightarrow{AB}\cdot\overrightarrow{AC}$

ここで，$\overrightarrow{AB}\cdot\overrightarrow{AD}=2\times2\times\cos60^\circ=2$，$\overrightarrow{AB}\cdot\overrightarrow{AC}=2$ であるから

$$\overrightarrow{\mathbf{AB}}\cdot\overrightarrow{\mathbf{CD}}=\mathbf{0}$$

◀正四面体の性質より，$AB\perp CD$ であるから，$\overrightarrow{AB}\cdot\overrightarrow{CD}=0$ と考えてもよい。

(4) $|\overrightarrow{MA}|=\sqrt{AC^2-CM^2}=\sqrt{3}$，

$|\overrightarrow{MB}|=\sqrt{BC^2-CM^2}=\sqrt{3}$

△ABM において，余弦定理により

$$\cos\angle AMB=\frac{(\sqrt{3})^2+(\sqrt{3})^2-2^2}{2\times\sqrt{3}\times\sqrt{3}}=\frac{1}{3}$$

よって　$\overrightarrow{MA}\cdot\overrightarrow{MB}=\sqrt{3}\times\sqrt{3}\times\cos\angle AMB=\mathbf{1}$

◀△AMC，△BMC は直角三角形であるから，三平方の定理により $\overrightarrow{MA}$，$\overrightarrow{MB}$ の大きさを求める。

問題 46　3 点 A(0, 5, 5)，B(2, 3, 4)，C(6, −2, 7) について，△ABC の面積を求めよ。

$\overrightarrow{AB}=(2-0,\ 3-5,\ 4-5)=(2,\ -2,\ -1)$

$\overrightarrow{AC}=(6-0,\ -2-5,\ 7-5)=(6,\ -7,\ 2)$ より

$$|\overrightarrow{AB}|=\sqrt{2^2+(-2)^2+(-1)^2}=3$$

$$|\overrightarrow{AC}|=\sqrt{6^2+(-7)^2+2^2}=\sqrt{89}$$

$$\overrightarrow{AB}\cdot\overrightarrow{AC}=2\times6+(-2)\times(-7)+(-1)\times2=24$$

よって　$\cos\angle BAC=\dfrac{\overrightarrow{AB}\cdot\overrightarrow{AC}}{|\overrightarrow{AB}||\overrightarrow{AC}|}=\dfrac{24}{3\sqrt{89}}=\dfrac{8}{\sqrt{89}}$

$0^\circ<\angle BAC<180^\circ$ より，$\sin\angle BAC>0$ であるから

$$\sin\angle BAC=\sqrt{1-\left(\frac{8}{\sqrt{89}}\right)^2}=\sqrt{\frac{25}{89}}=\frac{5}{\sqrt{89}}$$

したがって

$$\triangle ABC=\frac{1}{2}|\overrightarrow{AB}||\overrightarrow{AC}|\sin\angle BAC$$

$$=\frac{1}{2}\cdot3\cdot\sqrt{89}\cdot\frac{5}{\sqrt{89}}=\mathbf{\frac{15}{2}}$$

◀△ABC の面積を求めるために，2 辺 AB，AC の長さと $\sin\angle BAC$ の値を求め，

$\triangle ABC=\dfrac{1}{2}AB\cdot AC\sin\angle BAC$

を用いる。

◀$\sin\angle BAC$ を求めるために，まず $\cos\angle BAC$ を求める。

◀$\sin^2\theta+\cos^2\theta=1$ より

$\sin^2\theta=1-\cos^2\theta$

$\sin\theta\geqq0$ のとき

$\sin\theta=\sqrt{1-\cos^2\theta}$

問題 47　$\vec{a}=(1,\ 3,\ -2)$ となす角が 60°，$\vec{b}=(1,\ -1,\ -1)$ と垂直で，大きさが $\sqrt{14}$ であるベクトル $\vec{p}$ を求めよ。

求めるベクトルを $\vec{p}=(x,\ y,\ z)$ とおく。

$\vec{a}$ と $\vec{p}$ のなす角は 60° であるから　$\vec{a}\cdot\vec{p}=|\vec{a}||\vec{p}|\cos60^\circ$　…①

ここで　$|\vec{a}|=\sqrt{1^2+3^2+(-2)^2}=\sqrt{14}$，$|\vec{p}|=\sqrt{14}$

$\vec{a}\cdot\vec{p}=x+3y-2z$

① に代入すると

$$x+3y-2z=\sqrt{14}\cdot\sqrt{14}\cdot\cos60^\circ$$

よって　$x+3y-2z=7$　…②

次に，$\vec{b}\perp\vec{p}$ であるから　$\vec{b}\cdot\vec{p}=0$

よって　$x-y-z=0$　…③

また，$|\vec{p}|=\sqrt{14}$ より

◀問題の条件より，求めるベクトル $\vec{p}$ の大きさは $\sqrt{14}$ である。

◀$\sqrt{x^2+y^2+z^2}=\sqrt{14}$

$x^2+y^2+z^2=14$　…④

②−③×2 より

$-x+5y=7$　すなわち　$x=5y-7$　…⑤

⑤ を ③ に代入すると

$(5y-7)-y-z=0$　すなわち　$z=4y-7$　…⑥

④ に ⑤, ⑥ を代入すると

$$(5y-7)^2+y^2+(4y-7)^2=14$$
$$42y^2-126y+84=0$$
$$y^2-3y+2=0$$
$$(y-1)(y-2)=0$$

よって　$y=1,\ 2$

⑤, ⑥ より

$y=1$ のとき　$x=-2,\ z=-3$

$y=2$ のとき　$x=3,\ z=1$

したがって，求めるベクトル $\vec{p}$ は

$\vec{p}=(-2,\ 1,\ -3),\ (3,\ 2,\ 1)$

◀②, ③, ④ を連立して解く。

問題 48 $\vec{p}$ が y 軸，z 軸の正の向きとのなす角がそれぞれ 45°，120° であり，$|\vec{p}|=4$ のとき
(1) $\vec{p}$ の x 軸の正の向きとのなす角を求めよ。　(2) $\vec{p}$ の成分を求めよ。

(1) $\overrightarrow{e_1}=(1,\ 0,\ 0),\ \overrightarrow{e_2}=(0,\ 1,\ 0),\ \overrightarrow{e_3}=(0,\ 0,\ 1),\ \vec{p}=(a,\ b,\ c)$
とし，$\vec{p}$ と x 軸の正の向きとのなす角を α とする。

$\vec{p}\cdot\overrightarrow{e_2}=|\vec{p}||\overrightarrow{e_2}|\cos45°$ より　$b=4\cdot1\cdot\dfrac{\sqrt{2}}{2}=2\sqrt{2}$　…①

$\vec{p}\cdot\overrightarrow{e_3}=|\vec{p}||\overrightarrow{e_3}|\cos120°$ より　$c=4\cdot1\cdot\left(-\dfrac{1}{2}\right)=-2$　…②

また，$|\vec{p}|=4$ より $|\vec{p}|^2=16$ であるから

$a^2+b^2+c^2=16$

①, ② を代入すると　$a^2=4$

よって　$a=\pm2$

ゆえに

$a=2$ のとき　$\cos\alpha=\dfrac{\vec{p}\cdot\overrightarrow{e_1}}{|\vec{p}||\overrightarrow{e_1}|}=\dfrac{2}{4}=\dfrac{1}{2}$

$0°\leqq\alpha\leqq180°$ であるから　$\boldsymbol{\alpha=60°}$

$a=-2$ のとき　$\cos\alpha=\dfrac{\vec{p}\cdot\overrightarrow{e_1}}{|\vec{p}||\overrightarrow{e_1}|}=-\dfrac{2}{4}=-\dfrac{1}{2}$

$0°\leqq\alpha\leqq180°$ であるから　$\boldsymbol{\alpha=120°}$

(2) (1) より

なす角が 60° のとき　$\vec{p}=(2,\ 2\sqrt{2},\ -2)$

なす角が 120° のとき　$\vec{p}=(-2,\ 2\sqrt{2},\ -2)$

◀x 軸, y 軸, z 軸の正方向の単位ベクトルをそれぞれ $\overrightarrow{e_1},\ \overrightarrow{e_2},\ \overrightarrow{e_3}$ とする。

問題 49 △ABC の辺 AB，BC，CA の中点を P(−1, 5, 2)，Q(−2, 2, −2)，R(1, 1, −1) とする。
(1) 頂点 A，B，C の座標を求めよ。　(2) △ABC の重心の座標を求めよ。

(1) 頂点A, B, Cの座標を，それぞれ(x_1, y_1, z_1), (x_2, y_2, z_2), (x_3, y_3, z_3)とすると，辺AB, BC, CAの中点は，それぞれ

$\left(\frac{x_1+x_2}{2}, \frac{y_1+y_2}{2}, \frac{z_1+z_2}{2}\right)$, $\left(\frac{x_2+x_3}{2}, \frac{y_2+y_3}{2}, \frac{z_2+z_3}{2}\right)$,

$\left(\frac{x_3+x_1}{2}, \frac{y_3+y_1}{2}, \frac{z_3+z_1}{2}\right)$と表されるから

$$\frac{x_1+x_2}{2}=-1,\quad \frac{y_1+y_2}{2}=5,\quad \frac{z_1+z_2}{2}=2$$

◀P$(-1, 5, 2)$

$$\frac{x_2+x_3}{2}=-2,\quad \frac{y_2+y_3}{2}=2,\quad \frac{z_2+z_3}{2}=-2$$

◀Q$(-2, 2, -2)$

$$\frac{x_3+x_1}{2}=1,\quad \frac{y_3+y_1}{2}=1,\quad \frac{z_3+z_1}{2}=-1$$

◀R$(1, 1, -1)$

整理して

$$\begin{cases}x_1+x_2=-2\\x_2+x_3=-4\\x_3+x_1=2\end{cases}\quad\begin{cases}y_1+y_2=10\\y_2+y_3=4\\y_3+y_1=2\end{cases}\quad\begin{cases}z_1+z_2=4\\z_2+z_3=-4\\z_3+z_1=-2\end{cases}$$

よって　$x_1=2,\ y_1=4,\ z_1=3$
$x_2=-4,\ y_2=6,\ z_2=1$
$x_3=0,\ y_3=-2,\ z_3=-5$

ゆえに　**A(2, 4, 3), B(−4, 6, 1), C(0, −2, −5)**

◀$\begin{cases}x_1+x_2=-2 & \cdots①\\x_2+x_3=-4 & \cdots②\\x_3+x_1=2 & \cdots③\end{cases}$

①＋②＋③より
$2(x_1+x_2+x_3)=-4$
$x_1+x_2+x_3=-2$ …④

①と④より　$x_3=0$
②と④より　$x_1=2$
③と④より　$x_2=-4$

〔別解〕 点P, Q, Rはそれぞれ辺AB, BC, CAの中点であるから，中点連結定理により

$$\mathrm{PR} /\!/ \mathrm{BC} \quad かつ \quad \mathrm{PR}=\frac{1}{2}\mathrm{BC}$$

よって　$\overrightarrow{\mathrm{QC}}=\overrightarrow{\mathrm{PR}}=(2, -4, -3)$

ゆえに　$\overrightarrow{\mathrm{OC}}=\overrightarrow{\mathrm{OQ}}+\overrightarrow{\mathrm{QC}}$
$=(-2, 2, -2)+(2, -4, -3)$
$=(0, -2, -5)$

よって　C$(0, -2, -5)$

また　$\overrightarrow{\mathrm{OB}}=\overrightarrow{\mathrm{OQ}}+\overrightarrow{\mathrm{QB}}=\overrightarrow{\mathrm{OQ}}+(-\overrightarrow{\mathrm{QC}})$
$=(-2, 2, -2)+(-2, 4, 3)$
$=(-4, 6, 1)$

よって　B$(-4, 6, 1)$

同様に考えると

$\overrightarrow{\mathrm{OA}}=\overrightarrow{\mathrm{OP}}+\overrightarrow{\mathrm{PA}}=\overrightarrow{\mathrm{OP}}+\overrightarrow{\mathrm{QR}}$
$=(-1, 5, 2)+(3, -1, 1)$
$=(2, 4, 3)$

よって　A$(2, 4, 3)$

◀中点連結定理により
QR // BA
$\mathrm{QR}=\frac{1}{2}\mathrm{BA}$

(2) △ABCの重心の座標は

$$\left(\frac{2+(-4)+0}{3}, \frac{4+6+(-2)}{3}, \frac{3+1+(-5)}{3}\right)$$

すなわち　$\left(-\frac{\mathbf{2}}{\mathbf{3}}, \frac{\mathbf{8}}{\mathbf{3}}, -\frac{\mathbf{1}}{\mathbf{3}}\right)$

問題 50 四面体 ABCD において，辺 AB を 2:3 に内分する点を L，辺 CD の中点を M，線分 LM を 4:5 に内分する点を N，△BCD の重心を G とするとき，線分 AG は N を通ることを示せ。また，AN:NG を求めよ。

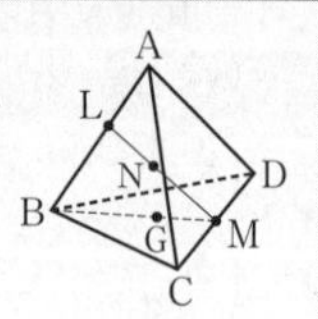

$\overrightarrow{AB}=\vec{b}$，$\overrightarrow{AC}=\vec{c}$，$\overrightarrow{AD}=\vec{d}$ とおく。

点 L は辺 AB を 2:3 に内分するから

$$\overrightarrow{AL}=\frac{2}{5}\overrightarrow{AB}=\frac{2}{5}\vec{b}$$

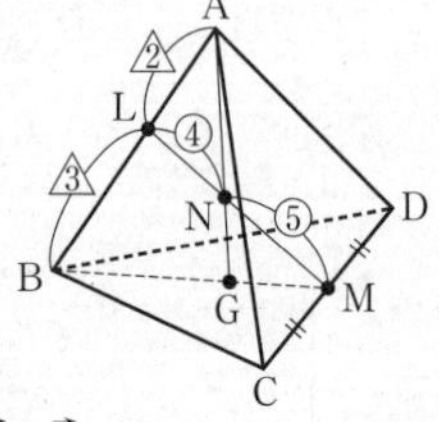

◀すべて始点を A とするベクトルで考え，$\vec{b}$，$\vec{c}$，$\vec{d}$ で表す。

点 M は辺 CD の中点であるから

$$\overrightarrow{AM}=\frac{\overrightarrow{AC}+\overrightarrow{AD}}{2}=\frac{\vec{c}+\vec{d}}{2}$$

点 N は線分 LM を 4:5 に内分するから

$$\overrightarrow{AN}=\frac{5\overrightarrow{AL}+4\overrightarrow{AM}}{4+5}=\frac{5}{9}\left(\frac{2}{5}\vec{b}\right)+\frac{4}{9}\left(\frac{\vec{c}+\vec{d}}{2}\right)$$

$$=\frac{2}{9}(\vec{b}+\vec{c}+\vec{d}) \quad \cdots ①$$

また，点 G は △BCD の重心であるから

$$\overrightarrow{AG}=\frac{\overrightarrow{AB}+\overrightarrow{AC}+\overrightarrow{AD}}{3}=\frac{1}{3}(\vec{b}+\vec{c}+\vec{d}) \quad \cdots ②$$

①，② より　$\overrightarrow{AN}=\frac{2}{3}\overrightarrow{AG}$　$\cdots ③$

◀② より $\vec{b}+\vec{c}+\vec{d}=3\overrightarrow{AG}$
① に代入すると
$\overrightarrow{AN}=\frac{2}{9}\times 3\overrightarrow{AG}=\frac{2}{3}\overrightarrow{AG}$

よって，A，N，G は一直線上にある。
すなわち，線分 AG は点 N を通る。
また，③ から　**AN:NG = 2:1**

問題 51 正四面体 OABC において，$\overrightarrow{OA}=\vec{a}$，$\overrightarrow{OB}=\vec{b}$，$\overrightarrow{OC}=\vec{c}$ とする。線分 AB を 1:2 に内分する点を L，線分 BC の中点を M，線分 OC を $t:(1-t)$ に内分する点を N とする。さらに，線分 AM と CL の交点を P とし，線分 OP と LN の交点を Q とする。ただし，$0<t<1$ である。このとき，$\overrightarrow{OP}$，$\overrightarrow{OQ}$ を t，$\vec{a}$，$\vec{b}$，$\vec{c}$ を用いて表せ。

点 L は線分 AB を 1:2 に内分する点であるから

$$\overrightarrow{OL}=\frac{2\overrightarrow{OA}+\overrightarrow{OB}}{1+2}=\frac{2}{3}\vec{a}+\frac{1}{3}\vec{b}$$

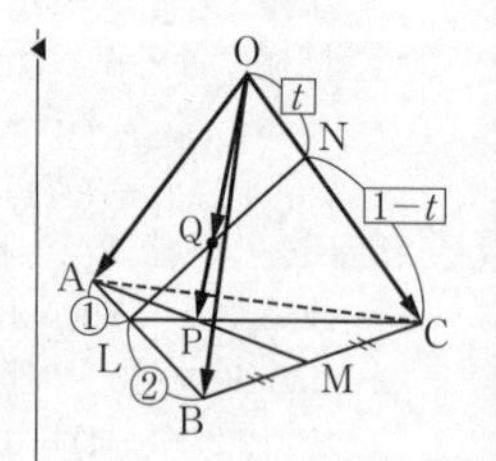

点 M は線分 BC の中点であるから

$$\overrightarrow{OM}=\frac{\overrightarrow{OB}+\overrightarrow{OC}}{2}=\frac{1}{2}\vec{b}+\frac{1}{2}\vec{c}$$

点 N は線分 OC を $t:(1-t)$ に内分する点であるから

$$\overrightarrow{ON}=t\overrightarrow{OC}=t\vec{c}$$

点 P は線分 AM 上にあるから，$AP:PM=m:(1-m)$ とおくと

$$\overrightarrow{OP}=(1-m)\overrightarrow{OA}+m\overrightarrow{OM}$$

$$=(1-m)\vec{a}+\frac{1}{2}m\vec{b}+\frac{1}{2}m\vec{c} \quad \cdots ①$$

点 P は線分 CL 上にあるから，$CP:PL=n:(1-n)$ とおくと

$$\overrightarrow{OP}=(1-n)\overrightarrow{OC}+n\overrightarrow{OL}$$
$$=(1-n)\vec{c}+\frac{2}{3}n\vec{a}+\frac{1}{3}n\vec{b} \quad \cdots ②$$

$\vec{a}$, $\vec{b}$, $\vec{c}$ はいずれも $\vec{0}$ でなく，また同一平面上にないから，①，② より

$$1-m=\frac{2}{3}n \cdots ③,\quad \frac{1}{2}m=\frac{1}{3}n \cdots ④,\quad \frac{1}{2}m=1-n \cdots ⑤$$

◀係数を比較するときには必ず1次独立であることを述べる。

④，⑤ より　$m=\frac{1}{2}$，$n=\frac{3}{4}$

これは ③ を満たすから

$$\boldsymbol{\overrightarrow{OP}=\frac{1}{2}\vec{a}+\frac{1}{4}\vec{b}+\frac{1}{4}\vec{c}}$$

◀① に $m=\frac{1}{2}$ または ② に $n=\frac{3}{4}$ を代入する。

次に，点 Q は線分 OP 上にあるから，$\overrightarrow{OQ}=p\overrightarrow{OP}$ とおくと

$$\overrightarrow{OQ}=p\left(\frac{1}{2}\vec{a}+\frac{1}{4}\vec{b}+\frac{1}{4}\vec{c}\right)$$
$$=\frac{1}{2}p\vec{a}+\frac{1}{4}p\vec{b}+\frac{1}{4}p\vec{c} \quad \cdots ⑥$$

また，点 Q は線分 LN 上にあるから，LQ：QN $=q:(1-q)$ とおくと

$$\overrightarrow{OQ}=(1-q)\overrightarrow{OL}+q\overrightarrow{ON}$$
$$=(1-q)\left(\frac{2}{3}\vec{a}+\frac{1}{3}\vec{b}\right)+qt\vec{c}$$
$$=\frac{2}{3}(1-q)\vec{a}+\frac{1}{3}(1-q)\vec{b}+qt\vec{c} \quad \cdots ⑦$$

$\vec{a}$, $\vec{b}$, $\vec{c}$ はいずれも $\vec{0}$ でなく，また同一平面上にないから，⑥，⑦ より

$$\frac{1}{2}p=\frac{2}{3}(1-q) \cdots ⑧,\quad \frac{1}{4}p=\frac{1}{3}(1-q) \cdots ⑨,$$
$$\frac{1}{4}p=qt \cdots ⑩$$

◀⑧ より $\frac{1}{4}p=\frac{1}{3}(1-q)$ となり，⑧，⑨ は同じ式である。

⑨，⑩ より　$1-q=3qt$

$(1+3t)q=1$

よって　$q=\frac{1}{1+3t}$

◀$0<t<1$ より $1<1+3t<4$

⑩ に代入して　$p=\frac{4t}{1+3t}$

これは ⑧ を満たすから　$\boldsymbol{\overrightarrow{OQ}=\frac{t}{1+3t}(2\vec{a}+\vec{b}+\vec{c})}$

◀⑥ に $p=\frac{4t}{1+3t}$ または ⑦ に $q=\frac{1}{1+3t}$ を代入する。

問題 52　4点 A(1, 1, 1), B(2, 3, 2), C(−1, −2, −3), D($m+6$, 1, $m+10$) が同一平面上にあるとき，m の値を求めよ。

$\overrightarrow{AB}=(1,\ 2,\ 1)$，$\overrightarrow{AC}=(-2,\ -3,\ -4)$，$\overrightarrow{AD}=(m+5,\ 0,\ m+9)$

◀$\overrightarrow{OD}=s\overrightarrow{OA}+t\overrightarrow{OB}+u\overrightarrow{OC}$ $(s+t+u=1)$ を用いて考えてもよい。

$\overrightarrow{AB}\neq\vec{0}$，$\overrightarrow{AC}\neq\vec{0}$ であり，$\overrightarrow{AB}$ と $\overrightarrow{AC}$ は平行でない。

よって，4点 A, B, C, D が同一平面上にあるとき，$\overrightarrow{AD}=s\overrightarrow{AB}+t\overrightarrow{AC}$ となる実数 s，t が存在するから

◀$\overrightarrow{AB}$ と $\overrightarrow{AC}$ は1次独立であるから，平面 ABC 上の任意のベクトルを1次結合 $s\overrightarrow{AB}+t\overrightarrow{AC}$ で表すことができる。

$$(m+5,\ 0,\ m+9)=s(1,\ 2,\ 1)+t(-2,\ -3,\ -4)$$
$$=(s-2t,\ 2s-3t,\ s-4t)$$

成分を比較すると $\begin{cases} m+5=s-2t & \cdots ① \\ 0=2s-3t & \cdots ② \\ m+9=s-4t & \cdots ③ \end{cases}$

①～③ を解くと　　$s=-3,\ t=-2,\ m=-4$

したがって　　$\boldsymbol{m=-4}$

◀ ③－① より　$4=-2t$
$t=-2$ を ② に代入して
$s=-3$

問題 53 平行六面体 ABCD－EFGH において，辺 CD を 2:1 に内分する点を P，辺 FG を 1:2 に内分する点を Q とし，平面 APQ と直線 CE との交点を R とする。$\overrightarrow{AB}=\vec{a}$，$\overrightarrow{AD}=\vec{b}$，$\overrightarrow{AE}=\vec{c}$ として，$\overrightarrow{AR}$ を $\vec{a}$，$\vec{b}$，$\vec{c}$ で表せ。

点 P は辺 CD を 2:1 に内分する点であるから

$$\overrightarrow{AP}=\frac{\overrightarrow{AC}+2\overrightarrow{AD}}{2+1}$$

$\overrightarrow{AC}=\overrightarrow{AB}+\overrightarrow{BC}=\vec{a}+\vec{b}$ より

$$\overrightarrow{AP}=\frac{(\vec{a}+\vec{b})+2\vec{b}}{3}=\frac{1}{3}\vec{a}+\vec{b}$$

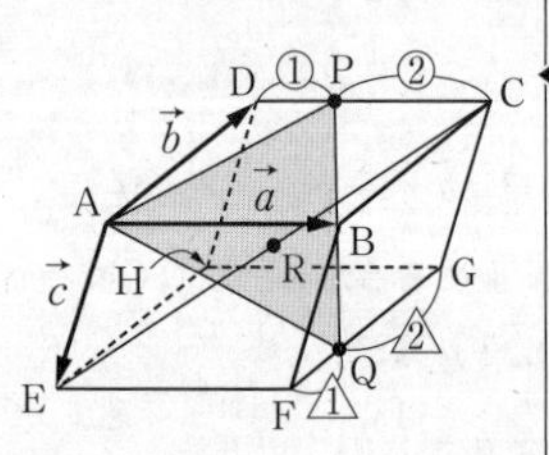

◀ $\overrightarrow{AP}=\overrightarrow{AD}+\overrightarrow{DP}$
$=\vec{b}+\frac{1}{3}\overrightarrow{AB}$
$=\vec{b}+\frac{1}{3}\vec{a}$
としてもよい。

点 Q は辺 FG を 1:2 に内分する点であるから

$$\overrightarrow{AQ}=\frac{2\overrightarrow{AF}+\overrightarrow{AG}}{1+2}$$

$$=\frac{2(\overrightarrow{AB}+\overrightarrow{BF})+(\overrightarrow{AB}+\overrightarrow{BC}+\overrightarrow{CG})}{3}$$

$$=\frac{2(\vec{a}+\vec{c})+(\vec{a}+\vec{b}+\vec{c})}{3}=\vec{a}+\frac{1}{3}\vec{b}+\vec{c}$$

◀ $\overrightarrow{AQ}=\overrightarrow{AB}+\overrightarrow{BF}+\overrightarrow{FQ}$
$=\vec{a}+\vec{c}+\frac{1}{3}\overrightarrow{FG}$
$=\vec{a}+\vec{c}+\frac{1}{3}\vec{b}$
としてもよい。

点 R は平面 APQ 上にあるから，$\overrightarrow{AR}=s\overrightarrow{AP}+t\overrightarrow{AQ}$ となる実数 s，t が存在する。よって

◀ $\overrightarrow{AP}$ と $\overrightarrow{AQ}$ は 1 次独立である。

$$\overrightarrow{AR}=s\left(\frac{1}{3}\vec{a}+\vec{b}\right)+t\left(\vec{a}+\frac{1}{3}\vec{b}+\vec{c}\right)$$

$$=\left(\frac{1}{3}s+t\right)\vec{a}+\left(s+\frac{1}{3}t\right)\vec{b}+t\vec{c} \quad \cdots ①$$

また，点 R は直線 CE 上にあるから，$\overrightarrow{CR}=k\overrightarrow{CE}$ となる実数 k が存在する。

よって　$\overrightarrow{AR}-\overrightarrow{AC}=k(\overrightarrow{AE}-\overrightarrow{AC})$

$$\overrightarrow{AR}=(1-k)\overrightarrow{AC}+k\overrightarrow{AE}$$
$$=(1-k)(\vec{a}+\vec{b})+k\vec{c}$$
$$=(1-k)\vec{a}+(1-k)\vec{b}+k\vec{c} \quad \cdots ②$$

$\vec{a}$，$\vec{b}$，$\vec{c}$ はいずれも $\vec{0}$ でなく，同一平面上にないから，①，② より

$$\frac{1}{3}s+t=1-k \cdots ③,\quad s+\frac{1}{3}t=1-k \cdots ④,\quad t=k \cdots ⑤$$

◀ $\overrightarrow{AB}$, $\overrightarrow{AD}$, $\overrightarrow{AE}$ はいずれも $\vec{0}$ でなく，同一平面上にない。

◀ $\vec{a}, \vec{b}, \vec{c}$ が 1 次独立のとき
$l\vec{a}+m\vec{b}+n\vec{c}=l'\vec{a}+m'\vec{b}+n'\vec{c}$
$\iff$
$l=l'$, $m=m'$, $n=n'$

これを解くと　　$s=\frac{3}{7}$，$t=\frac{3}{7}$，$k=\frac{3}{7}$

したがって　　$\boldsymbol{\overrightarrow{AR}=\frac{4}{7}\vec{a}+\frac{4}{7}\vec{b}+\frac{3}{7}\vec{c}}$

問題 54 四面体ABCDの頂点A，Bから対面へそれぞれ垂線AA′，BB′を下ろすとき，次を証明せよ。
(1) $AB \perp CD$ であれば，直線AA′と直線BB′は交わる。
(2) $AB \perp CD$，$AC \perp BD$ であれば，$AD \perp BC$ である。

(1) AA′上に1点Pをとり，$\overrightarrow{AP} = k\overrightarrow{AA'}$ とする。

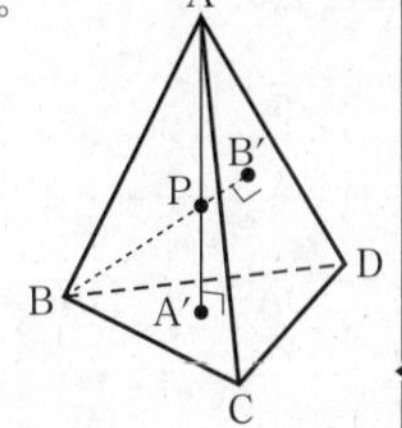

$AB \perp CD$ より　$\overrightarrow{AB}\cdot\overrightarrow{CD} = 0$

$AA' \perp$ 平面BCD より　$\overrightarrow{AA'}\cdot\overrightarrow{CD} = 0$

$\overrightarrow{BP} = \overrightarrow{BA} + \overrightarrow{AP} = -\overrightarrow{AB} + k\overrightarrow{AA'}$ より

$$\overrightarrow{BP}\cdot\overrightarrow{CD} = (-\overrightarrow{AB} + k\overrightarrow{AA'})\cdot\overrightarrow{CD}$$
$$= -\overrightarrow{AB}\cdot\overrightarrow{CD} + k(\overrightarrow{AA'}\cdot\overrightarrow{CD}) = 0$$

◀ $\overrightarrow{AB}\cdot\overrightarrow{CD} = 0$，$\overrightarrow{AA'}\cdot\overrightarrow{CD} = 0$

よって　$BP \perp CD$

また　$\overrightarrow{BP}\cdot\overrightarrow{AC} = (-\overrightarrow{AB} + k\overrightarrow{AA'})\cdot\overrightarrow{AC} = -\overrightarrow{AB}\cdot\overrightarrow{AC} + k\overrightarrow{AA'}\cdot\overrightarrow{AC}$

$\overrightarrow{AA'}$ と $\overrightarrow{AC}$ は垂直ではなく，ともに $\vec{0}$ ではないから　$\overrightarrow{AA'}\cdot\overrightarrow{AC} \neq 0$

よって，$k = \dfrac{\overrightarrow{AB}\cdot\overrightarrow{AC}}{\overrightarrow{AA'}\cdot\overrightarrow{AC}}$ とすると

$\overrightarrow{AP} = k\overrightarrow{AA'}$ となるPについて　$\overrightarrow{BP}\cdot\overrightarrow{AC} = 0$

すなわち，$BP \perp AC$ であるから　$BP \perp$ 平面ACD

◀ $BP \perp CD$，$BP \perp AC$ である。平面ACD上の任意のベクトル $\vec{v}$ は $\vec{v} = s\overrightarrow{CD} + t\overrightarrow{AC}$ となるから　$\overrightarrow{BP}\cdot\vec{v} = 0$ すなわち $\overrightarrow{BP} \perp \vec{v}$ である。

したがって，BPと平面ACDの交点がB′であり，AA′とBB′は1点Pで交わる。

(2) $AB \perp CD$ より　$\overrightarrow{AB}\cdot\overrightarrow{CD} = \overrightarrow{AB}\cdot(\overrightarrow{AD} - \overrightarrow{AC}) = 0$

よって　$\overrightarrow{AB}\cdot\overrightarrow{AD} - \overrightarrow{AB}\cdot\overrightarrow{AC} = 0$　…①

同様に，$AC \perp BD$ より　$\overrightarrow{AC}\cdot\overrightarrow{AD} - \overrightarrow{AC}\cdot\overrightarrow{AB} = 0$　…②

②－① より　$\overrightarrow{AC}\cdot\overrightarrow{AD} - \overrightarrow{AB}\cdot\overrightarrow{AD} = 0$

$(\overrightarrow{AC} - \overrightarrow{AB})\cdot\overrightarrow{AD} = 0$ であるから　$\overrightarrow{BC}\cdot\overrightarrow{AD} = 0$

$\overrightarrow{BC} \neq \vec{0}$，$\overrightarrow{AD} \neq \vec{0}$ より　$AD \perp BC$

問題 55 四面体OABCにおいて，OA，AB，BC，OC，OB，ACの中点をそれぞれP，Q，R，S，T，Uとすると，PR，QS，TUは1点で交わることを示せ。

$\overrightarrow{OP} = \dfrac{1}{2}\overrightarrow{OA}$，$\overrightarrow{OR} = \dfrac{1}{2}\overrightarrow{OB} + \dfrac{1}{2}\overrightarrow{OC}$ であり，点EがPR上にあるとき，$PE:ER = t:(1-t)$ とすると

◀ まず，PRとQSが1点で交わることを示す。

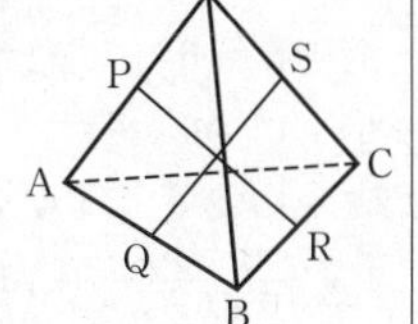

$$\overrightarrow{OE} = (1-t)\overrightarrow{OP} + t\overrightarrow{OR}$$
$$= \frac{1-t}{2}\overrightarrow{OA} + \frac{t}{2}\overrightarrow{OB} + \frac{t}{2}\overrightarrow{OC} \quad \cdots①$$

また，$\overrightarrow{OQ} = \dfrac{1}{2}\overrightarrow{OA} + \dfrac{1}{2}\overrightarrow{OB}$，$\overrightarrow{OS} = \dfrac{1}{2}\overrightarrow{OC}$ であり，

点Fが線分QS上にあるとき，$QF:FS = s:(1-s)$ とすると

$$\overrightarrow{OF} = (1-s)\overrightarrow{OQ} + s\overrightarrow{OS}$$
$$= \frac{1-s}{2}\overrightarrow{OA} + \frac{1-s}{2}\overrightarrow{OB} + \frac{s}{2}\overrightarrow{OC} \quad \cdots②$$

点EとFが一致するとき，$\overrightarrow{OA}$，$\overrightarrow{OB}$，$\overrightarrow{OC}$ はいずれも $\vec{0}$ でなく，同一平面上にないから，①，②より

$$\frac{1-t}{2}=\frac{1-s}{2}\quad \text{かつ}\quad \frac{t}{2}=\frac{1-s}{2}\quad \text{かつ}\quad \frac{t}{2}=\frac{s}{2}$$

を満たす実数 s，t が存在する。

これを解くと　$t=s=\dfrac{1}{2}$

このとき　$\overrightarrow{OE}=\dfrac{1}{4}\overrightarrow{OA}+\dfrac{1}{4}\overrightarrow{OB}+\dfrac{1}{4}\overrightarrow{OC}$

◀点Eが線分TU上にもあることを示す。

$$=\frac{1}{2}\times\frac{\overrightarrow{OA}+\overrightarrow{OC}}{2}+\frac{1}{2}\times\frac{1}{2}\overrightarrow{OB}$$

$$=\frac{\overrightarrow{OU}+\overrightarrow{OT}}{2}$$

ゆえに，点Eは線分TU上の点である。

したがって，PR，QS，TUは1点で交わる。

〔別解〕

$\overrightarrow{OP}=\dfrac{1}{2}\overrightarrow{OA}$，$\overrightarrow{OS}=\dfrac{1}{2}\overrightarrow{OC}$ より

$$\overrightarrow{PS}=\frac{1}{2}(\overrightarrow{OC}-\overrightarrow{OA})$$

また，$\overrightarrow{OQ}=\dfrac{1}{2}(\overrightarrow{OA}+\overrightarrow{OB})$，$\overrightarrow{OR}=\dfrac{1}{2}(\overrightarrow{OB}+\overrightarrow{OC})$ より

$$\overrightarrow{QR}=\frac{1}{2}(\overrightarrow{OC}-\overrightarrow{OA})$$

よって，$\overrightarrow{PS}=\overrightarrow{QR}$ であるから，四角形PQRSは平行四辺形である。

ゆえに，2つの対角線PRとQSは互いの中点で交わる。

同様にして，四角形PTRUは平行四辺形であり，2つの対角線PRとTUは互いの中点で交わる。

したがって，PR，QS，TUは1点で交わる。

問題 56　4点O(0, 0, 0)，A(−1, −1, 3)，B(1, 0, 4)，C(0, 1, 4)がある。
(1)　△ABCの面積を求めよ。　(2)　四面体OABCの体積を求めよ。

(1)　$\overrightarrow{AB}=(2,\ 1,\ 1)$，$\overrightarrow{AC}=(1,\ 2,\ 1)$ より

$$|\overrightarrow{AB}|^2=2^2+1^2+1^2=6$$
$$|\overrightarrow{AC}|^2=1^2+2^2+1^2=6$$
$$\overrightarrow{AB}\cdot\overrightarrow{AC}=2\times1+1\times2+1\times1=5$$

よって　$\triangle ABC=\dfrac{1}{2}\sqrt{6\times6-5^2}=\dfrac{\sqrt{11}}{2}$

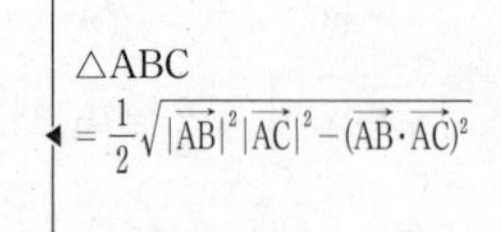

◀$\triangle ABC=\dfrac{1}{2}\sqrt{|\overrightarrow{AB}|^2|\overrightarrow{AC}|^2-(\overrightarrow{AB}\cdot\overrightarrow{AC})^2}$

(2)　点Oから平面ABCに垂線OHを下ろすとすると

$$\overrightarrow{OH}=\overrightarrow{OA}+\overrightarrow{AH}\quad\cdots①$$

$\overrightarrow{AH}$ は平面ABC上のベクトルであるから，

$\overrightarrow{AH}=s\overrightarrow{AB}+t\overrightarrow{AC}$（$s$，$t$ は実数）とおける。

①より　$\overrightarrow{OH}=\overrightarrow{OA}+s\overrightarrow{AB}+t\overrightarrow{AC}$　$\cdots②$

◀
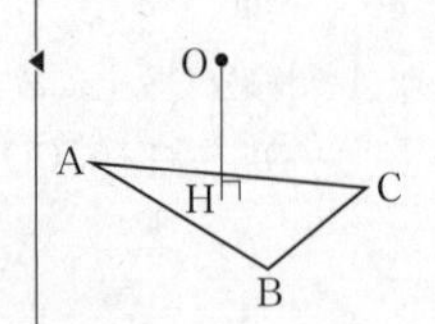

ここで，$\overrightarrow{OH} \perp$ 平面 ABC より，$\overrightarrow{OH} \perp \overrightarrow{AB}$，$\overrightarrow{OH} \perp \overrightarrow{AC}$ すなわち $\overrightarrow{OH}\cdot\overrightarrow{AB} = 0$，$\overrightarrow{OH}\cdot\overrightarrow{AC} = 0$ となる。

◀ $\overrightarrow{AB} \neq \vec{0}$，$\overrightarrow{AC} \neq \vec{0}$ で，$\overrightarrow{AB} \not\parallel \overrightarrow{AC}$ のとき
$\begin{cases}\overrightarrow{OH} \perp \overrightarrow{AB} \\ \overrightarrow{OH} \perp \overrightarrow{AC}\end{cases}$
$\iff \overrightarrow{OH} \perp$ 平面 ABC

② より

$$\overrightarrow{OH}\cdot\overrightarrow{AB} = (\overrightarrow{OA} + s\overrightarrow{AB} + t\overrightarrow{AC})\cdot\overrightarrow{AB}$$
$$= \overrightarrow{OA}\cdot\overrightarrow{AB} + s|\overrightarrow{AB}|^2 + t\overrightarrow{AC}\cdot\overrightarrow{AB}$$

$\overrightarrow{OA}\cdot\overrightarrow{AB} = -1\times2+(-1)\times1+3\times1 = 0$ であるから

◀ A$(-1,\ -1,\ 3)$ より $\overrightarrow{OA} = (-1,\ -1,\ 3)$

$$\overrightarrow{OH}\cdot\overrightarrow{AB} = 6s+5t = 0 \quad \cdots ③$$

◀ $|\overrightarrow{AB}|^2 = (\sqrt{6})^2 = 6$
$\overrightarrow{AB}\cdot\overrightarrow{AC} = 5$

$$\overrightarrow{OH}\cdot\overrightarrow{AC} = (\overrightarrow{OA} + s\overrightarrow{AB} + t\overrightarrow{AC})\cdot\overrightarrow{AC}$$
$$= \overrightarrow{OA}\cdot\overrightarrow{AC} + s\overrightarrow{AB}\cdot\overrightarrow{AC} + t|\overrightarrow{AC}|^2$$

$\overrightarrow{OA}\cdot\overrightarrow{AC} = -1\times1+(-1)\times2+3\times1 = 0$ であるから

$$\overrightarrow{OH}\cdot\overrightarrow{AC} = 5s+6t = 0 \quad \cdots ④$$

③，④ より　　$s = t = 0$

よって

$$\overrightarrow{OH} = \overrightarrow{OA} = (-1,\ -1,\ 3)$$
$$OH = |\overrightarrow{OH}| = \sqrt{(-1)^2+(-1)^2+3^2} = \sqrt{11}$$

$|\overrightarrow{OA}|$ は，四面体 OABC の △ABC を底面としたときの高さになる。

ゆえに，四面体 OABC の体積は

◀ 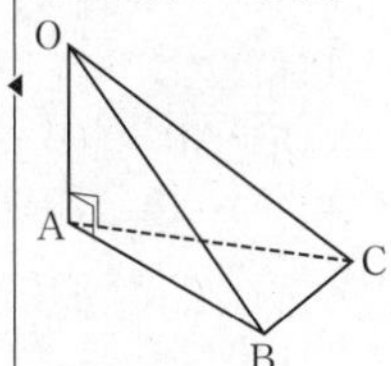

$$\frac{1}{3}\times\triangle ABC\times OH = \frac{1}{3}\times\frac{\sqrt{11}}{2}\times\sqrt{11} = \mathbf{\frac{11}{6}}$$

問題 57　四面体 OABC において OA $= 2$，OB $=$ OC $= 1$，BC $= \dfrac{\sqrt{10}}{2}$，$\angle$AOB $= \angle$AOC $= 60°$ とする。点 O から平面 ABC に下ろした垂線を OH とする。$\overrightarrow{OA} = \vec{a}$，$\overrightarrow{OB} = \vec{b}$，$\overrightarrow{OC} = \vec{c}$ として次の問に答えよ。

(1) 内積 $\vec{a}\cdot\vec{b}$，$\vec{b}\cdot\vec{c}$，$\vec{c}\cdot\vec{a}$ の値を求めよ。
(2) $\overrightarrow{OH}$ を $\vec{a}$，$\vec{b}$，$\vec{c}$ を用いて表せ。
(3) 四面体 OABC の体積を求めよ。　　　　(徳島大)

---

(1) $\vec{a}\cdot\vec{b} = 2\times1\times\cos60° = \mathbf{1}$
$\vec{c}\cdot\vec{a} = 1\times2\times\cos60° = \mathbf{1}$

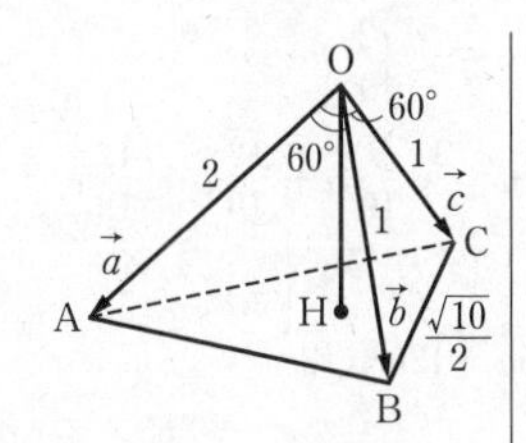

また，BC $= \dfrac{\sqrt{10}}{2}$ より

$$|\vec{c}-\vec{b}| = \frac{\sqrt{10}}{2}$$

両辺を 2 乗して

$$|\vec{c}|^2 - 2\vec{b}\cdot\vec{c} + |\vec{b}|^2 = \frac{5}{2}$$

$|\vec{b}| = |\vec{c}| = 1$ であるから　　$2 - 2\vec{b}\cdot\vec{c} = \dfrac{5}{2}$

よって　　$\boldsymbol{\vec{b}\cdot\vec{c} = -\dfrac{1}{4}}$

〔別解〕

△BOC において，余弦定理により

$$BC^2 = OB^2 + OC^2 - 2OB \times OC \times \cos\angle BOC$$

よって　$\frac{5}{2} = 1 + 1 - 2\vec{b}\cdot\vec{c}$

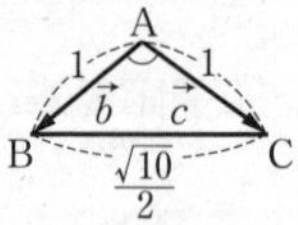

したがって　$\vec{b}\cdot\vec{c} = -\frac{1}{4}$

A, B, C（図：$\vec{b}$, $\vec{c}$, 1, 1, $\frac{\sqrt{10}}{2}$）

$OB \times OC \times \cos\angle BOC = \vec{b}\cdot\vec{c}$

(2)　点 H は平面 ABC 上にあるから，$\overrightarrow{AH} = s\overrightarrow{AB} + t\overrightarrow{AC}$（$s$，$t$ は実数）とおける。

OH は平面 ABC に垂直であるから　$\overrightarrow{OH} \perp \overrightarrow{AB}$，$\overrightarrow{OH} \perp \overrightarrow{AC}$

すなわち　$\overrightarrow{OH}\cdot\overrightarrow{AB} = 0$ …①，$\overrightarrow{OH}\cdot\overrightarrow{AC} = 0$ …②

ここで

$$\overrightarrow{OH} = \overrightarrow{OA} + \overrightarrow{AH} = \overrightarrow{OA} + s\overrightarrow{AB} + t\overrightarrow{AC}$$
$$= \vec{a} + s(\vec{b} - \vec{a}) + t(\vec{c} - \vec{a})$$
$$= (1 - s - t)\vec{a} + s\vec{b} + t\vec{c}$$

① より

$$\overrightarrow{OH}\cdot\overrightarrow{AB} = \{(1 - s - t)\vec{a} + s\vec{b} + t\vec{c}\}\cdot(\vec{b} - \vec{a})$$
$$= (s + t - 1)|\vec{a}|^2 + s|\vec{b}|^2 + (1 - 2s - t)\vec{a}\cdot\vec{b} + t\vec{b}\cdot\vec{c} - t\vec{c}\cdot\vec{a}$$
$$= 4(s + t - 1) + s + (1 - 2s - t) - \frac{1}{4}t - t$$
$$= 3s + \frac{7}{4}t - 3 = 0 \quad \cdots③$$

◀ $|\vec{a}| = 2$，$|\vec{b}| = 1$，$\vec{a}\cdot\vec{b} = \vec{c}\cdot\vec{a} = 1$，$\vec{b}\cdot\vec{c} = -\frac{1}{4}$

② より

$$\overrightarrow{OH}\cdot\overrightarrow{AC} = \{(1 - s - t)\vec{a} + s\vec{b} + t\vec{c}\}\cdot(\vec{c} - \vec{a})$$
$$= (s + t - 1)|\vec{a}|^2 + t|\vec{c}|^2 - s\vec{a}\cdot\vec{b} + s\vec{b}\cdot\vec{c} + (1 - s - 2t)\vec{c}\cdot\vec{a}$$
$$= 4(s + t - 1) + t - s - \frac{1}{4}s + (1 - s - 2t)$$
$$= \frac{7}{4}s + 3t - 3 = 0 \quad \cdots④$$

◀ $|\vec{a}| = 2$，$|\vec{c}| = 1$，$\vec{a}\cdot\vec{b} = \vec{c}\cdot\vec{a} = 1$，$\vec{b}\cdot\vec{c} = -\frac{1}{4}$

③，④ より　$s = t = \frac{12}{19}$

したがって　$\overrightarrow{\mathbf{OH}} = -\frac{\mathbf{5}}{\mathbf{19}}\vec{\boldsymbol{a}} + \frac{\mathbf{12}}{\mathbf{19}}\vec{\boldsymbol{b}} + \frac{\mathbf{12}}{\mathbf{19}}\vec{\boldsymbol{c}}$

(3)　(2) より

$$|\overrightarrow{OH}|^2 = \frac{1}{19^2}|-5\vec{a} + 12\vec{b} + 12\vec{c}|^2$$
$$= \frac{1}{19^2}(25|\vec{a}|^2 + 144|\vec{b}|^2 + 144|\vec{c}|^2 - 120\vec{a}\cdot\vec{b} + 288\vec{b}\cdot\vec{c} - 120\vec{c}\cdot\vec{a})$$
$$= \frac{1}{19^2}(100 + 144 + 144 - 120 - 72 - 120) = \frac{4}{19}$$

◀ $|\vec{a} + \vec{b} + \vec{c}|^2 = |\vec{a}|^2 + |\vec{b}|^2 + |\vec{c}|^2 + 2\vec{a}\cdot\vec{b} + 2\vec{b}\cdot\vec{c} + 2\vec{c}\cdot\vec{a}$

よって　$|\overrightarrow{OH}| = \frac{2\sqrt{19}}{19}$

また　$|\overrightarrow{AB}|^2 = |\vec{b} - \vec{a}|^2 = |\vec{a}|^2 - 2\vec{a}\cdot\vec{b} + |\vec{b}|^2 = 3$

$|\overrightarrow{AC}|^2 = |\vec{c} - \vec{a}|^2 = |\vec{a}|^2 - 2\vec{c}\cdot\vec{a} + |\vec{c}|^2 = 3$

$\overrightarrow{AB}\cdot\overrightarrow{AC} = (\vec{b} - \vec{a})\cdot(\vec{c} - \vec{a})$

$$= |\vec{a}|^2 - \vec{a}\cdot\vec{b} + \vec{b}\cdot\vec{c} - \vec{c}\cdot\vec{a} = \frac{7}{4}$$

であるから

$$\triangle\mathrm{ABC} = \frac{1}{2}\sqrt{|\overrightarrow{\mathrm{AB}}|^2|\overrightarrow{\mathrm{AC}}|^2 - (\overrightarrow{\mathrm{AB}}\cdot\overrightarrow{\mathrm{AC}})^2}$$

$$= \frac{1}{2}\sqrt{3\times3 - \left(\frac{7}{4}\right)^2} = \frac{\sqrt{19\times5}}{8}$$

したがって，四面体 OABC の体積 V は

$$V = \frac{1}{3}\times\triangle\mathrm{ABC}\times\mathrm{OH}$$

$$= \frac{1}{3}\times\frac{\sqrt{19\times5}}{8}\times\frac{2\sqrt{19}}{19} = \frac{\sqrt{5}}{12}$$

問題 58 4 点 O(0, 0, 0), A(1, 2, 1), B(2, 0, 0), C(−2, 1, 3) を頂点とする四面体において，点 C から平面 OAB に下ろした垂線を CH とする。
(1) △OAB の面積を求めよ。 (2) 点 H の座標を求めよ。
(3) 四面体 OABC の体積を求めよ。

(1) $\overrightarrow{\mathrm{OA}} = (1,\ 2,\ 1)$, $\overrightarrow{\mathrm{OB}} = (2,\ 0,\ 0)$ より

$$|\overrightarrow{\mathrm{OA}}|^2 = 1^2 + 2^2 + 1^2 = 6,\quad |\overrightarrow{\mathrm{OB}}|^2 = 2^2 + 0^2 + 0^2 = 4$$

$$\overrightarrow{\mathrm{OA}}\cdot\overrightarrow{\mathrm{OB}} = 1\times2 + 2\times0 + 1\times0 = 2$$

よって $\triangle\mathrm{OAB} = \frac{1}{2}\sqrt{6\times4 - 2^2} = \sqrt{5}$

◀ $\triangle\mathrm{OAB} = \frac{1}{2}\sqrt{|\overrightarrow{\mathrm{OA}}|^2|\overrightarrow{\mathrm{OB}}|^2 - (\overrightarrow{\mathrm{OA}}\cdot\overrightarrow{\mathrm{OB}})^2}$

(2) 点 H は平面 OAB 上にあるから，

$\overrightarrow{\mathrm{OH}} = s\overrightarrow{\mathrm{OA}} + t\overrightarrow{\mathrm{OB}}$ …① (s, t は実数)

とおける。

①より $\overrightarrow{\mathrm{OH}} = s(1,\ 2,\ 1) + t(2,\ 0,\ 0)$

$= (s+2t,\ 2s,\ s)$ …②

CH は平面 OAB に垂直であるから

$\overrightarrow{\mathrm{CH}} \perp \overrightarrow{\mathrm{OA}}$ かつ $\overrightarrow{\mathrm{CH}} \perp \overrightarrow{\mathrm{OB}}$

すなわち $\overrightarrow{\mathrm{CH}}\cdot\overrightarrow{\mathrm{OA}} = 0$ …③, $\overrightarrow{\mathrm{CH}}\cdot\overrightarrow{\mathrm{OB}} = 0$ …④

ここで $\overrightarrow{\mathrm{CH}} = \overrightarrow{\mathrm{OH}} - \overrightarrow{\mathrm{OC}}$

$= (s+2t+2,\ 2s-1,\ s-3)$

◀ 始点を O にそろえる。

$\overrightarrow{\mathrm{OA}} = (1,\ 2,\ 1)$, $\overrightarrow{\mathrm{OB}} = (2,\ 0,\ 0)$ であるから

③より $(s+2t+2) + 2(2s-1) + (s-3) = 0$

よって $6s + 2t - 3 = 0$ …⑤

④より $2(s+2t+2) = 0$

よって $s + 2t + 2 = 0$ …⑥

⑤，⑥より $s = 1$, $t = -\frac{3}{2}$

◀ ⑤−⑥より $5s - 5 = 0$
よって $s = 1$
⑥に代入すると
$2t + 3 = 0$
よって $t = -\frac{3}{2}$

②に代入すると $\overrightarrow{\mathrm{OH}} = (-2,\ 2,\ 1)$

したがって，点 H の座標は **H(−2, 2, 1)**

◀ 点 H の座標は，$\overrightarrow{\mathrm{OH}}$ の成分を求めればよい。

(3) (2)より，$\overrightarrow{\mathrm{CH}}$ は平面 OAB に垂直であるから，CH は △OAB を底面としたときの四面体 OABC の高さになる。

$\overrightarrow{\mathrm{CH}}=\overrightarrow{\mathrm{OH}}-\overrightarrow{\mathrm{OC}}=(0,\ 1,\ -2)$ より

$$\mathrm{CH}=|\overrightarrow{\mathrm{CH}}|=\sqrt{0^2+1^2+(-2)^2}=\sqrt{5}$$

よって，四面体 OABC の体積は

$$\frac{1}{3}\times\triangle\mathrm{OAB}\times\mathrm{CH}=\frac{1}{3}\times\sqrt{5}\times\sqrt{5}=\frac{5}{3}$$

問題 59 右の図のような平行六面体 OADB−CEFG がある。
辺 OC，DF の中点をそれぞれ M，N とし，辺 OA，CG を 3：1 に内分する点をそれぞれ P，Q とする。
$\overrightarrow{\mathrm{OA}}=\vec{a}$，$\overrightarrow{\mathrm{OB}}=\vec{b}$，$\overrightarrow{\mathrm{OC}}=\vec{c}$ とするとき

(1) ベクトル $\overrightarrow{\mathrm{MP}}$，$\overrightarrow{\mathrm{MQ}}$ を $\vec{a}$，$\vec{b}$，$\vec{c}$ を用いて表せ。

(2) 点 M，N，P，Q は，同一平面上にあることを示せ。

(3) $\vec{a}\perp\vec{b}$，$\vec{b}\perp\vec{c}$，$\vec{a}$ と $\vec{c}$ のなす角が 60°，$|\vec{a}|:|\vec{b}|:|\vec{c}|=2:2:1$ のとき，$\overrightarrow{\mathrm{MP}}$ と $\overrightarrow{\mathrm{MQ}}$ のなす角 θ に対して，$\cos\theta$ の値を求めよ。

(1) $\overrightarrow{\mathrm{MP}}=\overrightarrow{\mathrm{OP}}-\overrightarrow{\mathrm{OM}}=\boldsymbol{\dfrac{3}{4}\vec{a}-\dfrac{1}{2}\vec{c}}$

$\overrightarrow{\mathrm{MQ}}=\overrightarrow{\mathrm{MC}}+\overrightarrow{\mathrm{CQ}}=\boldsymbol{\dfrac{3}{4}\vec{b}+\dfrac{1}{2}\vec{c}}$

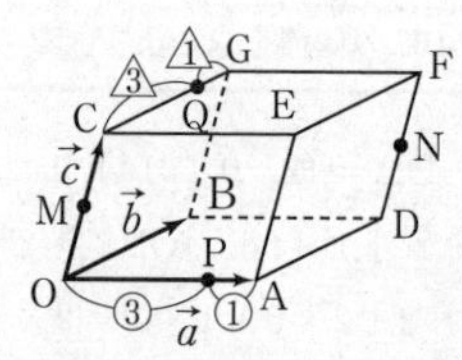

(2) $\overrightarrow{\mathrm{MP}}+\overrightarrow{\mathrm{MQ}}=\dfrac{3}{4}\vec{a}+\dfrac{3}{4}\vec{b}$

$\overrightarrow{\mathrm{MN}}=\vec{a}+\vec{b}$

◀ $\overrightarrow{\mathrm{MN}}=\overrightarrow{\mathrm{OD}}$

よって　$\overrightarrow{\mathrm{MN}}=\dfrac{4}{3}(\overrightarrow{\mathrm{MP}}+\overrightarrow{\mathrm{MQ}})=\dfrac{4}{3}\overrightarrow{\mathrm{MP}}+\dfrac{4}{3}\overrightarrow{\mathrm{MQ}}$

◀ $\overrightarrow{\mathrm{OP}}=s\overrightarrow{\mathrm{OA}}+t\overrightarrow{\mathrm{OB}}$ となる実数 s，t があるとき，4 点 O，A，B，P は同一平面上にある。

したがって，4 点 M，N，P，Q は同一平面上にある。

(3) $\vec{a}\perp\vec{b}$，$\vec{b}\perp\vec{c}$ より　$\vec{a}\cdot\vec{b}=0$，$\vec{b}\cdot\vec{c}=0$

$|\vec{a}|:|\vec{b}|:|\vec{c}|=2:2:1$ より

$$|\vec{a}|=2k,\ |\vec{b}|=2k,\ |\vec{c}|=k\ (k>0)$$

とおける。

よって　$\vec{a}\cdot\vec{c}=|\vec{a}||\vec{c}|\cos 60^\circ=k^2$

$$|\overrightarrow{\mathrm{MP}}|^2=\left|\frac{3}{4}\vec{a}-\frac{1}{2}\vec{c}\right|^2$$

$$=\frac{9}{16}|\vec{a}|^2-\frac{3}{4}\vec{a}\cdot\vec{c}+\frac{1}{4}|\vec{c}|^2=\frac{7}{4}k^2$$

◀ $|\vec{a}+\vec{b}|^2$
$=|\vec{a}|^2+2\vec{a}\cdot\vec{b}+|\vec{b}|^2$

$$|\overrightarrow{\mathrm{MQ}}|^2=\left|\frac{3}{4}\vec{b}+\frac{1}{2}\vec{c}\right|^2$$

$$=\frac{9}{16}|\vec{b}|^2+\frac{3}{4}\vec{b}\cdot\vec{c}+\frac{1}{4}|\vec{c}|^2=\frac{5}{2}k^2$$

$$\overrightarrow{\mathrm{MP}}\cdot\overrightarrow{\mathrm{MQ}}=\left(\frac{3}{4}\vec{a}-\frac{1}{2}\vec{c}\right)\cdot\left(\frac{3}{4}\vec{b}+\frac{1}{2}\vec{c}\right)$$

$$=\frac{9}{16}\vec{a}\cdot\vec{b}+\frac{3}{8}\vec{a}\cdot\vec{c}-\frac{3}{8}\vec{b}\cdot\vec{c}-\frac{1}{4}|\vec{c}|^2=\frac{1}{8}k^2$$

よって，

$$\cos\theta=\frac{\overrightarrow{\mathrm{MP}}\cdot\overrightarrow{\mathrm{MQ}}}{|\overrightarrow{\mathrm{MP}}||\overrightarrow{\mathrm{MQ}}|}=\frac{\frac{1}{8}k^2}{\sqrt{\frac{7}{4}k^2}\sqrt{\frac{5}{2}k^2}}=\frac{\sqrt{70}}{140}$$

◀ $k>0$ より　$\sqrt{k^2}=k$

問題 60 次の平面におけるベクトル方程式は，どのような図形を表すか。また，空間におけるベクトル方程式の場合には，どのような図形を表すか。
ただし，$\mathrm{A}(\vec{a})$，$\mathrm{B}(\vec{b})$ は定点であるとする。

(1) $3\vec{p}-(3t+2)\vec{a}-(3t+1)\vec{b}=\vec{0}$　　(2) $(\vec{p}-\vec{a})\cdot(\vec{p}-\vec{b})=0$

(1) $3\vec{p}-(3t+2)\vec{a}-(3t+1)\vec{b}=\vec{0}$ より　$3\vec{p}=(2\vec{a}+\vec{b})+3t(\vec{a}+\vec{b})$

よって　$\vec{p}=\dfrac{2\vec{a}+\vec{b}}{3}+t(\vec{a}+\vec{b})$

◀ ベクトル方程式
$\vec{p}=\vec{a}+t\vec{u}$
は平面においても空間においても，点 $\mathrm{A}(\vec{a})$ を通り $\vec{u}$ に平行な直線を表す。

ここで，点 $\mathrm{C}\left(\dfrac{2\vec{a}+\vec{b}}{3}\right)$ は線分 AB を 1:2 に内分する点であるから，このベクトル方程式は，平面においても空間においても **線分 AB を 1:2 に内分する点を通り，$\vec{a}+\vec{b}$ に平行な直線** を表す。

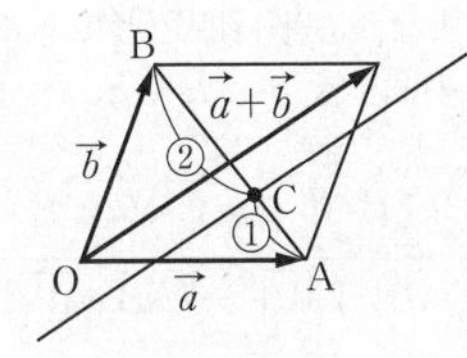

(2) $\mathrm{P}(\vec{p})$ とおくと，$(\vec{p}-\vec{a})\cdot(\vec{p}-\vec{b})=0$ より　$\overrightarrow{\mathrm{AP}}\cdot\overrightarrow{\mathrm{BP}}=0$
ゆえに
$\overrightarrow{\mathrm{AP}}=\vec{0}$　または　$\overrightarrow{\mathrm{BP}}=\vec{0}$　または　$\overrightarrow{\mathrm{AP}}\perp\overrightarrow{\mathrm{BP}}$

◀ 点 P は $\overrightarrow{\mathrm{AP}}=\vec{0}$ のとき点 A と一致し，$\overrightarrow{\mathrm{BP}}=\vec{0}$ のとき点 B と一致する。

(ア) 平面におけるベクトル方程式の場合
点 P は線分 AB を直径とする円上にある。
すなわち，このベクトル方程式は，
線分 AB を直径とする円 を表す。

◀ P が 2 点 A，B と異なるとき ∠APB が常に 90° であるから，線分 AB は直径になる。

(イ) 空間におけるベクトル方程式の場合
点 P は線分 AB を直径とする球面上にある。
すなわち，このベクトル方程式は，
線分 AB を直径とする球 を表す。

◀ 球においても，直径 AB と球面上の点 P について ∠APB = 90° であり，その逆も成り立つ。

問題 61 1辺の長さが2の正方形を底面とし，高さが1の直方体を K とする。2点 A，B を直方体 K の同じ面に属さない2つの頂点とする。直線 AB を含む平面で直方体 K を切ったときの断面積の最大値と最小値を求めよ。　（一橋大）

点 A を原点とし，A を含む 3 辺が x 軸，y 軸，z 軸の正の部分と重なるように座標軸をとる。
このとき　A(0, 0, 0)，B(2, 2, 1)
立体 K を直線 AB を含む平面で切ったとき，断面の現れ方は次の 2 通りである。

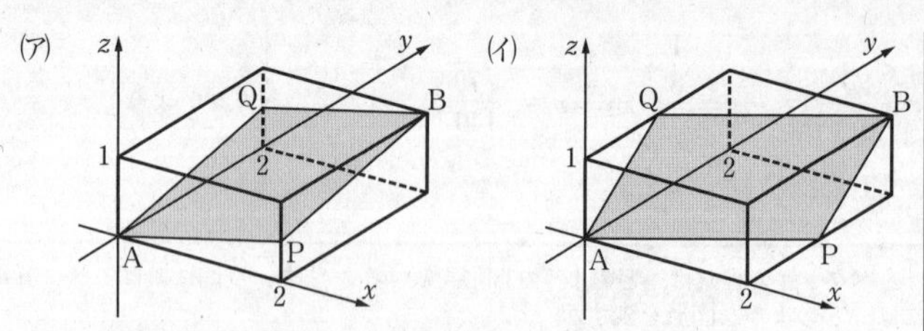

ここで，断面の四角形を上の図のようにAPBQとおく。
K は直方体であるから，直線AP，QBをそれぞれ含む K の面は平行である。よって，直線APとQBが交わることはない。
また，4点A，P，B，Qは同一平面上にあるから，直線APとQBはねじれの位置にはない。
以上より，直線APとQBは平行である。

◀2直線の位置関係は
(ア) 交わる
(イ) 平行である
(ウ) ねじれの位置にある
のいずれかである。

直線AQとPBについても同様であるから，四角形APBQは向かい合う辺がそれぞれ平行，すなわち平行四辺形である。
ゆえに，四角形APBQの面積を S とおくと，S は△APBの面積の2倍に等しい。

(ア) 点Pの座標を $(2,\ 0,\ t)$ $(0 \leqq t \leqq 1)$ とおくと

$$
\begin{aligned}
S &= 2\times\frac{1}{2}\sqrt{|\overrightarrow{\mathrm{AB}}|^2|\overrightarrow{\mathrm{AP}}|^2-(\overrightarrow{\mathrm{AB}}\cdot\overrightarrow{\mathrm{AP}})^2} \\
&= \sqrt{(2^2+2^2+1^2)(2^2+0^2+t^2)-(2\times2+2\times0+1\times t)^2} \\
&= \sqrt{9(t^2+4)-(t+4)^2} \\
&= \sqrt{8t^2-8t+20} \\
&= \sqrt{8\left(t-\frac{1}{2}\right)^2+18}
\end{aligned}
$$

◀$S=2\times$△APB

◀$\overrightarrow{\mathrm{AB}}=(2,\ 2,\ 1)$，
$\overrightarrow{\mathrm{AP}}=(2,\ 0,\ t)$

よって，S が最大となるのは $t=0,\ 1$ のとき　$S=\sqrt{20}=2\sqrt{5}$

最小となるのは $t=\frac{1}{2}$ のとき　$S=\sqrt{18}=3\sqrt{2}$

(イ) 点Pの座標を $(2,\ u,\ 0)$ $(0 \leqq u \leqq 2)$ とおくと

$$
\begin{aligned}
S &= 2\times\frac{1}{2}\sqrt{|\overrightarrow{\mathrm{AB}}|^2|\overrightarrow{\mathrm{AP}}|^2-(\overrightarrow{\mathrm{AB}}\cdot\overrightarrow{\mathrm{AP}})^2} \\
&= \sqrt{(2^2+2^2+1^2)(2^2+u^2+0^2)-(2\times2+2\times u+1\times0)^2} \\
&= \sqrt{9(u^2+4)-(2u+4)^2} \\
&= \sqrt{5u^2-16u+20} \\
&= \sqrt{5\left(u-\frac{8}{5}\right)^2+\frac{36}{5}}
\end{aligned}
$$

◀$\overrightarrow{\mathrm{AP}}=(2,\ u,\ 0)$

◀
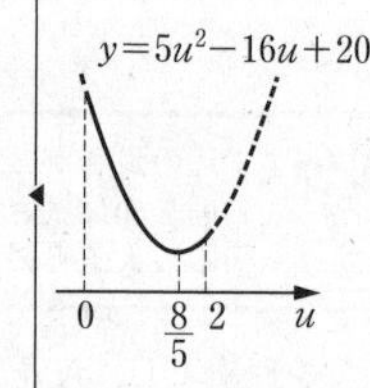

よって，S が

最大となるのは $u=0$ のとき　$S=\sqrt{20}=2\sqrt{5}$

最小となるのは $u=\frac{8}{5}$ のとき　$S=\sqrt{\frac{36}{5}}=\frac{6\sqrt{5}}{5}$

(ア)，(イ)より，$3\sqrt{2}>\frac{6\sqrt{5}}{5}$ であるから

◀$3\sqrt{2}>0,\ \frac{6\sqrt{5}}{5}>0$ より
それぞれ2乗すると
$18>\frac{36}{5}$

S の **最大値** $2\sqrt{5}$，**最小値** $\frac{6\sqrt{5}}{5}$

問題 62 3点 A(2, 0, 0), B(1, 1, 0), C(1, −1, 1) を通る平面 ABC 上の点のうち，原点 O に最も近い点 P の座標を求めよ。

点 P は平面 ABC 上にあるから，$\overrightarrow{AP}=s\overrightarrow{AB}+t\overrightarrow{AC}$ (s, t は実数) とおける。このとき

$$\overrightarrow{OP}-\overrightarrow{OA}=s(\overrightarrow{OB}-\overrightarrow{OA})+t(\overrightarrow{OC}-\overrightarrow{OA})$$

$$\overrightarrow{OP}=(1-s-t)\overrightarrow{OA}+s\overrightarrow{OB}+t\overrightarrow{OC}$$

◀始点を O とするベクトルに変える。

$\overrightarrow{OA}=(2,\ 0,\ 0)$, $\overrightarrow{OB}=(1,\ 1,\ 0)$, $\overrightarrow{OC}=(1,\ -1,\ 1)$ より

$$\overrightarrow{OP}=(1-s-t)(2,\ 0,\ 0)+s(1,\ 1,\ 0)+t(1,\ -1,\ 1)$$

$$=(2-s-t,\ s-t,\ t) \quad \cdots①$$

よって

$$|\overrightarrow{OP}|^2=(2-s-t)^2+(s-t)^2+t^2$$

$$=2s^2+3t^2-4s-4t+4$$

$$=2(s-1)^2+3\left(t-\frac{2}{3}\right)^2+\frac{2}{3}$$

◀2 変数関数の最小値
$2s^2-4s+3t^2-4t+4$
$=2(s-1)^2-2+3\left(t-\frac{2}{3}\right)^2-\frac{4}{3}+4$
$=2(s-1)^2+3\left(t-\frac{2}{3}\right)^2+\frac{2}{3}$

$|\overrightarrow{OP}|^2$ は $s=1$ かつ $t=\frac{2}{3}$ のとき最小となり，このとき $|\overrightarrow{OP}|$ も最小となるから ① より　　**P$\left(\frac{1}{3},\ \frac{1}{3},\ \frac{2}{3}\right)$**

〔別解〕 (解答 7 行目まで同じ)

OP は原点 O から平面 ABC に下ろした垂線であるから

$$\overrightarrow{OP}\perp \text{平面 ABC}$$

よって　　$\overrightarrow{OP}\perp\overrightarrow{AB}$ かつ $\overrightarrow{OP}\perp\overrightarrow{AC}$

すなわち　　$\overrightarrow{OP}\cdot\overrightarrow{AB}=0$ …②, $\overrightarrow{OP}\cdot\overrightarrow{AC}=0$ …③

◀$\overrightarrow{OP}\perp$ 平面 ABC
⇔ OP と平面 ABC 上の交わる 2 直線が垂直

$\overrightarrow{AB}=(-1,\ 1,\ 0)$, $\overrightarrow{AC}=(-1,\ -1,\ 1)$ であるから

② より　　$\overrightarrow{OP}\cdot\overrightarrow{AB}=(2-s-t)(-1)+(s-t)\times 1=0$

◀整理すると　$2s=2$

よって　　$s=1$

③ より　　$\overrightarrow{OP}\cdot\overrightarrow{AC}=(2-s-t)(-1)+(s-t)(-1)+t\times 1=0$

◀整理すると　$3t=2$

よって　　$t=\frac{2}{3}$

したがって，求める点 P の座標は　　P$\left(\frac{1}{3},\ \frac{1}{3},\ \frac{2}{3}\right)$

◀P$(2-s-t,\ s-t,\ t)$ において，$s=1$, $t=\frac{2}{3}$ を代入する。

問題 63 空間において，4 点 A(3, 4, 2), B(4, 3, 2), C(2, −3, 4), D(1, −2, 3) がある。2 直線 AB, CD の距離を求めよ。

$\overrightarrow{AB}=(1,\ -1,\ 0)$, $\overrightarrow{CD}=(-1,\ 1,\ -1)$

直線 AB, CD 上にそれぞれ点 P, Q をとる。

点 P は直線 AB 上にあるから

$$\overrightarrow{OP}=\overrightarrow{OA}+s\overrightarrow{AB}=(3+s,\ 4-s,\ 2)$$

点 Q は直線 CD 上にあるから

$$\overrightarrow{OQ}=\overrightarrow{OC}+t\overrightarrow{CD}=(2-t,\ -3+t,\ 4-t)$$

とおける。よって

$$\overrightarrow{PQ}=\overrightarrow{OQ}-\overrightarrow{OP}=(-s-t-1,\ s+t-7,\ -t+2) \quad \cdots ①$$

$$\begin{aligned}|\overrightarrow{PQ}|^2&=(-s-t-1)^2+(s+t-7)^2+(-t+2)^2\\&=2s^2+3t^2+4st-12s-16t+54\\&=2s^2+4(t-3)s+3t^2-16t+54\\&=2\{s+(t-3)\}^2-2(t-3)^2+3t^2-16t+54\\&=2(s+t-3)^2+t^2-4t+36\\&=2(s+t-3)^2+(t-2)^2+32\end{aligned}$$

◀ 2次の文字の係数が小さい文字について先に平方完成を行うとよい。

ゆえに，PQ は $s+t-3=0$，$t-2=0$

すなわち $s=1$，$t=2$ のとき最小となる。

◀ $|\overrightarrow{PQ}| \geqq 0$

① より　$\overrightarrow{PQ}=(-4,\ -4,\ 0)$

よって　$|\overrightarrow{PQ}|=\sqrt{(-4)^2+(-4)^2+0^2}=4\sqrt{2}$

したがって，2 直線 AB，CD の距離は　$4\sqrt{2}$

〔別解〕（解答 8 行目まで同じ）

PQ の長さが最小となるとき　$AB \perp PQ$ かつ $CD \perp PQ$

すなわち　$\overrightarrow{AB}\cdot\overrightarrow{PQ}=0 \cdots ②$，$\overrightarrow{CD}\cdot\overrightarrow{PQ}=0 \cdots ③$

② より　$1\cdot(-s-t-1)+(-1)\cdot(s+t-7)+0\cdot(-t+2)=0$

整理すると　$s+t-3=0 \quad \cdots ④$

③ より　$(-1)\cdot(-s-t-1)+1\cdot(s+t-7)+(-1)\cdot(-t+2)=0$

整理すると　$2s+3t-8=0 \quad \cdots ⑤$

④，⑤ を解くと　$s=1$，$t=2$

① より　$\overrightarrow{PQ}=(-4,\ -4,\ 0)$

よって　$|\overrightarrow{PQ}|=\sqrt{(-4)^2+(-4)^2+0^2}=4\sqrt{2}$

したがって，2 直線 AB，CD の距離は　$4\sqrt{2}$

問題 64　2 点 A(2, 1, 3)，B(1, 3, 4) と xy 平面上に動点 P，yz 平面上に動点 Q がある。このとき 3 つの線分の長さの和 AP＋PQ＋QB の最小値を求めよ。

2 点 A，B は xy 平面および yz 平面に関して同じ側にあるから，点 A の xy 平面に関する対称点 A′，点 B の yz 平面に関する対称点 B′ をとると

$$A'(2,\ 1,\ -3),\ B'(-1,\ 3,\ 4)$$

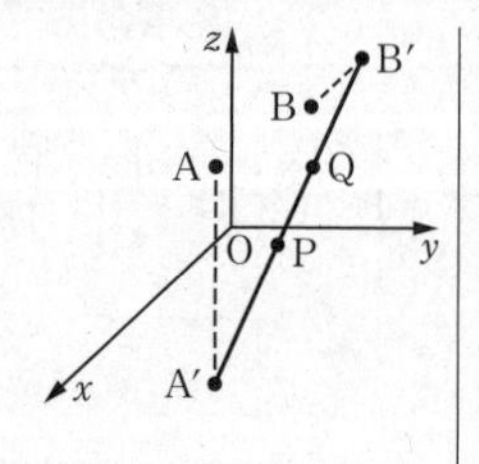

2 点 A′，B′ は xy 平面および yz 平面に関して反対側にあり，AP＝A′P，BQ＝B′Q であるから

$$AP+PQ+QB=A'P+PQ+QB' \geqq A'B'$$

よって，AP＋PQ＋QB の最小値は線分 A′B′ の長さに等しい。

$$A'B'=\sqrt{(-1-2)^2+(3-1)^2+(4+3)^2}=\sqrt{62}$$

したがって，AP＋PQ＋QB の最小値は　$\sqrt{62}$

問題 65　次の球の方程式を求めよ。

(1)　点 $(3,\ 1,\ -4)$ を中心とし，xy 平面に接する球

(2)　点 $(-3,\ 1,\ 4)$ を通り，3 つの平面 $x=2$，$y=0$，$z=0$ に接する球

(1) 中心の z 座標が -4 であり，xy 平面に接することから，球の半径は4である。

よって，求める球の方程式は

$$(x-3)^2+(y-1)^2+(z+4)^2=16$$

(2) 点 $(-3,\ 1,\ 4)$ を通り3つの平面 $x=2$，$y=0$，$z=0$ に接するから，球の半径を r とおくと，中心は $(2-r,\ r,\ r)$ と表すことができる。

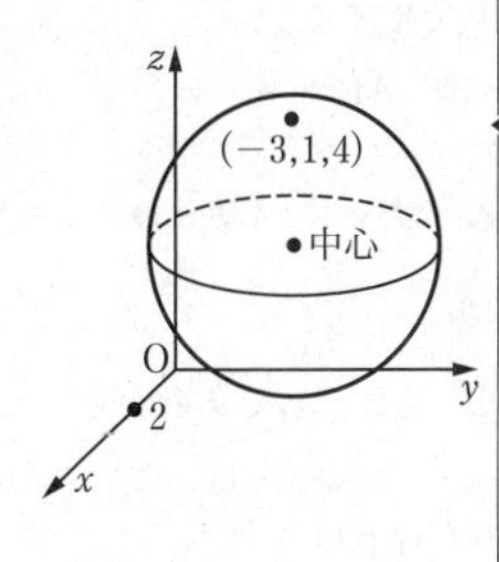

◀平面 $x=2$ は点 $(2,\ 0,\ 0)$ を通り yz 平面に平行，平面 $y=0$ は zx 平面，平面 $z=0$ は xy 平面であることに着目する。

よって，求める球の方程式は

$$\{x-(2-r)\}^2+(y-r)^2+(z-r)^2=r^2$$

これが点 $(-3,\ 1,\ 4)$ を通るから

$$(r-5)^2+(1-r)^2+(4-r)^2=r^2$$

ゆえに　$r^2-10r+21=0$

$(r-3)(r-7)=0$ より　$r=3,\ 7$

よって，求める球の方程式は

$$(x+1)^2+(y-3)^2+(z-3)^2=9$$
$$(x+5)^2+(y-7)^2+(z-7)^2=49$$

◀条件を満たす球は2つある。

問題 66　4点 $A(1,\ 1,\ 1)$，$B(-1,\ 1,\ -1)$，$C(-1,\ -1,\ 0)$，$D(2,\ 1,\ 0)$ を頂点とする四面体ABCDの外接球の方程式を求めよ。

求める外接球の方程式を，$x^2+y^2+z^2+kx+ly+mz+n=0$ とおく。

◀与えられた条件が，通る点の座標だけであるから，一般形を用いる。

点 $A(1,\ 1,\ 1)$ を通るから　$k+l+m+n=-3$　…①

点 $B(-1,\ 1,\ -1)$ を通るから　$-k+l-m+n=-3$　…②

点 $C(-1,\ -1,\ 0)$ を通るから　$-k-l+n=-2$　…③

点 $D(2,\ 1,\ 0)$ を通るから　$2k+l+n=-5$　…④

①－② より　$k+m=0$　…⑤

①－④ より　$-k+m=2$　…⑥

⑤＋⑥ より　$m=1$

これを ⑤ に代入すると　$k=-1$

③＋④ より　$k+2n=-7$

$k=-1$ を代入すると　$n=-3$

これらを ③ に代入すると　$l=0$

したがって，求める外接球の方程式は

$$x^2+y^2+z^2-x+z-3=0$$

問題 67　空間に3点 $A(-1,\ 0,\ 1)$，$B(1,\ 2,\ 3)$，$C(3,\ 4,\ 2)$ がある。点Cを中心とし，直線ABに接する球 ω を考える。

(1) 球 ω の半径 r を求めよ。また球 ω の方程式を求めよ。

(2) 点 $P(k+2,\ 2k+1,\ 3k-2)$ が球 ω の内部の点であるとき，定数 k の値の範囲を求めよ。

(1) $\overrightarrow{AB}=(2,\ 2,\ 2)$ である。

直線ABと球 ω の接点をTとする。点Tは直線AB上にあるから，

$\overrightarrow{OT}=\overrightarrow{OA}+t\overrightarrow{AB}$（$t$ は実数）とおける。

このとき

$$\overrightarrow{OT}=\overrightarrow{OA}+t\overrightarrow{AB}=(-1,\ 0,\ 1)+t(2,\ 2,\ 2)$$

$=(-1+2t,\ 2t,\ 1+2t)$

$\overrightarrow{CT}=\overrightarrow{OT}-\overrightarrow{OC}$

$=(2t-4,\ 2t-4,\ 2t-1)$ $\cdots①$

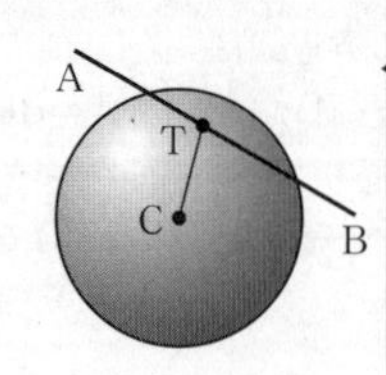

球 ω は直線ABとTで接するから

$\overrightarrow{CT}\perp\overrightarrow{AB}$ より　$\overrightarrow{CT}\cdot\overrightarrow{AB}=0$

よって

$(2t-4)\times2+(2t-4)\times2+(2t-1)\times2=0$

$12t-18=0$ より　$t=\dfrac{3}{2}$

① より，$\overrightarrow{CT}=(-1,\ -1,\ 2)$ であるから

$r=|\overrightarrow{CT}|=\sqrt{(-1)^2+(-1)^2+2^2}=\sqrt{6}$

したがって，球 ω の方程式は

$$(x-3)^2+(y-4)^2+(z-2)^2=6$$

◀球の半径 r は，$|\overrightarrow{CT}|$ の最小値を考え $|\overrightarrow{CT}|^2=12\left(t-\dfrac{3}{2}\right)^2+6$ より，$|\overrightarrow{CT}|$ は $t=\dfrac{3}{2}$ のとき最小値 $\sqrt{6}$ としてもよい。

(2)　点Pが球 ω の内部の点であるとき　$CP<r$

両辺ともに正であるから，両辺を2乗すると　$CP^2<r^2$

ゆえに　$(k-1)^2+(2k-3)^2+(3k-4)^2<6$

$14k^2-38k+20<0$

$2(k-2)(7k-5)<0$

よって，求める k の値の範囲は　$\boldsymbol{\dfrac{5}{7}<k<2}$

◀$|\overrightarrow{CP}|<r$ としてもよい。

◀$\overrightarrow{CP}=(k-1,\ 2k-3,\ 3k-4)$
$CP^2=|\overrightarrow{CP}|^2$
$=(k-1)^2+(2k-3)^2+(3k-4)^2$

問題 68　球 $x^2+y^2+(z-2)^2=9$ と平面 $x=a\ (a>0)$ が交わってできる円 C の半径が $\dfrac{\sqrt{35}}{2}$ であるとき，次の問に答えよ。

(1)　a の値を求めよ。

(2)　点 $P(0,\ 0,\ 5)$ があり，点Qが円 C 上を動くとき，直線PQと xy 平面の交点Rの軌跡を求めよ。

(1)　球の中心をAとすると $A(0,\ 0,\ 2)$ であり，円 C の中心Cは $C(a,\ 0,\ 2)$ であるから

$AC=a$

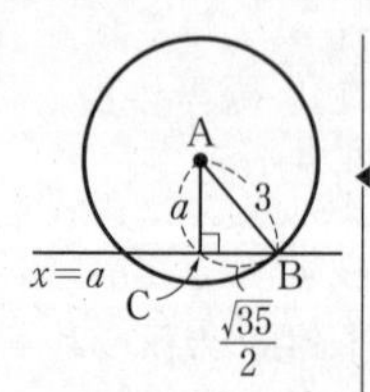

◀$a>0$ に注意する。

円 C 上に点Bをとると，△ABCは $\angle C=90°$ の直角三角形であるから，三平方の定理により

$a^2+\left(\dfrac{\sqrt{35}}{2}\right)^2=3^2$

よって　$a^2=\dfrac{1}{4}$

$a>0$ であるから　$\boldsymbol{a=\dfrac{1}{2}}$

(2)　点 $R(X,\ Y,\ 0)$，点 $Q\left(\dfrac{1}{2},\ s,\ t\right)$ とおく。

◀軌跡を求める点Rの座標を $(X,\ Y,\ 0)$ とおく。

(1) より，円 C の方程式は $y^2+(z-2)^2=\dfrac{35}{4}$，$x=\dfrac{1}{2}$ であり，

点Qは円 C 上を動くから　$s^2+(t-2)^2=\dfrac{35}{4}$　$\cdots①$

点Rは直線PQ上にあるから，$\overrightarrow{OR}=\overrightarrow{OP}+k\overrightarrow{PQ}$ とおける。

よって　$(X,\ Y,\ 0)=\left(\dfrac{k}{2},\ ks,\ k(t-5)+5\right)$

ゆえに

$$X=\frac{k}{2}\ \cdots②,\quad Y=ks\ \cdots③,\quad 0=k(t-5)+5\ \cdots④$$

$t \fallingdotseq 5$ であるから，④ より　$k=\dfrac{5}{5-t}$

②，③ に代入すると　$X=\dfrac{5}{2(5-t)}$，$Y=\dfrac{5s}{5-t}$

これらより　$t=5-\dfrac{5}{2X}$，$s=\dfrac{Y}{2X}$

① に代入すると　$\left(\dfrac{Y}{2X}\right)^2+\left(3-\dfrac{5}{2X}\right)^2=\dfrac{35}{4}$

$$Y^2+(6X-5)^2=35X^2$$
$$X^2-60X+25+Y^2=0$$

よって　$(X-30)^2+Y^2=875$

したがって，求める軌跡は

$$\boldsymbol{(x-30)^2+y^2=875,\ z=0}$$

◀ $z=0$ を忘れないように注意する。

問題 69　球 $x^2+y^2+z^2=r^2$ $(r>1)$ と球 $x^2+y^2+(z-2)^2=1$ が交わってできる円の面積が $\dfrac{3}{4}\pi$ となるときの r の値を求めよ。

球 $x^2+y^2+z^2=r^2$ の中心 O(0, 0, 0) と，球 $x^2+y^2+(z-2)^2=1$ の中心 C(0, 0, 2) は z 軸上にあるから，z 軸を含む yz 平面による切り口を考える。

◀ 中心を通る直線（中心線）を含む断面を考えると分かりやすい。

2 つの球が交わってできる円の中心を K とし，円上の 1 点を Q とする。

K の z 座標を k とすると，円の面積より

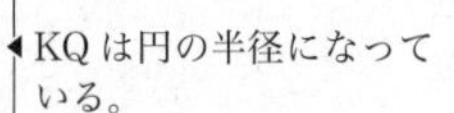

$\pi \mathrm{KQ}^2=\dfrac{3}{4}\pi$　すなわち　$\mathrm{KQ}^2=\dfrac{3}{4}$

◀ KQ は円の半径になっている。

$\mathrm{CQ}^2=\mathrm{CK}^2+\mathrm{KQ}^2$ より

◀ △CKQ，△KOQ は直角三角形であるから，それぞれ三平方の定理が利用できる。

$$1=|2-k|^2+\frac{3}{4}$$

したがって　$k=\dfrac{3}{2}$，$\dfrac{5}{2}$

さらに，$\mathrm{OQ}^2=\mathrm{OK}^2+\mathrm{KQ}^2$ より

$$r^2=k^2+\frac{3}{4}$$

$k=\dfrac{3}{2}$ のとき　$r^2=3$

$k=\dfrac{5}{2}$ のとき　$r^2=7$

$1<r<3$ より　$\boldsymbol{r=\sqrt{3},\ \sqrt{7}}$

◀ 2 円の中心間距離が d で半径が r_1，r_2 のとき 2 円が交わる $\Longleftrightarrow$ $|r_1-r_2|<d<r_1+r_2$
よって　$r-1<2<1+r$

問題 70 空間に 4 点 O(0, 0, 0), A(1, 0, 0), B(0, 1, 0), C(0, 0, −1) がある。

(1) 3 点 A, B, C を通る平面 α の方程式を求めよ。

(2) 平面 α に垂直になるように原点 O から直線を引いたとき，平面 α との交点 T の座標を求めよ。

(3) △ABC の面積を求めよ。

(4) 四面体 OABC の体積を求めよ。 (福島大)

(1) 平面 α の法線ベクトルを $\vec{n}=(x,\ y,\ z)$ とすると，$\vec{n}\perp\overrightarrow{\mathrm{AB}}$，$\vec{n}\perp\overrightarrow{\mathrm{AC}}$ であるから

$$\vec{n}\cdot\overrightarrow{\mathrm{AB}}=0,\ \vec{n}\cdot\overrightarrow{\mathrm{AC}}=0$$

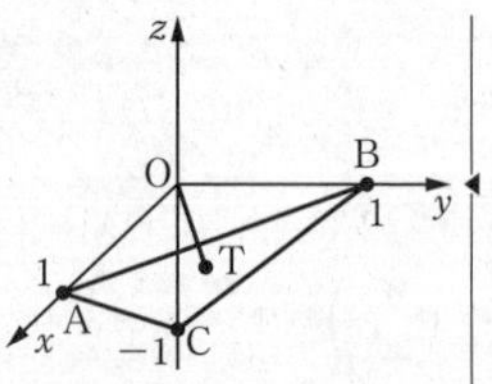

◀ x, y, z 軸上の切片がそれぞれ a, b, c の平面の方程式は $\dfrac{x}{a}+\dfrac{y}{b}+\dfrac{z}{c}=1$

$\overrightarrow{\mathrm{AB}}=(-1,\ 1,\ 0)$,

$\overrightarrow{\mathrm{AC}}=(-1,\ 0,\ -1)$ より

$$-x+y=0,\ -x-z=0$$

よって　$\vec{n}=k(1,\ 1,\ -1)$　(k は 0 でない定数)

◀ $y=x$, $z=-x$ であるから，$\vec{n}=(k,\ k,\ -k)$

したがって，求める平面の方程式は

$$1\cdot(x-1)+1\cdot(y-0)+(-1)(z-0)=0$$

$$\boldsymbol{x+y-z-1=0}$$

◀ 平面 α は点 A(1, 0, 0) を通り，$\vec{n}=k(1,\ 1,\ -1)$ に垂直な平面である。

〔別解〕 求める方程式を $ax+by+cz+d=0$ とおく。

ただし，a, b, c の少なくとも 1 つは 0 ではない。

点 A(1, 0, 0) を通るから　$a+d=0$　…①

点 B(0, 1, 0) を通るから　$b+d=0$　…②

点 C(0, 0, −1) を通るから　$-c+d=0$　…③

①〜③ より　$a=-d,\ b=-d,\ c=d$

このとき　$-dx-dy+dz+d=0$

$d\neq0$ より　$x+y-z-1=0$

◀ $d=0$ とすると，$a=b=c=0$ となり，平面を表さない。

(2) $\overrightarrow{\mathrm{OT}}\,/\!/\,\vec{n}$ より，$\overrightarrow{\mathrm{OT}}=(t,\ t,\ -t)$ とおくと，点 T$(t,\ t,\ -t)$ は平面 α 上にあるから

◀ $\overrightarrow{\mathrm{OT}}\,/\!/\,\vec{n}$ より $\overrightarrow{\mathrm{OT}}=t(1,\ 1,\ -1)$

$$t+t-(-t)-1=0$$

よって　$t=\dfrac{1}{3}$

したがって　$\mathbf{T}\left(\dfrac{1}{3},\ \dfrac{1}{3},\ -\dfrac{1}{3}\right)$

(3) △ABC は 1 辺の長さ $\sqrt{2}$ の正三角形であるから，求める面積 S は

◀ $|\overrightarrow{\mathrm{AB}}|=|\overrightarrow{\mathrm{BC}}|=|\overrightarrow{\mathrm{CA}}|=\sqrt{2}$

$$S=\frac{1}{2}\cdot\sqrt{2}\cdot\sqrt{2}\sin\frac{\pi}{3}=\boldsymbol{\frac{\sqrt{3}}{2}}$$

(4) (2) より，$\overrightarrow{\mathrm{OT}}=\left(\dfrac{1}{3},\ \dfrac{1}{3},\ -\dfrac{1}{3}\right)$ であるから

$$|\overrightarrow{\mathrm{OT}}|=\frac{1}{3}\sqrt{1^2+1^2+(-1)^2}=\frac{\sqrt{3}}{3}$$

よって，求める体積 V は

$$V=\frac{1}{3}\cdot S\cdot|\overrightarrow{\mathrm{OT}}|=\frac{1}{3}\cdot\frac{\sqrt{3}}{2}\cdot\frac{\sqrt{3}}{3}=\boldsymbol{\frac{1}{6}}$$

◀ $\triangle\mathrm{OAB}=\dfrac{1}{2}\cdot1\cdot1=\dfrac{1}{2}$，$\mathrm{OC}=1$ より
$V=\dfrac{1}{3}\cdot\triangle\mathrm{OAB}\cdot\mathrm{OC}=\dfrac{1}{3}\cdot\dfrac{1}{2}\cdot1=\dfrac{1}{6}$
としてもよい。

問題 71　2つの球 $\omega_1 : x^2+y^2+z^2=2$ と $\omega_2 : (x-k)^2+(y+2k)^2+(z-2k)^2=8$ が共有点をもっている。

(1)　定数 k の値の範囲を求めよ。

(2)　ω_1 と ω_2 が交わってできる円の半径が1であるとき，この円を含む平面 α の方程式を求めよ。

(1)　ω_1 は中心 $\mathrm{O}(0,\ 0,\ 0)$，半径 $\sqrt{2}$ の球，ω_2 は中心 $\mathrm{A}(k,\ -2k,\ 2k)$，半径 $2\sqrt{2}$ の球である。

中心間の距離 OA は

$\mathrm{OA}=\sqrt{k^2+(-2k)^2+(2k)^2}=3|k|$

ω_1 と ω_2 が交わるとき

$\sqrt{2} \leqq \mathrm{OA} \leqq 3\sqrt{2}$

よって　$\sqrt{2} \leqq 3|k| \leqq 3\sqrt{2}$

$\dfrac{\sqrt{2}}{3} \leqq |k| \leqq \sqrt{2}$

したがって　$\boldsymbol{-\sqrt{2} \leqq k \leqq -\dfrac{\sqrt{2}}{3},\ \dfrac{\sqrt{2}}{3} \leqq k \leqq \sqrt{2}}$

◀ $\sqrt{k^2}=|k|$

◀ 2つの球の半径を r_1，r_2 とするとき，2つの球が交わるのは，中心間の距離 d が
$|r_1-r_2| \leqq d \leqq r_1+r_2$
のときである。

(2)　$\overrightarrow{\mathrm{OA}} \perp \alpha$ より，平面 α の法線ベクトルの1つは

$\vec{n}=(1,\ -2,\ 2)$

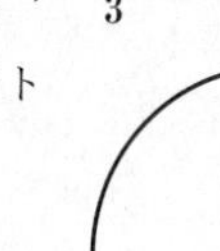

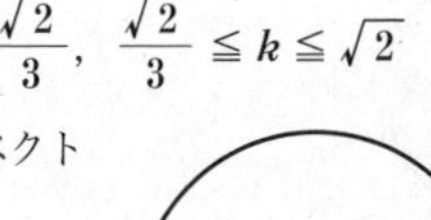

◀ $\overrightarrow{\mathrm{OA}}=(k,\ -2k,\ 2k)$
$=k(1,\ -2,\ 2)$

よって，平面 α の方程式は

$x-2y+2z+p=0$　$\cdots$①

と表される。

ω_1 の中心 O と平面 α の距離を d $(d>0)$ とすると

$(\sqrt{2})^2=1^2+d^2$

$d>0$ より　$d=1$

また，①より　$d=\dfrac{|p|}{\sqrt{1^2+(-2)^2+2^2}}=\dfrac{|p|}{3}$ であるから

$\dfrac{|p|}{3}=1$ より　$|p|=3$

ゆえに　$p=\pm 3$

したがって，求める平面の方程式は

$\boldsymbol{x-2y+2z+3=0,\ x-2y+2z-3=0}$

問題 72　$a,\ b,\ c$ を実数とし，座標空間内の点を $\mathrm{O}(0,\ 0,\ 0)$，$\mathrm{A}(2,\ 1,\ 1)$，$\mathrm{B}(1,\ 2,\ 3)$，$\mathrm{C}(a,\ b,\ c)$，$\mathrm{M}\left(1,\ \dfrac{1}{2},\ 1\right)$ と定める。空間内の点Pで $4|\overrightarrow{\mathrm{OP}}|^2+|\overrightarrow{\mathrm{AP}}|^2+2|\overrightarrow{\mathrm{BP}}|^2+3|\overrightarrow{\mathrm{CP}}|^2=30$ を満たすもの全体がMを中心とする球面をなすとき，この球面の半径と $a,\ b,\ c$ の値を求めよ。

（東北大）

与式より

$4|\overrightarrow{\mathrm{OP}}|^2+|\overrightarrow{\mathrm{OP}}-\overrightarrow{\mathrm{OA}}|^2+2|\overrightarrow{\mathrm{OP}}-\overrightarrow{\mathrm{OB}}|^2+3|\overrightarrow{\mathrm{OP}}-\overrightarrow{\mathrm{OC}}|^2=30$

◀ 原点Oを始点とするベクトルで表す。

$4|\overrightarrow{\mathrm{OP}}|^2+(\overrightarrow{\mathrm{OP}}-\overrightarrow{\mathrm{OA}})\cdot(\overrightarrow{\mathrm{OP}}-\overrightarrow{\mathrm{OA}})+2(\overrightarrow{\mathrm{OP}}-\overrightarrow{\mathrm{OB}})\cdot(\overrightarrow{\mathrm{OP}}-\overrightarrow{\mathrm{OB}})$

$+3(\overrightarrow{\mathrm{OP}}-\overrightarrow{\mathrm{OC}})\cdot(\overrightarrow{\mathrm{OP}}-\overrightarrow{\mathrm{OC}})=30$

$$10|\overrightarrow{OP}|^2-2(\overrightarrow{OA}+2\overrightarrow{OB}+3\overrightarrow{OC})\cdot\overrightarrow{OP}$$
$$=30-(|\overrightarrow{OA}|^2+2|\overrightarrow{OB}|^2+3|\overrightarrow{OC}|^2)$$

よって

$$\left|\overrightarrow{OP}-\frac{1}{10}(\overrightarrow{OA}+2\overrightarrow{OB}+3\overrightarrow{OC})\right|^2$$
$$=3-\frac{1}{10}(|\overrightarrow{OA}|^2+2|\overrightarrow{OB}|^2+3|\overrightarrow{OC}|^2)+\left(\frac{1}{10}|\overrightarrow{OA}+2\overrightarrow{OB}+3\overrightarrow{OC}|\right)^2$$

ゆえに，点 P は中心を $\frac{1}{10}(\overrightarrow{OA}+2\overrightarrow{OB}+3\overrightarrow{OC})$ とする球上にあるから

$$\left(\frac{4+3a}{10},\ \frac{5+3b}{10},\ \frac{7+3c}{10}\right)=\left(1,\ \frac{1}{2},\ 1\right)$$

◀ $\overrightarrow{OA}+2\overrightarrow{OB}+3\overrightarrow{OC}=(4+3a, 5+3b, 7+3c)$

よって　　$\boldsymbol{a=2,\ b=0,\ c=1}$

このとき　　$|\overrightarrow{OA}|^2=6,\ |\overrightarrow{OB}|^2=14,\ |\overrightarrow{OC}|^2=5,$

$$\left(\frac{1}{10}|\overrightarrow{OA}+2\overrightarrow{OB}+3\overrightarrow{OC}|\right)^2=|\overrightarrow{OM}|^2=\frac{9}{4}$$

であるから

$$|\overrightarrow{OP}-\overrightarrow{OM}|^2=3-\frac{1}{10}(6+28+15)+\frac{9}{4}=\frac{7}{20}$$

したがって，球面の半径は　$\boldsymbol{\frac{\sqrt{35}}{10}}$

〔別解〕

点 $\mathrm{P}(x,\ y,\ z)$ とおく。

$$4|\overrightarrow{OP}|^2+|\overrightarrow{AP}|^2+2|\overrightarrow{BP}|^2+3|\overrightarrow{CP}|^2$$
$$=4(x^2+y^2+z^2)+\{(x-2)^2+(y-1)^2+(z-1)^2\}$$
$$+2\{(x-1)^2+(y-2)^2+(z-3)^2\}+3\{(x-a)^2+(y-b)^2+(z-c)^2\}$$
$$=10x^2+10y^2+10z^2-2(3a+4)x-2(3b+5)y-2(3c+7)z$$
$$+3(a^2+b^2+c^2)+34$$

よって

$$x^2+y^2+z^2-\frac{3a+4}{5}x-\frac{3b+5}{5}y-\frac{3c+7}{5}z+\frac{3(a^2+b^2+c^2)}{10}+\frac{2}{5}=0$$

◀ $x^2+y^2+z^2-2ax-2by-2cz+a^2+b^2+c^2=(x-a)^2+(y-b)^2+(z-c)^2$ より，中心 $(a,\ b,\ c)$

これが，点 $\mathrm{M}\left(1,\ \frac{1}{2},\ 1\right)$ を中心とする球を表すから

$$\frac{3a+4}{10}=1,\quad \frac{3b+5}{10}=\frac{1}{2},\quad \frac{3c+7}{10}=1$$

よって　　$a=2,\ b=0,\ c=1$

このとき　　$x^2+y^2+z^2-2x-y-2z+\frac{19}{10}=0$

$$(x-1)^2+\left(y-\frac{1}{2}\right)^2+(z-1)^2=\frac{7}{20}$$

したがって，球面の半径は　$\frac{\sqrt{35}}{10}$

問題 **73**　空間に 2 つの平面 $\alpha : x=y$, $\beta : 2x=y+z$ がある。平面 α 上に $\mathrm{A}(3,\ 3,\ 0)$，平面 β 上に $\mathrm{B}(2,\ 5,\ -1)$ をとる。

(1)　2 平面 α, β のなす角 θ $(0^\circ \leqq \theta \leqq 90^\circ)$ と 2 平面の交線 m の方程式を求めよ。

(2)　(1) の直線 m 上に $\angle\mathrm{APB}=\theta$ となる点 P が存在することを示し，P の座標を求めよ。

(1) 平面 α の方程式は　$x-y=0$　…①

よって，平面 α の法線ベクトルの1つは

$\overrightarrow{n_1}=(1,\ -1,\ 0)$

平面 β の方程式は　$2x-y-z=0$　…②

よって，平面 β の法線ベクトルの1つは

$\overrightarrow{n_2}=(2,\ -1,\ -1)$

$\overrightarrow{n_1}$ と $\overrightarrow{n_2}$ のなす角 θ' $(0° \leqq \theta' \leqq 180°)$ は

$$\cos\theta'=\frac{\overrightarrow{n_1}\cdot\overrightarrow{n_2}}{|\overrightarrow{n_1}||\overrightarrow{n_2}|}=\frac{2+1+0}{\sqrt{2}\sqrt{6}}=\frac{\sqrt{3}}{2}$$

よって　$\theta'=30°$

ゆえに，平面 α と平面 β のなす角 θ は　$\boldsymbol{\theta=30°}$

次に，①より　$x=y$

①－②より　$x=z$

よって，交線 m の方程式は　$\boldsymbol{x=y=z}$

(2) $x=y=z=s$ とおくと，直線 m 上の点Pは $\mathrm{P}(s,\ s,\ s)$ とおける。

$\overrightarrow{\mathrm{PA}}=(3-s,\ 3-s,\ -s)$，$\overrightarrow{\mathrm{PB}}=(2-s,\ 5-s,\ -1-s)$

ゆえに

$$|\overrightarrow{\mathrm{PA}}|=\sqrt{(3-s)^2+(3-s)^2+(-s)^2}$$
$$=\sqrt{3(s^2-4s+6)}\quad\cdots③$$
$$|\overrightarrow{\mathrm{PB}}|=\sqrt{(2-s)^2+(5-s)^2+(-1-s)^2}$$
$$=\sqrt{3(s^2-4s+10)}\quad\cdots④$$
$$\overrightarrow{\mathrm{PA}}\cdot\overrightarrow{\mathrm{PB}}=(3-s)(2-s)+(3-s)(5-s)+(-s)(-1-s)$$
$$=3(s^2-4s+7)\quad\cdots⑤$$

ここで，$\angle\mathrm{APB}=30°$ とすると

$$\cos30°=\frac{\overrightarrow{\mathrm{PA}}\cdot\overrightarrow{\mathrm{PB}}}{|\overrightarrow{\mathrm{PA}}||\overrightarrow{\mathrm{PB}}|}$$

③～⑤を代入すると

$$\frac{\sqrt{3}}{2}=\frac{3(s^2-4s+7)}{\sqrt{3(s^2-4s+6)}\sqrt{3(s^2-4s+10)}}\quad\cdots⑥$$

分母をはらって両辺を2乗すると

$$27(s^2-4s+6)(s^2-4s+10)=36(s^2-4s+7)^2$$

ここで，$S=s^2-4s$ とおくと

$$27(S+6)(S+10)=36(S+7)^2$$
$$S^2+8S+16=0$$

$(S+4)^2=0$ より　$S=-4$

ゆえに，$s^2-4s=-4$ より　$(s-2)^2=0$

よって　$s=2$　これは⑥を満たす。

すなわち，$\mathbf{P(2,\ 2,\ 2)}$ のとき $\angle\mathrm{APB}=30°$ となる。

◀平面 $ax+by+cz+d=0$ の法線ベクトル $\vec{n}$ の1つは　$\vec{n}=(a,\ b,\ c)$

◀まず，法線ベクトルのなす角を求める。

◀$0° \leqq \theta' \leqq 90°$ のときは　$\theta=\theta'$

◀そのまま展開すると s の4次式となり計算が大変であるから，$S=s^2-4s$ とおいて次数を下げるとよい。

問題 **74**　空間に2直線 $l: x-3=-\dfrac{y}{2}=\dfrac{z}{3}$，$m: x-1=\dfrac{y+8}{2}=z$ がある。

(1) 2直線 l，m は交わることを示し，その交点Pの座標を求めよ。

(2) 2直線 l，m のなす角 θ $(0° \leqq \theta \leqq 90°)$ を求めよ。

(3) 2直線 l，m を含む平面 α の方程式を求めよ。

(1)　$x-3=-\dfrac{y}{2}=\dfrac{z}{3}=s$, $x-1=\dfrac{y+8}{2}=z=t$ とおくと

$$\begin{cases}x=s+3\\y=-2s\\z=3s\end{cases}\ \cdots ①,\quad \begin{cases}x=t+1\\y=2t-8\\z=t\end{cases}\ \cdots ②$$

◀ 2 直線 l, m を媒介変数表示する。

①, ② を連立すると　$\begin{cases}s+3=t+1 & \cdots ③\\-2s=2t-8 & \cdots ④\\3s=t & \cdots ⑤\end{cases}$

◀ 未知数の数よりも式の数の方が多いから，解をもつかどうか分からない。

③, ④ より　　$s=1$, $t=3$

$s=1$, $t=3$ は ⑤ を満たす。

ゆえに，連立方程式 ①, ② は解をもち，その解は

　　$s=1$, $t=3$

① に代入すると　　$x=4$, $y=-2$, $z=3$

◀ ① と ② から同じ値が得られる。

よって，2 直線 l, m は交わりその交点 P の座標は

　　P(4, −2, 3)

(2)　直線 l と直線 m の方向ベクトルの 1 つをそれぞれ $\overrightarrow{u_1}$, $\overrightarrow{u_2}$ とすると

$$\overrightarrow{u_1}=(1,\ -2,\ 3),\ \overrightarrow{u_2}=(1,\ 2,\ 1)$$

$\overrightarrow{u_1}$ と $\overrightarrow{u_2}$ のなす角 θ' $(0°\leqq\theta'\leqq180°)$ は

$$\cos\theta'=\frac{\overrightarrow{u_1}\cdot\overrightarrow{u_2}}{|\overrightarrow{u_1}||\overrightarrow{u_2}|}=\frac{1-4+3}{\sqrt{14}\sqrt{6}}=0$$

よって　　$\theta'=90°$

ゆえに，直線 l と直線 m のなす角 θ は　　$\boldsymbol{\theta=90°}$

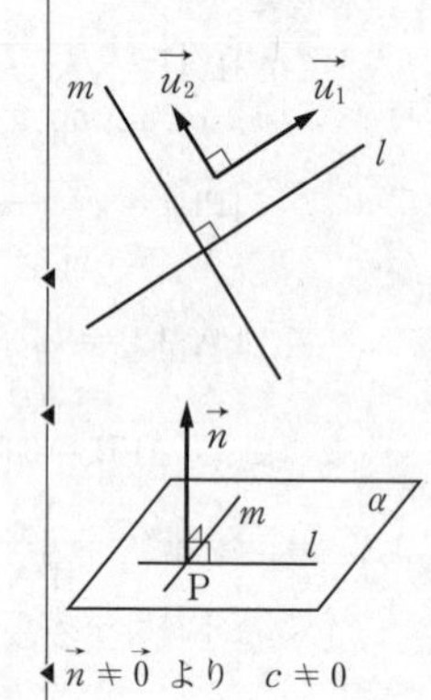

(3)　平面 α の法線ベクトルを $\vec{n}=(a,\ b,\ c)$ $(\vec{n}\neq\vec{0})$ とおくと

$\vec{n}\perp\overrightarrow{u_1}$ より　　$a-2b+3c=0$

$\vec{n}\perp\overrightarrow{u_2}$ より　　$a+2b+c=0$

これらより　　$a=-2c$, $b=\dfrac{1}{2}c$

よって　　$\vec{n}=\left(-2c,\ \dfrac{1}{2}c,\ c\right)=\dfrac{1}{2}c(-4,\ 1,\ 2)$

◀ $\vec{n}\neq\vec{0}$ より　$c\neq0$

ゆえに，平面 α の法線ベクトルの 1 つは　　$(-4,\ 1,\ 2)$

また，平面 α は点 P(4, −2, 3) を通るから，求める平面 α の方程式は

$$-4(x-4)+1(y+2)+2(z-3)=0$$

すなわち　　$\boldsymbol{4x-y-2z-12=0}$

〔別解〕

平面 α 上の点を T$(x,\ y,\ z)$ とすると

$$\begin{aligned}\overrightarrow{OT}&=\overrightarrow{OP}+s\overrightarrow{u_1}+t\overrightarrow{u_2}\\&=(4,\ -2,\ 3)+s(1,\ -2,\ 3)+t(1,\ 2,\ 1)\\&=(4+s+t,\ -2-2s+2t,\ 3+3s+t)\end{aligned}$$

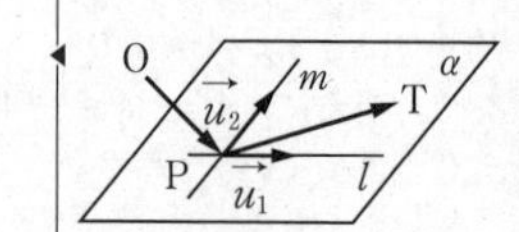

よって　$\begin{cases}x=4+s+t & \cdots ⑥\\y=-2-2s+2t & \cdots ⑦\\z=3+3s+t & \cdots ⑧\end{cases}$

⑥, ⑦ より，s, t について解くと

$$s=\frac{2x-y-10}{4},\ t=\frac{2x+y-6}{4}$$

これを ⑧ に代入して整理すると　　$4x-y-2z-12=0$

p.142 本質を問う4

1 (1) ある4点O, A, B, Cについて, $\overrightarrow{OA}$, $\overrightarrow{OB}$, $\overrightarrow{OC}$ が1次独立であるとはどういうことか述べよ。

(2) $\vec{a}=(2,\ 3,\ 0)$, $\vec{b}=(4,\ 0,\ 0)$, $\vec{c}=(0,\ 5,\ 0)$ において, $\vec{a}$, $\vec{b}$, $\vec{c}$ は1次独立であるといえるか。

(1) 異なる4点O, A, B, Cが同一平面上にないこと。

(2) Oを原点とする座標空間においてA(2, 3, 0), B(4, 0, 0), C(0, 5, 0)とすると, 4点O, A, B, Cは平面 $z=0$ 上にあるから, 異なる4点O, A, B, Cは同一平面上にある。

よって, $\vec{a}$, $\vec{b}$, $\vec{c}$ は**1次独立であるといえない**。

◀どの1つのベクトルも, ほかの2つのベクトルを用いて表すことができない。

2 空間において, 同一直線上にない3点A($\vec{a}$), B($\vec{b}$), C($\vec{c}$)がある。A, B, Cを含む平面上の任意の点をP($\vec{p}$)とするとき

$$\vec{p}=s\vec{a}+t\vec{b}+u\vec{c},\quad s+t+u=1$$

であることを示せ。

4点A, B, C, Pが同一平面上にある。

$\Longleftrightarrow \overrightarrow{AP}=k\overrightarrow{AB}+l\overrightarrow{AC}$ …① となる実数 k, l が存在する。

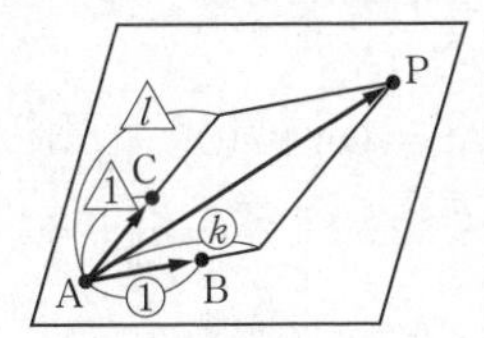

①を位置ベクトルで表すと

$$\vec{p}-\vec{a}=k(\vec{b}-\vec{a})+l(\vec{c}-\vec{a})$$

よって $\vec{p}=(1-k-l)\vec{a}+k\vec{b}+l\vec{c}$

ここで, $1-k-l=s$, $k=t$, $l=u$ とおくと

$$\vec{p}=s\vec{a}+t\vec{b}+u\vec{c},\quad s+t+u=1$$

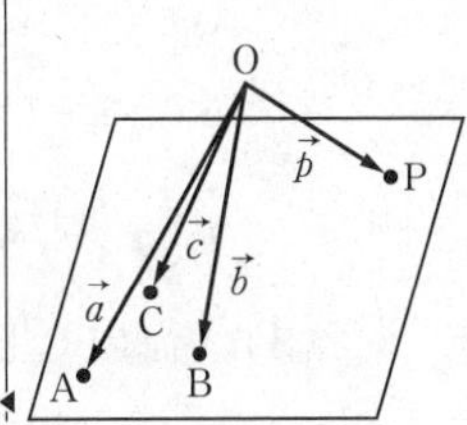

3 直線 l が, 点Oで交わる2直線OA, OBのそれぞれに垂直であるとき, 直線 l は, 直線OA, OBで定まる平面 α に垂直であることをベクトルを用いて示せ。

右の図のように, 平面 α 上の点Oで交わる2直線 m, n 上に, 交点O以外の点A, Bをそれぞれとる。

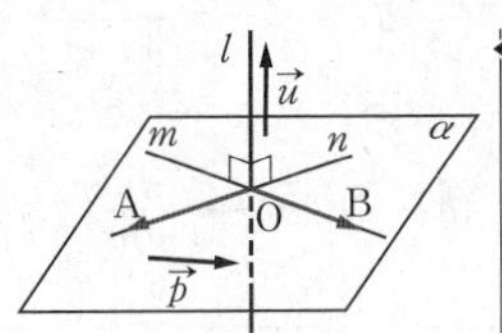

平面 α 上の任意の直線の方向ベクトルを $\vec{p}$ ($\vec{p}\neq\vec{0}$) とすると

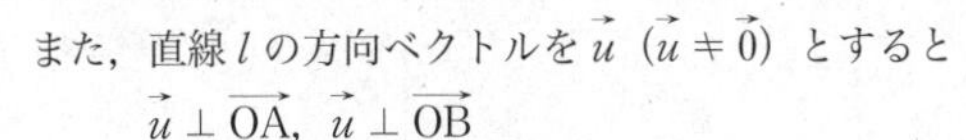

$$\vec{p}=s\overrightarrow{OA}+t\overrightarrow{OB}\quad (s,\ t \text{は実数})$$

とおける。

また, 直線 l の方向ベクトルを $\vec{u}$ ($\vec{u}\neq\vec{0}$) とすると

$$\vec{u}\perp\overrightarrow{OA},\quad \vec{u}\perp\overrightarrow{OB}$$

このとき $\vec{p}\cdot\vec{u}=(s\overrightarrow{OA}+t\overrightarrow{OB})\cdot\vec{u}$

$$=s\overrightarrow{OA}\cdot\vec{u}+t\overrightarrow{OB}\cdot\vec{u}=0$$

よって $\vec{p}\perp\vec{u}$

すなわち, 直線 l は平面 α 上の任意のベクトル $\vec{p}$ に垂直である。

◀$l\perp\alpha$
$\Longleftrightarrow l\perp$(平面 α 上の任意の直線)
$\Longleftrightarrow$ (l の方向ベクトル) $\perp$ (平面 α 上の任意の方向ベクトル)

◀$\vec{p}$ は方向ベクトルであるから $\vec{p}\neq\vec{0}$

◀$\vec{u}$ は方向ベクトルであるから $\vec{u}\neq\vec{0}$

◀$l\perp$OA, $l\perp$OB

◀$\overrightarrow{OA}\cdot\vec{u}=\overrightarrow{OB}\cdot\vec{u}=0$

◀$\vec{p}\neq\vec{0}$, $\vec{u}\neq\vec{0}$

したがって，直線 l は平面 α 上のすべての直線と垂直であるから

$l \perp \alpha$

p.143 | Let's Try! 4

① 四面体 OABC において，辺 AB の中点を P，線分 PC の中点を Q とする。また，$0<m<1$ に対し，線分 OQ を $m:(1-m)$ に内分する点を R，直線 AR と平面 OBC の交点を S とする。さらに，$\overrightarrow{\mathrm{OA}}=\vec{a}$，$\overrightarrow{\mathrm{OB}}=\vec{b}$，$\overrightarrow{\mathrm{OC}}=\vec{c}$ とする。

(1) $\overrightarrow{\mathrm{OP}}$，$\overrightarrow{\mathrm{OQ}}$，$\overrightarrow{\mathrm{OR}}$ を $\vec{a}$，$\vec{b}$，$\vec{c}$ と m で表せ。

(2) AR：RS を m で表せ。

(3) 辺 OA と線分 SQ が平行となるとき，m の値を求めよ。（南山大）

(1) $\overrightarrow{\mathrm{OP}}=\boldsymbol{\dfrac{1}{2}(\vec{a}+\vec{b})}$

$\overrightarrow{\mathrm{OQ}}=\dfrac{1}{2}(\overrightarrow{\mathrm{OP}}+\overrightarrow{\mathrm{OC}})=\boldsymbol{\dfrac{1}{4}(\vec{a}+\vec{b}+2\vec{c})}$

$\overrightarrow{\mathrm{OR}}=m\overrightarrow{\mathrm{OQ}}=\boldsymbol{\dfrac{m}{4}(\vec{a}+\vec{b}+2\vec{c})}$

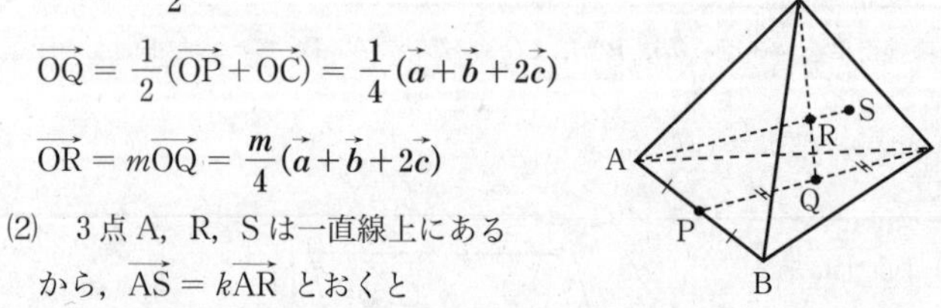

(2) 3点 A，R，S は一直線上にあるから，$\overrightarrow{\mathrm{AS}}=k\overrightarrow{\mathrm{AR}}$ とおくと

$$\begin{aligned}\overrightarrow{\mathrm{OS}}&=\overrightarrow{\mathrm{OA}}+\overrightarrow{\mathrm{AS}}=\overrightarrow{\mathrm{OA}}+k(\overrightarrow{\mathrm{OR}}-\overrightarrow{\mathrm{OA}})\\&=\vec{a}+k\left\{\frac{m}{4}(\vec{a}+\vec{b}+2\vec{c})-\vec{a}\right\}\\&=\left(1-k+\frac{km}{4}\right)\vec{a}+\frac{km}{4}\vec{b}+\frac{km}{2}\vec{c}\end{aligned}$$

点 S は平面 OBC 上にあるから　$1-k+\dfrac{km}{4}=0$

◀ $\overrightarrow{\mathrm{OS}}=s\vec{b}+t\vec{c}$ の形で表されるから，$\vec{a}$ の係数は 0 である。

よって　$k=\dfrac{4}{4-m}$

ゆえに　$\mathrm{AR}:\mathrm{RS}=1:(k-1)=1:\left(\dfrac{4}{4-m}-1\right)=\boldsymbol{(4-m):m}$

(3) (2)より　$\overrightarrow{\mathrm{OS}}=\dfrac{km}{4}\vec{b}+\dfrac{km}{2}\vec{c}=\dfrac{m}{4-m}\vec{b}+\dfrac{2m}{4-m}\vec{c}$

◀ $k=\dfrac{4}{4-m}$

よって

$$\begin{aligned}\overrightarrow{\mathrm{SQ}}&=\overrightarrow{\mathrm{OQ}}-\overrightarrow{\mathrm{OS}}\\&=\frac{1}{4}(\vec{a}+\vec{b}+2\vec{c})-\frac{m}{4-m}\vec{b}-\frac{2m}{4-m}\vec{c}\\&=\frac{1}{4}\vec{a}+\left(\frac{1}{4}-\frac{m}{4-m}\right)\vec{b}+2\left(\frac{1}{4}-\frac{m}{4-m}\right)\vec{c}\end{aligned}$$

OA $/\!/$ SQ であるから　$\dfrac{1}{4}-\dfrac{m}{4-m}=0$

◀ $\overrightarrow{\mathrm{SQ}}=u\vec{a}$ の形で表されるから，$\vec{b}$，$\vec{c}$ の係数は 0 である。

したがって　$\boldsymbol{m=\dfrac{4}{5}}$

② 四面体 ABCD において，△BCD の重心を G とする。このとき，次の問に答えよ。

(1) ベクトル $\overrightarrow{AG}$ をベクトル $\overrightarrow{AB}$, $\overrightarrow{AC}$, $\overrightarrow{AD}$ で表せ。

(2) 線分 AG を 3:1 に内分する点を E, △ACD の重心を F とする。このとき，3 点 B, E, F は一直線上にあり，E は BF を 3:1 に内分する点であることを示せ。

(3) BA = BD, CA = CD であるとき，2 つのベクトル $\overrightarrow{BF}$ と $\overrightarrow{AD}$ は垂直であることを示せ。

(静岡大)

(1) 点 G は △BCD の重心であるから

$$\overrightarrow{AG} = \frac{\overrightarrow{AB}+\overrightarrow{AC}+\overrightarrow{AD}}{3}$$

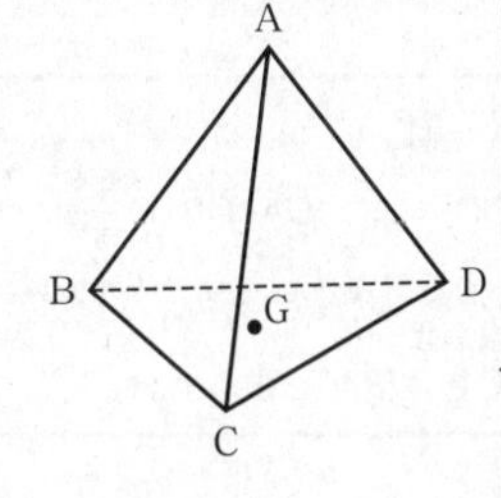

(2) $\overrightarrow{AE} = \frac{3}{4}\overrightarrow{AG} = \frac{\overrightarrow{AB}+\overrightarrow{AC}+\overrightarrow{AD}}{4}$

$\overrightarrow{AF} = \frac{1}{3}\overrightarrow{AC} + \frac{1}{3}\overrightarrow{AD}$

◀ $\overrightarrow{AF} = \frac{\overrightarrow{AA}+\overrightarrow{AC}+\overrightarrow{AD}}{3}$

ここで

$$\begin{aligned}\overrightarrow{BE} &= \overrightarrow{AE}-\overrightarrow{AB}\\ &= -\frac{3}{4}\overrightarrow{AB}+\frac{1}{4}\overrightarrow{AC}+\frac{1}{4}\overrightarrow{AD}\\ &= \frac{1}{4}(-3\overrightarrow{AB}+\overrightarrow{AC}+\overrightarrow{AD})\end{aligned}$$

$$\begin{aligned}\overrightarrow{BF} &= \overrightarrow{AF}-\overrightarrow{AB}\\ &= -\overrightarrow{AB}+\frac{1}{3}\overrightarrow{AC}+\frac{1}{3}\overrightarrow{AD}\\ &= \frac{1}{3}(-3\overrightarrow{AB}+\overrightarrow{AC}+\overrightarrow{AD})\end{aligned}$$

よって　$\overrightarrow{BF} = \frac{4}{3}\overrightarrow{BE}$

◀

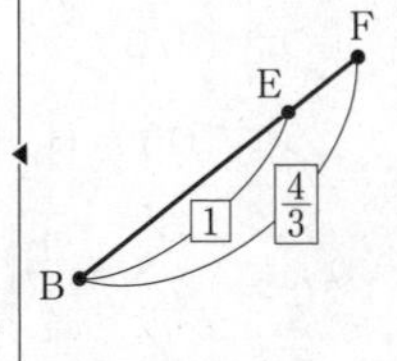

ゆえに，3 点 B, E, F は一直線上にある。

また，BE:EF = 1: $\frac{1}{3}$ = 3:1 より，E は BF を 3:1 に内分する点である。

(3) BA = BD より　$|\overrightarrow{AB}| = |\overrightarrow{BD}|$

両辺を 2 乗すると　$|\overrightarrow{AB}|^2 = |\overrightarrow{BD}|^2$

$|\overrightarrow{AB}|^2 = |\overrightarrow{AD}-\overrightarrow{AB}|^2$

◀始点を A にそろえる。

$|\overrightarrow{AB}|^2 = |\overrightarrow{AD}|^2 - 2\overrightarrow{AD}\cdot\overrightarrow{AB} + |\overrightarrow{AB}|^2$

よって　$\overrightarrow{AB}\cdot\overrightarrow{AD} = \frac{1}{2}|\overrightarrow{AD}|^2$　…①

同様に，CA = CD より　$|\overrightarrow{AC}| = |\overrightarrow{CD}|$

両辺を 2 乗すると　$|\overrightarrow{AC}|^2 = |\overrightarrow{CD}|^2$

$|\overrightarrow{AC}|^2 = |\overrightarrow{AD}-\overrightarrow{AC}|^2$

$|\overrightarrow{AC}|^2 = |\overrightarrow{AD}|^2 - 2\overrightarrow{AD}\cdot\overrightarrow{AC} + |\overrightarrow{AC}|^2$

よって　$\overrightarrow{AD}\cdot\overrightarrow{AC} = \frac{1}{2}|\overrightarrow{AD}|^2$　…②

①, ② より

$$\overrightarrow{BF}\cdot\overrightarrow{AD}=\frac{1}{3}(-3\overrightarrow{AB}+\overrightarrow{AC}+\overrightarrow{AD})\cdot\overrightarrow{AD}$$

$$=\frac{1}{3}(-3\overrightarrow{AB}\cdot\overrightarrow{AD}+\overrightarrow{AC}\cdot\overrightarrow{AD}+|\overrightarrow{AD}|^2)$$

$$=\frac{1}{3}\left(-\frac{3}{2}|\overrightarrow{AD}|^2+\frac{1}{2}|\overrightarrow{AD}|^2+|\overrightarrow{AD}|^2\right)=0$$

したがって，$\overrightarrow{BF}\neq\vec{0}$，$\overrightarrow{AD}\neq\vec{0}$ であるから $\overrightarrow{BF}\perp\overrightarrow{AD}$ である。

③ 空間ベクトル $\overrightarrow{OA}=(1,\ 0,\ 0)$，$\overrightarrow{OB}=(a,\ b,\ 0)$，$\overrightarrow{OC}$ が，条件

$$|\overrightarrow{OB}|=|\overrightarrow{OC}|=1,\quad \overrightarrow{OA}\cdot\overrightarrow{OB}=\frac{1}{3},\quad \overrightarrow{OA}\cdot\overrightarrow{OC}=\frac{1}{2},\quad \overrightarrow{OB}\cdot\overrightarrow{OC}=\frac{5}{6}$$

を満たしているとする。ただし，a，b は正の数とする。

(1) a，b の値を求めよ。　(2) △OAB の面積 S を求めよ。

(3) 四面体 OABC の体積 V を求めよ。　(名古屋大)

(1) $\overrightarrow{OA}\cdot\overrightarrow{OB}=1\times a+0\times b+0\times 0=a$ より　$\boldsymbol{a=\frac{1}{3}}$

$|\overrightarrow{OB}|=\sqrt{a^2+b^2}=1$ より　$\frac{1}{9}+b^2=1$

よって　$b^2=\frac{8}{9}$

$b>0$ より　$\boldsymbol{b=\frac{2\sqrt{2}}{3}}$

(2) $\overrightarrow{OA}$，$\overrightarrow{OB}$ はともに z 成分が 0 であるから，点 O，A，B は xy 平面上の点である。

よって，$\overrightarrow{OA}=(1,\ 0)$，$\overrightarrow{OB}=\left(\frac{1}{3},\ \frac{2\sqrt{2}}{3}\right)$ で考える。

ゆえに　$S=\frac{1}{2}\left|1\cdot\frac{2\sqrt{2}}{3}-0\cdot\frac{1}{3}\right|=\boldsymbol{\frac{\sqrt{2}}{3}}$

◀ $\overrightarrow{OA}=(a_1,\ a_2)$
$\overrightarrow{OB}=(b_1,\ b_2)$ とすると
△OAB の面積は
$\frac{1}{2}|a_1b_2-a_2b_1|$

(3) $\overrightarrow{OC}=(x,\ y,\ z)$ とおく。

$$\overrightarrow{OA}\cdot\overrightarrow{OC}=x=\frac{1}{2}\quad\cdots①$$

$$\overrightarrow{OB}\cdot\overrightarrow{OC}=\frac{1}{3}x+\frac{2\sqrt{2}}{3}y=\frac{1}{6}+\frac{2\sqrt{2}}{3}y=\frac{5}{6}$$

よって　$y=\frac{\sqrt{2}}{2}\quad\cdots②$

$|\overrightarrow{OC}|=1$ より　$|\overrightarrow{OC}|^2=1$

よって　$x^2+y^2+z^2=1$

①，② を代入すると　$\frac{1}{4}+\frac{1}{2}+z^2=1$

◀ $z^2=\frac{1}{4}$

ゆえに　$z=\pm\frac{1}{2}$

△OAB は，xy 平面上にあるから，点 C の z 座標の絶対値が四面体 OABC の高さとなる。

ゆえに　$V=\frac{1}{3}S\cdot|z|=\frac{1}{3}\cdot\frac{\sqrt{2}}{3}\cdot\frac{1}{2}=\boldsymbol{\frac{\sqrt{2}}{18}}$

④ 座標空間の4点 A(1, 1, 2), B(2, 1, 4), C(3, 2, 2), D(2, 7, 1) を考える。
(1) 線分ABと線分ACのなす角をθとするとき，$\sin\theta$の値を求めよ。
ただし，$0° \leqq \theta \leqq 180°$ とする。
(2) 点Dから△ABCを含む平面へ垂線DHを下ろすとする。Hの座標を求めよ。(岐阜大　改)

(1) $\overrightarrow{AB} = (2-1,\ 1-1,\ 4-2) = (1,\ 0,\ 2)$,
$\overrightarrow{AC} = (3-1,\ 2-1,\ 2-2) = (2,\ 1,\ 0)$ より
$$\overrightarrow{AB}\cdot\overrightarrow{AC} = 1\times2+0\times1+2\times0 = 2$$
また　$|\overrightarrow{AB}| = \sqrt{1^2+0^2+2^2} = \sqrt{5}$，$|\overrightarrow{AC}| = \sqrt{2^2+1^2+0^2} = \sqrt{5}$
よって　$\cos\theta = \dfrac{\overrightarrow{AB}\cdot\overrightarrow{AC}}{|\overrightarrow{AB}||\overrightarrow{AC}|} = \dfrac{2}{5}$
$0° \leqq \theta \leqq 180°$ より，$\sin\theta \geqq 0$ であるから
$$\sin\theta = \sqrt{1-\cos^2\theta} = \boldsymbol{\frac{\sqrt{21}}{5}}$$
(2) 点Hは平面ABC上にあるから
$$\overrightarrow{AH} = s\overrightarrow{AB}+t\overrightarrow{AC} = (s,\ 0,\ 2s)+(2t,\ t,\ 0)$$
$$= (s+2t,\ t,\ 2s)\quad (s,\ t\text{ は実数})$$
とおける。
DHは平面ABCに垂直であるから　$\overrightarrow{DH}\perp\overrightarrow{AB}$, $\overrightarrow{DH}\perp\overrightarrow{AC}$
すなわち　$\overrightarrow{DH}\cdot\overrightarrow{AB} = 0$, $\overrightarrow{DH}\cdot\overrightarrow{AC} = 0$
ここで　$\overrightarrow{DH} = \overrightarrow{AH}-\overrightarrow{AD} = (s+2t,\ t,\ 2s)-(1,\ 6,\ -1)$
$= (s+2t-1,\ t-6,\ 2s+1)$

◀ $\overrightarrow{AD} = (2-1,\ 7-1,\ 1-2) = (1,\ 6,\ -1)$

よって
$$\overrightarrow{AB}\cdot\overrightarrow{DH} = 1\times(s+2t-1)+0\times(t-6)+2\times(2s+1)$$
$$= 5s+2t+1 = 0 \quad \cdots①$$
$$\overrightarrow{AC}\cdot\overrightarrow{DH} = 2\times(s+2t-1)+1\times(t-6)+0\times(2s+1)$$
$$= 2s+5t-8 = 0 \quad \cdots②$$
①, ②を解くと　$s = -1$,　$t = 2$
よって　$\overrightarrow{AH} = (3,\ 2,\ -2)$
ゆえに　$\overrightarrow{OH} = \overrightarrow{OA}+\overrightarrow{AH} = (4,\ 3,\ 0)$
したがって　**H(4, 3, 0)**

◀ 点Hの座標は$\overrightarrow{OH}$の成分を求めればよい。

⑤ xyz空間内にxy平面と交わる半径5の球がある。その球の中心のz座標が正であり，その球とxy平面の交わりがつくる円の方程式が $x^2+y^2-4x+6y+4=0$ であるとき，その球の中心の座標を求めよ。
(早稲田大)

球の中心の座標をC$(a,\ b,\ c)$，ただし，$c>0$ とすると，球の方程式は，半径が5であるから

◀ 条件より，球の中心のz座標は正である。

$$(x-a)^2+(y-b)^2+(z-c)^2 = 25 \quad \cdots①$$
xy平面の方程式は $z=0$ であるから，①に代入すると
$$(x-a)^2+(y-b)^2+(0-c)^2 = 25$$
よって　$(x-a)^2+(y-b)^2 = 25-c^2 \quad \cdots②$
これが，円 $x^2+y^2-4x+6y+4=0$
すなわち　$(x-2)^2+(y+3)^2 = 9 \quad \cdots③$

と一致するから，②，③ より

$$a=2,\ b=-3,\ 25-c^2=9$$

$25-c^2=9$ より　　$c^2=16$

$c>0$ であるから　　$c=4$

したがって，求める球の中心の座標は　　**(2, −3, 4)**

◀ $c=\pm4$ となり，$c>0$ であるから，$c=4$

思考の戦略編

練習 1　$\triangle$OCD の外側に OC を 1 辺とする正方形 OABC と，OD を 1 辺とする正方形 ODEF をつくる。このとき，AD $\perp$ CF であることを証明せよ。（茨城大）

頂点 O を原点，C$(c,\ 0)$，D$(a,\ b)$ $(b>0,\ c>0)$ としても一般性を失わない。

◀辺 OC の外側に正方形をつくるから，その正方形の辺が座標軸上にくるように，OC が x 軸上にあるようにした。OD を軸上にとってもよい。

このとき，四角形 OABC は正方形であるから　A$(0,\ -c)$

また，下の図より，点 F の座標は，a の正負にかかわらず　F$(-b,\ a)$

$a>0$ のとき

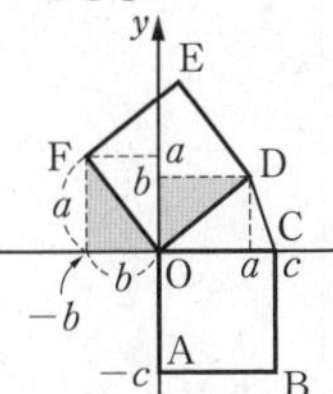

$a=0$ のとき

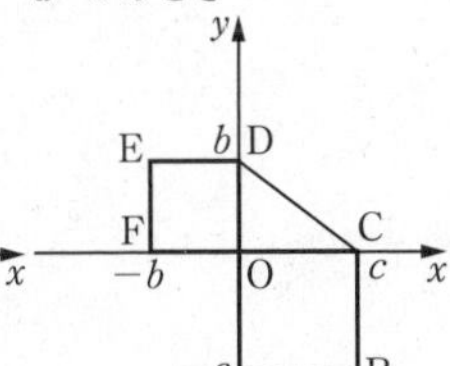

$a<0$ のとき

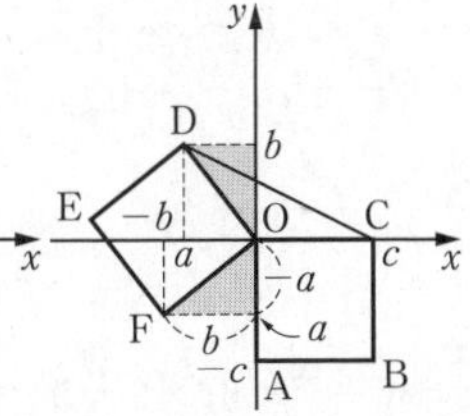

◀ に着目して考える。

(ア)　$a=0$ のとき

直線 AD は y 軸上，直線 CF は x 軸上にあるから　AD $\perp$ CF

(イ)　$a \neq 0$ のとき

直線 AD の傾きは　$\dfrac{b-(-c)}{a-0}=\dfrac{b+c}{a}$

直線 CF の傾きは　$\dfrac{0-a}{c-(-b)}=-\dfrac{a}{b+c}$

$\dfrac{b+c}{a}\cdot\left(-\dfrac{a}{b+c}\right)=-1$ であるから　AD $\perp$ CF

〔別解〕　（4 行目までは同様）

よって，$\overrightarrow{\mathrm{AD}}=(a,\ b+c)$，$\overrightarrow{\mathrm{CF}}=(-b-c,\ a)$ であるから

$\overrightarrow{\mathrm{AD}}\cdot\overrightarrow{\mathrm{CF}}=a(-b-c)+(b+c)a=0$

$\overrightarrow{\mathrm{AD}}\neq\vec{0}$，$\overrightarrow{\mathrm{CF}}\neq\vec{0}$ であるから　AD $\perp$ CF

◀ベクトルで考えると，直線の傾きのような場合分けは必要ない。

練習 2　右の図はある三角錐 V の展開図である。ここで AB $=4$，AC $=3$，BC $=5$，$\angle$ACD $=90^\circ$ で $\triangle$ABE は正三角形である。このとき，V の体積を求めよ。（北海道大）

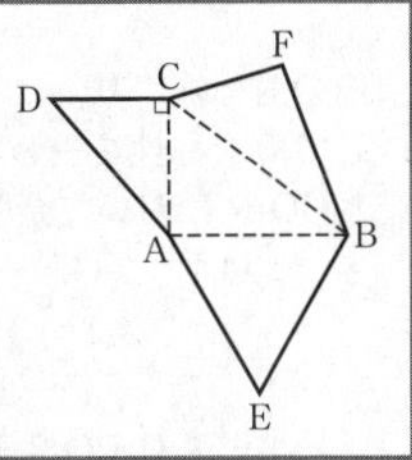

この展開図を組み立てたときに，3 点 D，E，F が重なる点を P とする。

座標空間において，三角錐 V を右の図のように，A$(0,\ 0,\ 0)$，B$(4,\ 0,\ 0)$，C$(0,\ 3,\ 0)$，P$(x,\ y,\ z)$ $(z>0)$ と設定しても一般性を失わない。

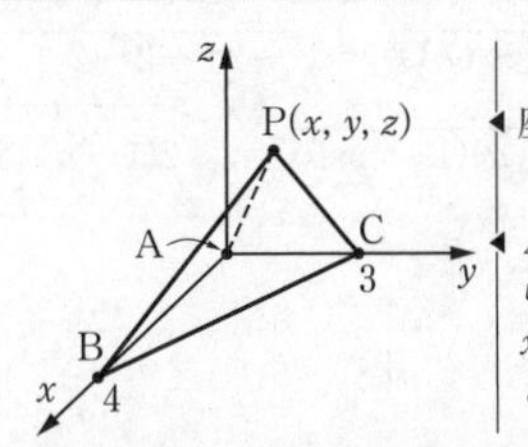

◀座標空間を設定する。

◀$\angle$BAC $=90^\circ$ であるから，点 A を原点，点 B を x 軸上，点 C を y 軸上にとる。

△ABEは正三角形であるから，AB＝BE＝EA であり，組み立てたときに重なるから

AE＝AD＝AP より　　AP＝4　　…①

BE＝BF＝BP より　　BP＝4　　…②

また，△ACDは直角三角形であるから

◀三平方の定理を利用する。

$$CD=\sqrt{AD^2-AC^2}$$
$$=\sqrt{4^2-3^2}=\sqrt{7}$$

組み立てたときに重なるから

CD＝CP より　　$CP=\sqrt{7}$　　…③

①より　　$x^2+y^2+z^2=16$　　…④

②より　　$(x-4)^2+y^2+z^2=16$　　…⑤

③より　　$x^2+(y-3)^2+z^2=7$　　…⑥

④，⑤より

$$x^2=(x-4)^2 \qquad x^2=x^2-8x+16$$

よって　　$x=2$

④，⑥より

$$y^2-(y-3)^2=9 \qquad y^2-y^2+6y-9=9$$

よって　　$y=3$

④より

$$2^2+3^2+z^2=16$$

$z>0$ より　　$z=\sqrt{3}$

したがって，V の体積は

◀△ABCを底面とすると，z の値が高さとなる。

$$V=\triangle ABC\times z\times\frac{1}{3}=\left(4\times3\times\frac{1}{2}\right)\times\sqrt{3}\times\frac{1}{3}=2\sqrt{3}$$

練習 3　点Oを中心とする半径1の円 C に含まれる2つの円 C_1，C_2 を考える。ただし，C_1，C_2 の中心は C の直径AB上にあり，C_1 は点Aで，また C_2 は点Bでそれぞれ C と接している。また，C_1，C_2 の半径をそれぞれ a，b とする。C 上の点Pから C_1，C_2 に1本ずつ接線を引き，それらの接点をQ，Rとする。Pを C 上で動かしたときのPQ＋PRの最大値を求めよ。

（京都大　改）

円 C，C_1，C_2 の中心をそれぞれO，O_1，O_2 とする。

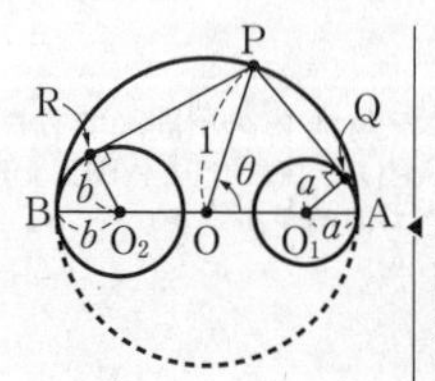

円の対称性より，$\angle AOP=\theta$ $(0\leqq\theta\leqq\pi)$ としても対称性を失わない。

◀与えられた条件を満たす図は，直径ABに関して対称である。よって，θ のとり得る値の範囲は $0\leqq\theta\leqq\pi$ と定める。

$\triangle OO_1P$ において余弦定理により

$$O_1P^2=OP^2+OO_1{}^2-2\cdot OP\cdot OO_1\cdot\cos\theta$$
$$=1^2+(1-a)^2-2\cdot1\cdot(1-a)\cdot\cos\theta$$
$$=a^2-2a+2-2(1-a)\cos\theta$$

よって，$\triangle O_1PQ$ において三平方の定理により

$$PQ=\sqrt{O_1P^2-O_1Q^2}=\sqrt{-2a+2-2(1-a)\cos\theta}$$
$$=\sqrt{2(1-a)(1-\cos\theta)}=\sqrt{2(1-a)\cdot2\sin^2\frac{\theta}{2}}$$

◀半角の公式

$$= 2\sqrt{1-a}\sin\frac{\theta}{2}$$

◀ $0 \leqq \theta \leqq \pi$ より $0 \leqq \frac{\theta}{2} \leqq \frac{\pi}{2}$ であるから $\sin\frac{\theta}{2} \geqq 0$

また，$\triangle OO_2P$ において余弦定理により

$$O_2P^2 = OP^2 + OO_2{}^2 - 2 \cdot OP \cdot OO_2 \cdot \cos(\pi - \theta)$$
$$= 1^2 + (1-b)^2 + 2 \cdot 1 \cdot (1-b) \cdot \cos\theta$$
$$= b^2 - 2b + 2 + 2(1-b)\cos\theta$$

よって，$\triangle O_2PR$ で三平方の定理により

$$PR = \sqrt{O_2P^2 - O_2R^2} = \sqrt{-2b + 2 + 2(1-b)\cos\theta}$$
$$= \sqrt{2(1-b)(1+\cos\theta)} = \sqrt{2(1-b) \cdot 2\cos^2\frac{\theta}{2}}$$

◀ 半角の公式

$$= 2\sqrt{1-b}\cos\frac{\theta}{2}$$

◀ $0 \leqq \theta \leqq \pi$ より $0 \leqq \frac{\theta}{2} \leqq \frac{\pi}{2}$ であるから $\cos\frac{\theta}{2} \geqq 0$

したがって

$$PQ + PR = 2\left(\sqrt{1-a}\sin\frac{\theta}{2} + \sqrt{1-b}\cos\frac{\theta}{2}\right)$$
$$= 2\sqrt{2-a-b}\sin\left(\frac{\theta}{2} + \alpha\right)$$

◀ 三角関数の合成

y $\sqrt{2-a-b}$ $\sqrt{1-b}$ α O $\sqrt{1-a}$ x

ただし，α は $\cos\alpha = \frac{\sqrt{1-a}}{\sqrt{2-a-b}}$，$\sin\alpha = \frac{\sqrt{1-b}}{\sqrt{2-a-b}}$ を満たす鋭角である。

$0 \leqq \theta \leqq \pi$ より $0 \leqq \frac{\theta}{2} \leqq \frac{\pi}{2}$ から $\alpha \leqq \frac{\theta}{2} + \alpha \leqq \alpha + \frac{\pi}{2}$

よって，$\frac{\theta}{2} + \alpha = \frac{\pi}{2}$ のとき $\sin\left(\frac{\theta}{2} + \alpha\right)$ は最大値 1 をとり，

PQ＋PR は最大となり，その値は

$$\boldsymbol{2\sqrt{2-a-b}}$$

◀

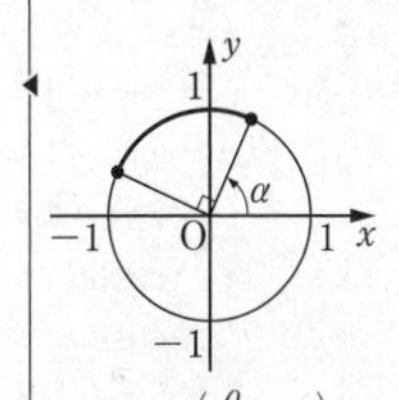

より，$\sin\left(\frac{\theta}{2} + \alpha\right) = 1$ となるとき，PQ＋PR は最大となる。

戦略

練習 4 連立方程式 $\begin{cases} y=2x^2-1 \\ z=2y^2-1 \\ x=2z^2-1 \end{cases}$ …(∗) を考える。

(1) $(x,\ y,\ z)=(a,\ b,\ c)$ が(∗)の実数解であるとき，$|a|\leqq 1$，$|b|\leqq 1$，$|c|\leqq 1$ であることを示せ。

(2) (∗)は全部で8組の相異なる実数解をもつことを示せ。 (京都大)

(1) $|a|>1$ であると仮定する。

このとき，$a^2>1$ であるから　$b=2a^2-1>1$

よって，$b^2>1$ であるから　$c=2b^2-1>1$

ゆえに，$c^2>1$ であるから　$a=2c^2-1>1$

したがって，$a>1$，$b>1$，$c>1$ となる。

ここで　$b-a=2a^2-a-1$

$=(2a+1)(a-1)>0$

よって　$b>a$

同様に，$c>b$，$a>c$ が成り立つから

$a>c>b>a$

となり矛盾。

同様にして，$|b|>1$ や $|c|>1$ を仮定しても矛盾する。

したがって，$(x,\ y,\ z)=(a,\ b,\ c)$ が (∗) の実数解であるとき，$|a|\leqq 1$，$|b|\leqq 1$，$|c|\leqq 1$ である。

(2) (∗) の解 x は $|x|\leqq 1$ を満たすから，$x=\cos\theta$ $(0\leqq\theta\leqq\pi)$ とおくことができる。このとき

$y=2x^2-1=2\cos^2\theta-1=\cos2\theta$

$z=2y^2-1=2\cos^2 2\theta-1=\cos4\theta$

$x=2z^2-1=2\cos^2 4\theta-1=\cos8\theta$

よって　$\cos8\theta=\cos\theta$

$\cos8\theta-\cos\theta=0$

$-2\sin\frac{9}{2}\theta\sin\frac{7}{2}\theta=0$

$\sin\frac{9}{2}\theta=0$ のとき

$\frac{9}{2}\theta=n\pi$　すなわち　$\theta=\frac{2}{9}n\pi$ (n は整数)

$\sin\frac{7}{2}\theta=0$ のとき

$\frac{7}{2}\theta=m\pi$　すなわち　$\theta=\frac{2}{7}m\pi$ (m は整数)

$0\leqq\theta\leqq\pi$ であるから

$\theta=0,\ \frac{2}{9}\pi,\ \frac{2}{7}\pi,\ \frac{4}{9}\pi,\ \frac{4}{7}\pi,\ \frac{2}{3}\pi,\ \frac{6}{7}\pi,\ \frac{8}{9}\pi$

これら8個の θ の値に対して，$\cos\theta$ の値はすべて異なるから (∗) を満たす x の値は8個あり，それぞれの値に対して (∗) より，y，z の値が1つに定まる。

したがって，(∗) は8個の相異なる実数解をもつ。

◀背理法による。

◀$a>1$ より $2a+1>0$，$a-1>0$

◀$a>a$ となってしまう。

◀2倍角の公式

◀和・差を積に直す公式
$\cos A-\cos B$
$=-2\sin\frac{A+B}{2}\sin\frac{A-B}{2}$

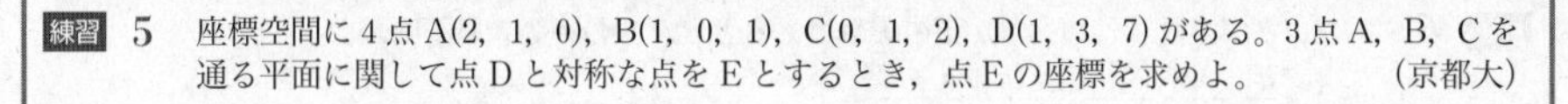

練習 5 座標空間に 4 点 A(2, 1, 0), B(1, 0, 1), C(0, 1, 2), D(1, 3, 7) がある。3 点 A, B, C を通る平面に関して点 D と対称な点を E とするとき，点 E の座標を求めよ。（京都大）

点 E の座標を $(p,\ q,\ r)$ とおくと，線分 DE の中点 M の座標は

$$\mathrm{M}\left(\frac{p+1}{2},\ \frac{q+3}{2},\ \frac{r+7}{2}\right)$$

これが，平面 ABC 上にあるから，s, t を実数として

$$\overrightarrow{\mathrm{OM}}=\overrightarrow{\mathrm{OA}}+s\overrightarrow{\mathrm{AB}}+t\overrightarrow{\mathrm{AC}} \quad \cdots ①$$

とおける。

$$\begin{aligned}&\overrightarrow{\mathrm{OA}}+s\overrightarrow{\mathrm{AB}}+t\overrightarrow{\mathrm{AC}}\\&=(2,\ 1,\ 0)+s(1-2,\ 0-1,\ 1-0)+t(0-2,\ 1-1,\ 2-0)\\&=(-s-2t+2,\ -s+1,\ s+2t)\end{aligned}$$

① より

$$\begin{cases}-s-2t+2=\dfrac{p+1}{2} & \cdots ②\\ -s+1=\dfrac{q+3}{2} & \cdots ③\\ s+2t=\dfrac{r+7}{2} & \cdots ④\end{cases}$$

次に，DE ⊥ △ABC であるから

$$\overrightarrow{\mathrm{DE}}\perp\overrightarrow{\mathrm{AB}} \text{ かつ } \overrightarrow{\mathrm{DE}}\perp\overrightarrow{\mathrm{AC}}$$

$\overrightarrow{\mathrm{DE}}\cdot\overrightarrow{\mathrm{AB}}=0$ より

$$(p-1)\times(-1)+(q-3)\times(-1)+(r-7)\times 1=0$$

すなわち　$p+q-r+3=0 \quad \cdots ⑤$

$\overrightarrow{\mathrm{DE}}\cdot\overrightarrow{\mathrm{AC}}=0$ より

$$(p-1)\times(-2)+(q-3)\times 0+(r-7)\times 2=0$$

すなわち　$p-r+6=0 \quad \cdots ⑥$

⑥ より　$r=p+6 \quad \cdots ⑦$

⑤ に代入すると　$p+q-(p+6)+3=0$

よって　$q=3$

③ に代入すると　$-s+1=3$

よって　$s=-2 \quad \cdots ⑧$

⑦, ⑧ を ②, ④ に代入すると，それぞれ

$$-2t+4=\frac{p+1}{2}\ \cdots ②',\quad 2t-2=\frac{p+13}{2}\ \cdots ④'$$

②′＋④′ より　$2=p+7$

ゆえに　$p=-5$

⑦ より　$r=1$

したがって，点 E の座標は　**E(−5, 3, 1)**

◀この問題の次元を下げて考える。

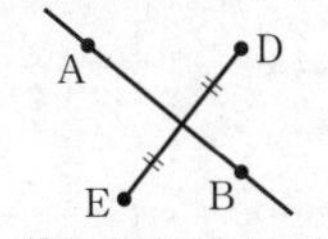

・線分 DE の中点が直線 AB 上にある。
・DE ⊥ AB

(LEGEND 数学Ⅱ+B 例題 90 参照)

⇩ 類推

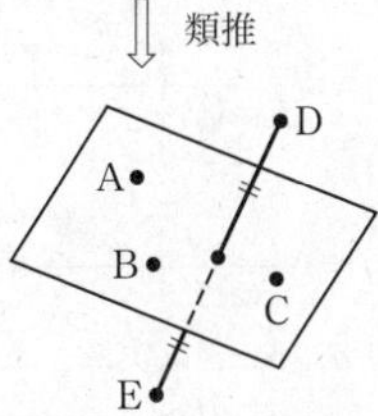

・線分 DE の中点が平面 ABC 上にある
・DE ⊥ △ABC

戦略

練習 6　a, b, c が実数, x, y, z が正の実数であるとき, 次の不等式を証明せよ。

$$\frac{a^2}{x}+\frac{b^2}{y}+\frac{c^2}{z} \geqq \frac{(a+b+c)^2}{x+y+z}$$

(左辺)−(右辺)

$$=\frac{1}{xyz(x+y+z)}\{a^2yz(x+y+z)+b^2zx(x+y+z)+c^2xy(x+y+z)-(a+b+c)^2xyz\}$$

$$=\frac{1}{xyz(x+y+z)}\{a^2yz(x+y+z)+b^2zx(x+y+z)+c^2xy(x+y+z)-a^2xyz-b^2xyz-c^2xyz-2abxyz-2bcxyz-2caxyz\}$$

$$=\frac{1}{xyz(x+y+z)}(a^2y^2z+a^2yz^2+b^2zx^2+b^2z^2x+c^2x^2y+c^2xy^2-2abxyz-2bcxyz-2caxyz)$$

$$=\frac{1}{xyz(x+y+z)}\{z(a^2y^2-2abxy+b^2x^2)+y(c^2x^2-2caxz+a^2z^2)+x(b^2z^2-2bcyz+c^2y^2)\}$$

$$=\frac{1}{xyz(x+y+z)}\{z(ay-bx)^2+y(cx-az)^2+x(bz-cy)^2\}$$

a, b, c は実数, x, y, z は正の実数であるから

(左辺)−(右辺) $\geqq 0$

すなわち　$\dfrac{a^2}{x}+\dfrac{b^2}{y}+\dfrac{c^2}{z} \geqq \dfrac{(a+b+c)^2}{x+y+z}$

◀証明する不等式の文字を2文字にした
$\dfrac{a^2}{x}+\dfrac{b^2}{y} \geqq \dfrac{(a+b)^2}{x+y}$
を考える。
(左辺)−(右辺)
$=\dfrac{1}{xy(x+y)}\{a^2y(x+y)+b^2x(x+y)-(a+b)^2xy\}$
$=\dfrac{1}{xy(x+y)}(a^2y^2+b^2x^2-2abxy)$
$=\dfrac{1}{xy(x+y)}(ay-bx)^2$
$\geqq 0$
この証明のような変形が3文字の場合でもできないか考える。

◀$x>0$, $y>0$, $z>0$, $(ay-bx)^2 \geqq 0$, $(cx-az)^2 \geqq 0$, $(bz-cy)^2 \geqq 0$

p.161 問題編

問題 1　鋭角三角形ABCにおいて, 辺BCの中点をM, AからBCに引いた垂線をAHとする。点Pを線分MH上にとるとき, $AB^2+AC^2 \geqq 2AP^2+BP^2+CP^2$ となることを示せ。　(京都大)

辺BCを x 軸, 辺BCの中点Mを原点にとり, $A(a,\ b)$, $B(-c,\ 0)$, $C(c,\ 0)$, $P(p,\ 0)$ $(a \geqq 0,\ b>0,\ c>0)$ としても一般性を失わない。このとき, $H(a,\ 0)$ であるから, 線分MH上に点Pをとるとき, $0 \leqq p \leqq a$ である。

$AB^2+AC^2-(2AP^2+BP^2+CP^2)$

$=(a+c)^2+b^2+(a-c)^2+b^2-[2\{(a-p)^2+b^2\}+(p+c)^2+(c-p)^2]$

$=a^2+2ac+c^2+b^2+a^2-2ac+c^2+b^2-(2a^2-4ap+2p^2+2b^2+p^2+2pc+c^2+c^2-2pc+p^2)$

$=4ap-4p^2$

$=4p(a-p) \geqq 0$

よって　$AB^2+AC^2 \geqq 2AP^2+BP^2+CP^2$

◀座標平面を設定する。

◀$AB<AC$ のときは, $B(c,\ 0)$, $C(-c,\ 0)$ と考えることで, このように座標設定できる。

◀点Pは線分MH上の点

◀$0 \leqq p \leqq a$ より $a-p \geqq 0$

2　四面体 OABC において，点 O から 3 点 A，B，C を含む平面に下ろした垂線とその平面の交点を H とする。$\overrightarrow{OA} \perp \overrightarrow{BC}$，$\overrightarrow{OB} \perp \overrightarrow{OC}$，$|\overrightarrow{OA}| = 2$，$|\overrightarrow{OB}| = |\overrightarrow{OC}| = 3$，$|\overrightarrow{AB}| = \sqrt{7}$ のとき，$|\overrightarrow{OH}|$ を求めよ。　　（京都大）

座標空間において，四面体 OABC は右の図のように設定できる。

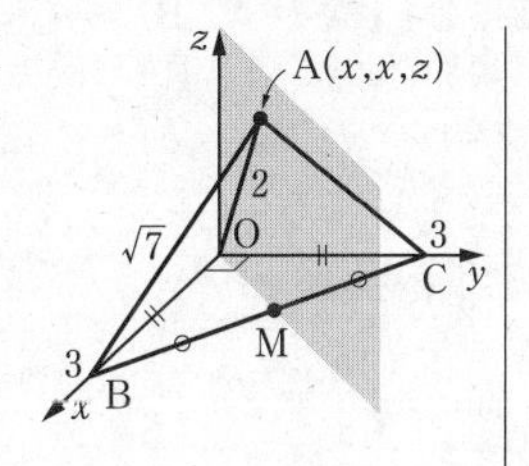

辺 BC の中点を M とすると

$|\overrightarrow{OB}| = |\overrightarrow{OC}|$ より　　OM ⊥ BC

また，$\overrightarrow{OA} \perp \overrightarrow{BC}$ より　　BC ⊥ 平面 OAM

よって，点 A は線分 BC の垂直二等分面上にあるから，点 A の座標は $(x,\ x,\ z)$ $(z>0)$ とおける。

◀ $z>0$ としても一般性を失わない。

OA = 2 より　　$\sqrt{x^2+x^2+z^2} = 2$

よって　　$2x^2+z^2=4$　　… ①

また，点 B(3，0，0) であり，AB = $\sqrt{7}$ より

$$\sqrt{(x-3)^2+x^2+z^2} = \sqrt{7}$$

よって　　$(x-3)^2+x^2+z^2=7$

① を代入すると　　$(x-3)^2+x^2+(4-2x^2)=7$

$-6x+13=7$ より　　$x=1$

① より，$z>0$ であるから　　$z=\sqrt{2}$

◀ $2+z^2=4$
$z^2=2$ より　$z=\pm\sqrt{2}$
$z>0$ より　$z=\sqrt{2}$

ここで，四面体 OABC は辺 BC の垂直二等分面に関して対称であるから，点 H は線分 AM 上にある。

点 M の座標は $\left(\dfrac{3}{2},\ \dfrac{3}{2},\ 0\right)$ であるから

$$\mathrm{AM} = \sqrt{\left(\frac{3}{2}-1\right)^2+\left(\frac{3}{2}-1\right)^2+\left(0-\sqrt{2}\right)^2}$$

$$= \sqrt{\frac{1}{4}+\frac{1}{4}+2} = \frac{\sqrt{10}}{2}$$

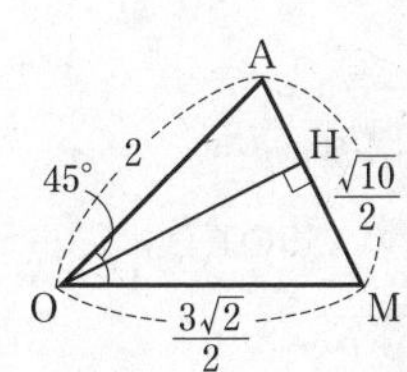

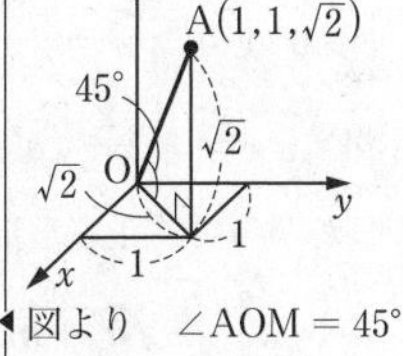

△OAM において，正弦定理により

◀ 図より　∠AOM = 45°

$$\frac{2}{\sin\angle\mathrm{AMO}} = \frac{\frac{\sqrt{10}}{2}}{\sin 45^\circ}$$

よって　　$\sin\angle\mathrm{AMO} = \dfrac{2}{\sqrt{5}}$

また　　$\mathrm{OM} = \dfrac{3}{\sqrt{2}} = \dfrac{3\sqrt{2}}{2}$

したがって　　$|\overrightarrow{OH}| = \mathrm{OH} = \mathrm{OM}\sin\angle\mathrm{AMO}$

$$= \frac{3\sqrt{2}}{2}\cdot\frac{2}{\sqrt{5}} = \boldsymbol{\frac{3\sqrt{10}}{5}}$$

〔別解〕

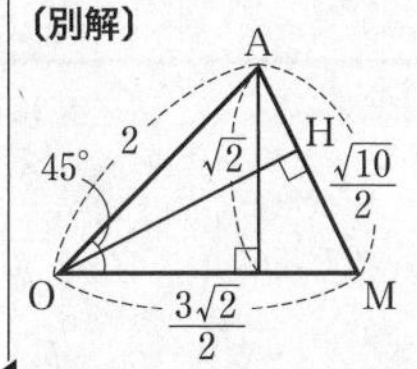

◀ △OAM の面積を 2 通りに表して

$\dfrac{1}{2}\cdot\dfrac{3\sqrt{2}}{2}\cdot\sqrt{2} = \dfrac{1}{2}\cdot\dfrac{\sqrt{10}}{2}\cdot\mathrm{OH}$

よって　$\mathrm{OH} = \dfrac{3\sqrt{10}}{5}$

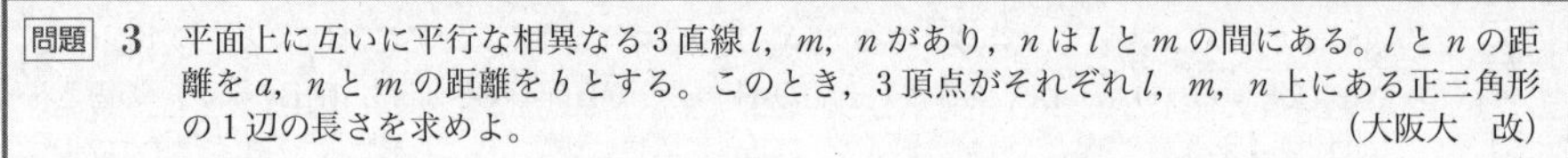

問題 **3**　平面上に互いに平行な相異なる3直線 l, m, n があり，n は l と m の間にある。l と n の距離を a, n と m の距離を b とする。このとき，3頂点がそれぞれ l, m, n 上にある正三角形の1辺の長さを求めよ。　（大阪大　改）

l, m, n 上にある頂点をそれぞれA, B, Cとし，A, Bから直線 n に垂線AD, BEをそれぞれ下ろすと　$\mathrm{AD}=a$, $\mathrm{BE}=b$

また，正三角形の1辺の長さを x とおき，

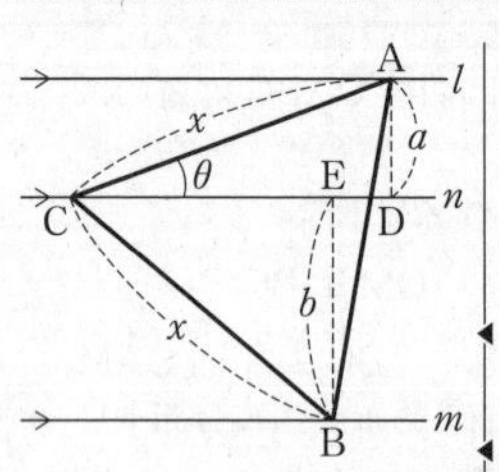

$\angle\mathrm{ACD}=\theta\ \left(\theta<\theta<\dfrac{\pi}{2}\right)$ とおく。

◀角を設定する。

$\triangle\mathrm{ACD}$ において　　$\sin\theta=\dfrac{a}{x}$　　$\cdots$①

◀$\triangle\mathrm{ACD}$, $\triangle\mathrm{BCE}$ に着目する。

また，$\triangle\mathrm{BCE}$ において　　$\sin\left(\dfrac{\pi}{3}-\theta\right)=\dfrac{b}{x}$　　$\cdots$②

◀①, ②から θ を消去し，x を求める。

$0<\theta<\dfrac{\pi}{2}$ より，$\cos\theta>0$ であるから①より

$$\cos\theta=\sqrt{1-\frac{a^2}{x^2}}=\frac{\sqrt{x^2-a^2}}{x}\qquad\cdots③$$

◀$\cos\theta>0$ より $\cos\theta=\sqrt{1-\sin^2\theta}$

次に，②から

$$\sin\frac{\pi}{3}\cos\theta-\cos\frac{\pi}{3}\sin\theta=\frac{b}{x}$$

◀加法定理

①, ③より　　$\dfrac{\sqrt{3}}{2}\cdot\dfrac{\sqrt{x^2-a^2}}{x}-\dfrac{1}{2}\cdot\dfrac{a}{x}=\dfrac{b}{x}$

すなわち　　$\sqrt{3}\cdot\sqrt{x^2-a^2}=a+2b$

両辺を2乗して

$$3(x^2-a^2)=a^2+4ab+4b^2$$

よって　　$x^2=\dfrac{4(a^2+ab+b^2)}{3}$

$x>0$ より

$$x=\frac{2\sqrt{3}}{3}\sqrt{a^2+ab+b^2}$$

したがって，正三角形の1辺の長さは

$$\boldsymbol{\frac{2\sqrt{3}}{3}\sqrt{a^2+ab+b^2}}$$

問題 **4**　a_1, b_1, c_1 は正の整数で $a_1{}^2+b_1{}^2=c_1{}^2$ を満たしている。$n=1$, 2, $\cdots$ について，a_{n+1}, b_{n+1}, c_{n+1} を次式で決める。

$$a_{n+1}=|2c_n-a_n-2b_n|$$
$$b_{n+1}=|2c_n-2a_n-b_n|$$
$$c_{n+1}=3c_n-2a_n-2b_n$$

(1)　$a_n{}^2+b_n{}^2=c_n{}^2$ を数学的帰納法により証明せよ。

(2)　$c_n>0$ および $c_n\geqq c_{n+1}$ を示せ。　（京都大　改）

(1)　$a_n{}^2+b_n{}^2=c_n{}^2$　　$\cdots$①

［1］　$n=1$ のとき

　与えられた条件から①は成り立つ。

◀$a_1{}^2+b_1{}^2=c_1{}^2$ より成り立つ。

[2]　$n=k$（k：自然数）のとき，① が成り立つと仮定すると

$$a_k{}^2+b_k{}^2=c_k{}^2$$

このとき

◀ $n=k+1$ のときにも成り立つことを示す。

$$\begin{aligned}
&a_{k+1}{}^2+b_{k+1}{}^2\\
&=|2c_k-a_k-2b_k|^2+|2c_k-2a_k-b_k|^2\\
&=4c_k{}^2+a_k{}^2+4b_k{}^2-4a_kc_k+4a_kb_k-8b_kc_k\\
&\qquad+4c_k{}^2+4a_k{}^2+b_k{}^2-8a_kc_k+4a_kb_k-4b_kc_k\\
&=8c_k{}^2+5a_k{}^2+5b_k{}^2-12a_kc_k+8a_kb_k-12b_kc_k\\
&=9c_k{}^2+4a_k{}^2+4b_k{}^2-12a_kc_k+8a_kb_k-12b_kc_k\\
&=(3c_k-2a_k-2b_k)^2\\
&=c_{k+1}{}^2
\end{aligned}$$

◀ $a_k{}^2+b_k{}^2=c_k{}^2$ を用いる。

となり，$n=k+1$ のときも ① が成り立つ。

[1]，[2] より，すべての自然数 n に対して　$a_n{}^2+b_n{}^2=c_n{}^2$

(2)　$c_n>0$ …② を数学的帰納法により示す。

[1]　$n=1$ のとき

c_1 は正の整数であるから，② は成り立つ。

[2]　$n=k$（k：自然数）のとき，② が成り立つと仮定すると

$$c_k>0$$

(1) より，$a_k{}^2+b_k{}^2=c_k{}^2$ が成り立ち，与えられた漸化式より $a_k\geqq 0$，$b_k\geqq 0$ であることから

$$a_k=c_k\sin\theta_k,\ b_k=c_k\cos\theta_k\quad\left(0\leqq\theta_k\leqq\frac{\pi}{2}\right)$$

とおくことができる。

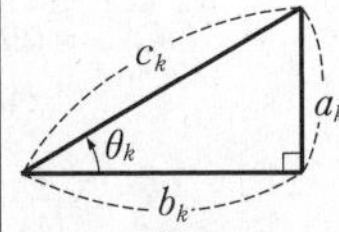

◀ $a_k{}^2+b_k{}^2=c_k{}^2$ から $\left(\dfrac{a_k}{c_k}\right)^2+\left(\dfrac{b_k}{c_k}\right)^2=1$ より $\dfrac{a_k}{c_k}=\sin\theta_k$，$\dfrac{b_k}{c_k}=\cos\theta_k$ とおける。

このとき

$$\begin{aligned}
c_{k+1}&=3c_k-2a_k-2b_k=c_k(3-2\sin\theta_k-2\cos\theta_k)\\
&=c_k\left\{3-2\sqrt{2}\sin\left(\theta_k+\frac{\pi}{4}\right)\right\}
\end{aligned}$$

◀ 三角関数の合成

であり，$0\leqq\theta_k\leqq\dfrac{\pi}{2}$ より $\dfrac{\pi}{4}\leqq\theta_k+\dfrac{\pi}{4}\leqq\dfrac{3}{4}\pi$ から

$$\frac{\sqrt{2}}{2}\leqq\sin\left(\theta_k+\frac{\pi}{4}\right)\leqq 1$$

よって，$3-2\sqrt{2}\leqq 3-2\sqrt{2}\sin\left(\theta_k+\dfrac{\pi}{4}\right)\leqq 1$ であり，仮定より $c_k>0$ であるから

$$(3-2\sqrt{2})c_k\leqq c_{k+1}\leqq c_k\qquad\cdots③$$

ここで，仮定より $c_k>0$ であり，$3-2\sqrt{2}>0$ であることから

$$c_{k+1}>0$$

となり，$n=k+1$ のときも ② が成り立つ。

[1]，[2] より，すべての自然数 n に対して　$c_n>0$

また，③ はすべての自然数 k に対して成り立つから，$c_n\geqq c_{n+1}$ が成り立つ。

戦略

問題 5 xyz 座標空間内の3点 O(0, 0, 0), A(0, 0, 1), B(2, 4, −1) を考える。
直線 AB 上の点 C_1, C_2 はそれぞれ次の条件を満たす。
直線 AB 上を点 C が動くとき, $|\overrightarrow{OC}|$ は C が C_1 に一致するとき最小となる
直線 AB 上を点 C が動くとき, $\dfrac{|\overrightarrow{AC}|}{|\overrightarrow{OC}|}$ は C が C_2 に一致するとき最大となる
このとき, 次の問に答えよ。
(1) $|\overrightarrow{OC_1}|$ の値および内積 $\overrightarrow{AC_1}\cdot\overrightarrow{OC_1}$ の値を求めよ。
(2) $\dfrac{|\overrightarrow{AC_2}|}{|\overrightarrow{OC_2}|}$ の値および内積 $\overrightarrow{OA}\cdot\overrightarrow{OC_2}$ の値を求めよ。
(3) $\triangle AC_1O$ と $\triangle AOC_2$ は相似であることを示せ。 (京都工芸繊維大)

(1) 点 C は直線 AB 上を動くから, $\overrightarrow{OC}=\overrightarrow{OA}+t\overrightarrow{AB}$ (t は実数) とおくと, $\overrightarrow{AB}=(2,\ 4,\ -2)$ であるから

$$\overrightarrow{OC}=(2t,\ 4t,\ 1-2t)$$

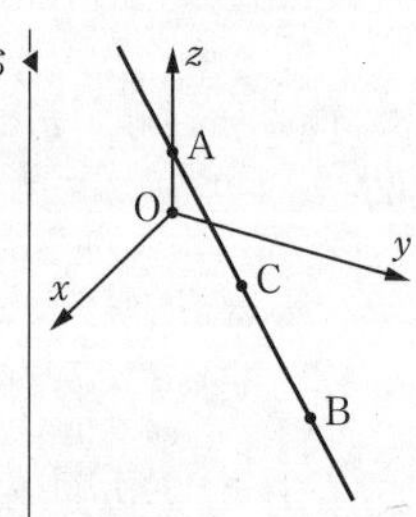

よって

$$|\overrightarrow{OC}|^2=(2t)^2+(4t)^2+(1-2t)^2$$
$$=24t^2-4t+1$$
$$=24\left(t-\frac{1}{12}\right)^2+\frac{5}{6}$$

よって, $|\overrightarrow{OC}|$ は

$$t=\frac{1}{12}\ のとき,\ 最小値\ \sqrt{\frac{5}{6}}=\frac{\sqrt{30}}{6}$$

よって $\quad |\overrightarrow{\mathbf{OC_1}}|=\dfrac{\sqrt{\mathbf{30}}}{\mathbf{6}}$

このとき, C_1 の座標は $\quad\left(\dfrac{1}{6},\ \dfrac{1}{3},\ \dfrac{5}{6}\right)$

◀ $|\overrightarrow{OC}|$ が最小のときは, C が C_1 に一致する。
$\overrightarrow{OC}=(2t,\ 4t,\ 1-2t)$ に $t=\dfrac{1}{12}$ を代入すると, C_1 の座標が分かる。

ゆえに

$$\overrightarrow{AC_1}=\overrightarrow{OC_1}-\overrightarrow{OA}=\left(\frac{1}{6},\ \frac{1}{3},\ -\frac{1}{6}\right)$$

よって

$$\overrightarrow{AC_1}\cdot\overrightarrow{OC_1}=\frac{1}{6}\cdot\frac{1}{6}+\frac{1}{3}\cdot\frac{1}{3}+\left(-\frac{1}{6}\right)\cdot\frac{5}{6}$$
$$=\frac{1}{36}+\frac{1}{9}-\frac{5}{36}=\mathbf{0}$$

◀ OC_1 が最小 $\iff OC_1\perp AC_1$

(2) $\overrightarrow{AB}=(2,\ 4,\ -2)$ より

$$|\overrightarrow{AB}|=\sqrt{2^2+4^2+(-2)^2}=\sqrt{24}=2\sqrt{6}$$

点 C は直線 AB 上を動くから, (1) と同様に $\overrightarrow{AC}=t\overrightarrow{AB}$ とおくと

$$|\overrightarrow{AC}|=2\sqrt{6}\,t$$

また, (1) より

$$|\overrightarrow{OC}|=\sqrt{24t^2-4t+1}$$

◀ $\overrightarrow{OC}=(2t,\ 4t,\ 1-2t)$

よって

$$\frac{|\overrightarrow{AC}|}{|\overrightarrow{OC}|}=\frac{2\sqrt{6}\,t}{\sqrt{24t^2-4t+1}}$$

ここで，$\dfrac{|\overrightarrow{AC}|}{|\overrightarrow{OC}|}$ が最大となるとき，$\dfrac{|\overrightarrow{OC}|}{|\overrightarrow{AC}|}$ は最小となるから，

◀ $\dfrac{|\overrightarrow{AC}|}{|\overrightarrow{OC}|}$ の最大を考えるのは難しいから，その逆数 $\dfrac{|\overrightarrow{OC}|}{|\overrightarrow{AC}|}$ の最小を考える。

$\dfrac{|\overrightarrow{OC}|}{|\overrightarrow{AC}|}$ の最小値を求めると

$$\frac{|\overrightarrow{OC}|^2}{|\overrightarrow{AC}|^2}=\frac{24t^2-4t+1}{24t^2}$$

◀ 分子の各項を分母で割る。

$$=1-\frac{1}{6t}+\frac{1}{24t^2}$$

$$=\frac{1}{24}\left(\frac{1}{t}-2\right)^2+\frac{5}{6}$$

◀ $1-\dfrac{1}{6t}+\dfrac{1}{24t^2}$
$=\dfrac{1}{24}\left(\dfrac{1}{t^2}-\dfrac{4}{t}\right)+1$

ゆえに，$\dfrac{|\overrightarrow{OC}|}{|\overrightarrow{AC}|}$ は，$\dfrac{1}{t}=2$　すなわち　$t=\dfrac{1}{2}$ のとき

最小値 $\sqrt{\dfrac{5}{6}}=\dfrac{\sqrt{30}}{6}$ をとる。

これより，$\dfrac{|\overrightarrow{AC}|}{|\overrightarrow{OC}|}$ は

$t=\dfrac{1}{2}$ のとき　　最大値 $\dfrac{6}{\sqrt{30}}=\dfrac{\sqrt{30}}{5}$

◀ $\dfrac{|\overrightarrow{OC}|}{|\overrightarrow{AC}|}$ の最小値 $\dfrac{\sqrt{30}}{6}$ の逆数 $\dfrac{6}{\sqrt{30}}$ が $\dfrac{|\overrightarrow{AC}|}{|\overrightarrow{OC}|}$ の最大値。

よって　　$\boldsymbol{\dfrac{|\overrightarrow{AC_2}|}{|\overrightarrow{OC_2}|}=\dfrac{\sqrt{30}}{5}}$

$\dfrac{|\overrightarrow{AC}|}{|\overrightarrow{OC}|}$ が最大のときは，C が C_2 に一致する。

このとき，C_2 の座標は $(1,\ 2,\ 0)$ であるから

$$\overrightarrow{OA}\cdot\overrightarrow{OC_2}=0\cdot1+0\cdot2+1\cdot0=\boldsymbol{0}$$

◀ $\overrightarrow{OC}=(2t,\ 4t,\ 1-2t)$ に $t=\dfrac{1}{2}$ を代入すると，C_2 の座標が分かる。

(3)　$\overrightarrow{AC_1}\cdot\overrightarrow{OC_1}=0$ であるから　　$\angle AC_1O=\dfrac{\pi}{2}$

$\overrightarrow{OA}\cdot\overrightarrow{OC_2}=0$ であるから　　$\angle AOC_2=\dfrac{\pi}{2}$

◀
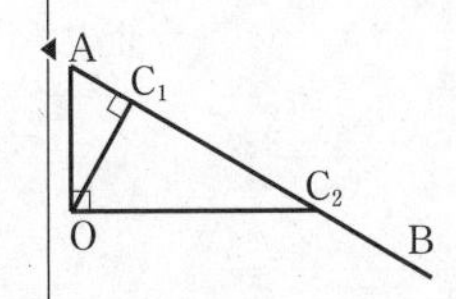

よって，$\triangle AC_1O$ と $\triangle AOC_2$ において

$\angle AC_1O=\angle AOC_2$
$\angle OAC_1=\angle C_2AO$（共通）

であるから，$\triangle AC_1O$ と $\triangle AOC_2$ は相似である。

◀ 2組の角がそれぞれ等しい。

問題 **6** 実数 a, b, c に対して，次の不等式を証明せよ。

$$3(a^4+b^4+c^4) \geqq (a+b+c)(a^3+b^3+c^3)$$

（和歌山県立医科大　改）

$$\begin{aligned}
&(\text{左辺})-(\text{右辺})\\
&=3(a^4+b^4+c^4)-(a+b+c)(a^3+b^3+c^3)\\
&=3(a^4+b^4+c^4)-(a^4+b^4+c^4+ab^3+ac^3+a^3b+bc^3+a^3c+b^3c)\\
&=(a^4-a^3b-ab^3+b^4)+(b^4-b^3c-bc^3+c^4)+(c^4-c^3a-ca^3+a^4)\\
&=\{a^3(a-b)-b^3(a-b)\}+\{b^3(b-c)-c^3(b-c)\}\\
&\qquad+\{c^3(c-a)-a^3(c-a)\}\\
&=(a-b)(a^3-b^3)+(b-c)(b^3-c^3)+(c-a)(c^3-a^3)\\
&=(a-b)^2(a^2+ab+b^2)+(b-c)^2(b^2+bc+c^2)+(c-a)^2(c^2+ca+a^2)\\
&=(a-b)^2\left\{\left(a+\frac{b}{2}\right)^2+\frac{3}{4}b^2\right\}+(b-c)^2\left\{\left(b+\frac{c}{2}\right)^2+\frac{3}{4}c^2\right\}\\
&\qquad+(c-a)^2\left\{\left(c+\frac{a}{2}\right)^2+\frac{3}{4}a^2\right\}\\
&\geqq 0
\end{aligned}$$

したがって　$3(a^4+b^4+c^4) \geqq (a+b+c)(a^3+b^3+c^3)$

◀証明する不等式の文字を2文字にした
$2(a^4+b^4) \geqq (a+b)(a^3+b^3)$
を考える。

$$\begin{aligned}
&(\text{左辺})-(\text{右辺})\\
&=2(a^4+b^4)\\
&\quad-(a^4+a^3b+ab^3+b^4)\\
&=a^4-a^3b-ab^3+b^4\\
&=a^3(a-b)-b^3(a-b)\\
&=(a-b)(a^3-b^3)\\
&=(a-b)^2(a^2+ab+b^2)\\
&=(a-b)^2\left\{\left(a+\frac{b}{2}\right)^2+\frac{3}{4}b^2\right\}\\
&\geqq 0
\end{aligned}$$

この証明のような変形ができないか考える。

入試攻略

p.162 1章 ベクトル

1 1辺の長さが1である正六角形 ABCDEF において，辺 BC を 1:3 に内分する点を M とし，線分 AD を $t:(1-t)$（ただし，$0<t<1$）に内分する点を P とする。

(1) ベクトル $\overrightarrow{AM}$ をベクトル $\overrightarrow{AB}$ とベクトル $\overrightarrow{AF}$ を使って表すと，$\overrightarrow{AM}=\dfrac{\square}{\square}\overrightarrow{AB}+\dfrac{\square}{\square}\overrightarrow{AF}$ である。

(2) ベクトル $\overrightarrow{PM}$ をベクトル $\overrightarrow{AB}$，ベクトル $\overrightarrow{AF}$，実数 t を使って表すと，$\overrightarrow{PM}=\square$ である。

(3) ベクトル $\overrightarrow{AC}$ とベクトル $\overrightarrow{PM}$ の内積を求めると，$\overrightarrow{AC}\cdot\overrightarrow{PM}=\dfrac{\square}{\square}-\square t$ である。

したがって，$t=\dfrac{\square}{\square}$ であるとき，線分 AC と線分 PM は垂直である。（慶應義塾大）

(1) $\overrightarrow{AM}=\overrightarrow{AB}+\overrightarrow{BM}=\overrightarrow{AB}+\dfrac{1}{4}\overrightarrow{BC}$

$=\overrightarrow{AB}+\dfrac{1}{4}(\overrightarrow{AB}+\overrightarrow{AF})$

$=\boldsymbol{\dfrac{5}{4}}\overrightarrow{AB}+\boldsymbol{\dfrac{1}{4}}\overrightarrow{AF}$

◀ $\overrightarrow{BC}=\overrightarrow{AB}+\overrightarrow{AF}$

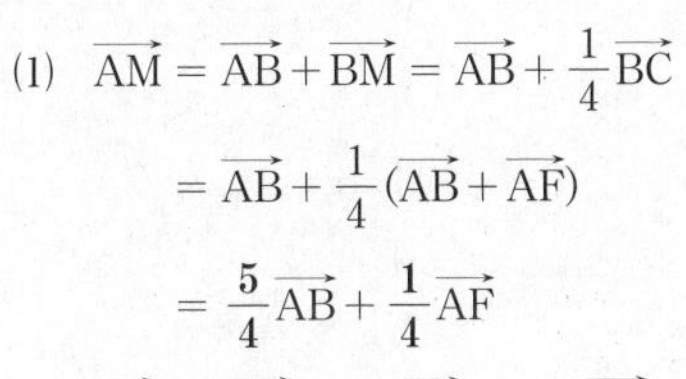

(2) $\overrightarrow{AP}=t\overrightarrow{AD}=t(2\overrightarrow{BC})=2t(\overrightarrow{AB}+\overrightarrow{AF})$

◀ $\overrightarrow{AD}=2\overrightarrow{BC}$

よって

$\overrightarrow{PM}=\overrightarrow{AM}-\overrightarrow{AP}=\dfrac{5}{4}\overrightarrow{AB}+\dfrac{1}{4}\overrightarrow{AF}-2t(\overrightarrow{AB}+\overrightarrow{AF})$

$=\boldsymbol{\left(\dfrac{5}{4}-2t\right)\overrightarrow{AB}+\left(\dfrac{1}{4}-2t\right)\overrightarrow{AF}}$

(3) $\overrightarrow{AC}=\overrightarrow{AB}+\overrightarrow{BC}=\overrightarrow{AB}+(\overrightarrow{AB}+\overrightarrow{AF})=2\overrightarrow{AB}+\overrightarrow{AF}$

ABCDEF は1辺の長さ1の正六角形であるから

$\overrightarrow{AB}\cdot\overrightarrow{AF}=|\overrightarrow{AB}||\overrightarrow{AF}|\cos\angle BAF$

$=1\times1\times\cos120°$

$=-\dfrac{1}{2}$

◀ 正六角形より $\angle BAD=\angle DAF=60°$ から $\angle BAF=120°$

よって

$\overrightarrow{AC}\cdot\overrightarrow{PM}$

$=(2\overrightarrow{AB}+\overrightarrow{AF})\cdot\left\{\left(\dfrac{5}{4}-2t\right)\overrightarrow{AB}+\left(\dfrac{1}{4}-2t\right)\overrightarrow{AF}\right\}$

$=2\left(\dfrac{5}{4}-2t\right)|\overrightarrow{AB}|^2+\left(\dfrac{7}{4}-6t\right)\overrightarrow{AB}\cdot\overrightarrow{AF}+\left(\dfrac{1}{4}-2t\right)|\overrightarrow{AF}|^2$

$=\boldsymbol{\dfrac{15}{8}-3t}$

また，線分 AC と線分 PM が垂直であるためには　$\overrightarrow{AC}\cdot\overrightarrow{PM}=0$

ゆえに　$\dfrac{15}{8}-3t=0$

よって　$t=\boldsymbol{\dfrac{5}{8}}$

2 座標平面に 3 点 O(0, 0), A(2, 6), B(3, 4) をとり，点 O から直線 AB に垂線 OC を下ろす。また，実数 s と t に対し，点 P を

$$\overrightarrow{\mathrm{OP}}=s\overrightarrow{\mathrm{OA}}+t\overrightarrow{\mathrm{OB}}$$

で定める。このとき，次の問に答えよ。

(1) 点 C の座標を求め，$|\overrightarrow{\mathrm{CP}}|^2$ を s と t を用いて表せ。

(2) $s=\dfrac{1}{2}$ とし，t を $t\geqq 0$ の範囲で動かすとき，$|\overrightarrow{\mathrm{CP}}|^2$ の最小値を求めよ。

(3) $s=1$ とし，t を $t\geqq 0$ の範囲で動かすとき，$|\overrightarrow{\mathrm{CP}}|^2$ の最小値を求めよ。 (九州大)

(1) 直線 AB と線分 OC は垂直に交わるから

$$\overrightarrow{\mathrm{AB}}\cdot\overrightarrow{\mathrm{OC}}=0$$

◀垂直であれば内積が 0 であることを利用する。

$\overrightarrow{\mathrm{OC}}=(x,\ y)$ とおく。$\overrightarrow{\mathrm{AB}}=(1,\ -2)$ であるから

$$\overrightarrow{\mathrm{AB}}\cdot\overrightarrow{\mathrm{OC}}=x-2y=0 \quad \cdots ①$$

また，点 C は直線 AB 上の点であるから

◀C は線分 AB の分点と考える。

$$\overrightarrow{\mathrm{OC}}=(1-u)\overrightarrow{\mathrm{OA}}+u\overrightarrow{\mathrm{OB}}$$

とおくと

$$(x,\ y)=(2-2u,\ 6-6u)+(3u,\ 4u)$$
$$=(2+u,\ 6-2u)$$

よって　$x=2+u,\quad y=6-2u \quad \cdots ②$

①, ② を解くと　$x=4,\ y=2$

◀② を ① に代入すると $(2+u)-2(6-2u)=0$ よって $u=2$ ② より $x=4,\ y=2$

したがって　**C(4, 2)**

また　$\overrightarrow{\mathrm{CP}}=\overrightarrow{\mathrm{OP}}-\overrightarrow{\mathrm{OC}}$

$$=s\overrightarrow{\mathrm{OA}}+t\overrightarrow{\mathrm{OB}}-\overrightarrow{\mathrm{OC}}$$
$$=(2s+3t-4,\ 6s+4t-2)$$

よって　$|\overrightarrow{\mathrm{CP}}|^2=(2s+3t-4)^2+(6s+4t-2)^2$

$$=\boldsymbol{40s^2+25t^2+60st-40s-40t+20}$$

(2) $s=\dfrac{1}{2}$ を $|\overrightarrow{\mathrm{CP}}|^2$ に代入すると

$$|\overrightarrow{\mathrm{CP}}|^2=25t^2-10t+10$$
$$=25\left(t-\frac{1}{5}\right)^2+9$$

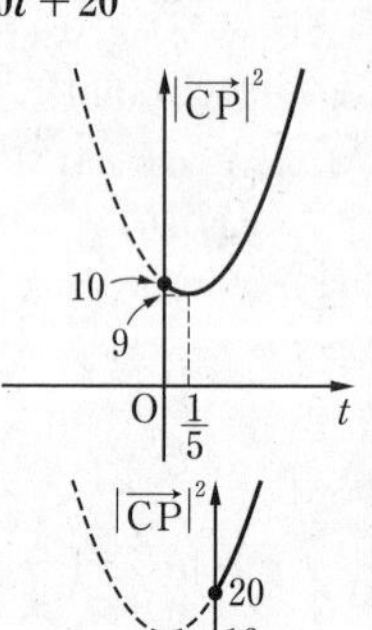

$t\geqq 0$ において，$t=\dfrac{1}{5}$ のとき **最小値　9**

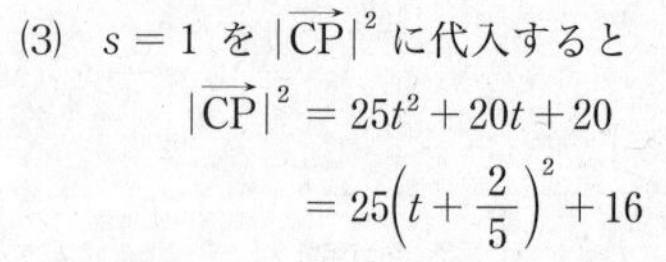

(3) $s=1$ を $|\overrightarrow{\mathrm{CP}}|^2$ に代入すると

$$|\overrightarrow{\mathrm{CP}}|^2=25t^2+20t+20$$
$$=25\left(t+\frac{2}{5}\right)^2+16$$

$t\geqq 0$ において，$t=0$ のとき **最小値　20**

3 △OABがあり，3点P，Q，Rを

$$\overrightarrow{OP}=k\overrightarrow{BA},\ \overrightarrow{AQ}=k\overrightarrow{OB},\ \overrightarrow{BR}=k\overrightarrow{AO}$$

となるように定める。ただし，kは $0<k<1$ を満たす実数である。$\overrightarrow{OA}=\vec{a}$，$\overrightarrow{OB}=\vec{b}$ とおくとき，次の問に答えよ。

(1) $\overrightarrow{OP}$，$\overrightarrow{OQ}$，$\overrightarrow{OR}$をそれぞれ$\vec{a}$，$\vec{b}$，kを用いて表せ。

(2) △OABの重心と△PQRの重心が一致することを示せ。

(3) 辺ABと辺QRの交点をMとする。点Mは，kの値によらずに辺QRを一定の比に内分することを示せ。（茨城大）

(1) $\overrightarrow{OP}=k\overrightarrow{BA}=k(\overrightarrow{OA}-\overrightarrow{OB})=\boldsymbol{k(\vec{a}-\vec{b})}$

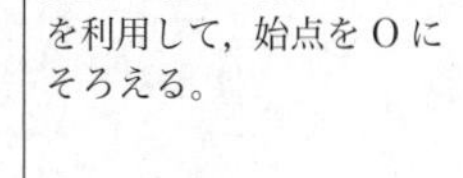

◀ $\overrightarrow{AB}=\overrightarrow{OB}-\overrightarrow{OA}$ を利用して，始点をOにそろえる。

$\overrightarrow{AQ}=\overrightarrow{OQ}-\overrightarrow{OA}=k\overrightarrow{OB}$ より

$$\overrightarrow{OQ}=\overrightarrow{OA}+k\overrightarrow{OB}=\boldsymbol{\vec{a}+k\vec{b}}$$

$\overrightarrow{BR}=\overrightarrow{OR}-\overrightarrow{OB}=k\overrightarrow{AO}=-k\overrightarrow{OA}$ より

$$\overrightarrow{OR}=-k\overrightarrow{OA}+\overrightarrow{OB}=\boldsymbol{-k\vec{a}+\vec{b}}$$

(2) △OABの重心をG，△PQRの重心をG′とする。

$$\overrightarrow{OG}=\frac{1}{3}(\overrightarrow{OA}+\overrightarrow{OB})=\frac{1}{3}(\vec{a}+\vec{b})$$

◀ 重心の位置ベクトルの公式を利用。

$$\overrightarrow{OG'}=\frac{1}{3}(\overrightarrow{OP}+\overrightarrow{OQ}+\overrightarrow{OR})$$

$$=\frac{1}{3}\{k(\vec{a}-\vec{b})+\vec{a}+k\vec{b}-k\vec{a}+\vec{b}\}=\frac{1}{3}(\vec{a}+\vec{b})$$

よって　$\overrightarrow{OG}=\overrightarrow{OG'}$

ゆえに，△OABの重心と△PQRの重心は一致する。

(3) 点Mは辺AB上にあるから，AM:MB $=t:(1-t)$ とおくと

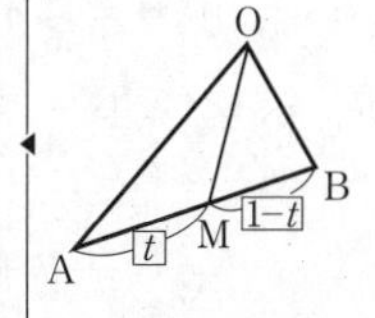

$$\overrightarrow{OM}=(1-t)\overrightarrow{OA}+t\overrightarrow{OB}$$

$$=(1-t)\vec{a}+t\vec{b}\quad\cdots①$$

同様に，点Mは辺QR上にあるから，QM:MR $=s:(1-s)$ とおくと

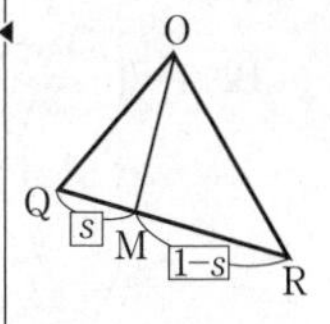

$$\overrightarrow{OM}=(1-s)\overrightarrow{OQ}+s\overrightarrow{OR}$$

$$=(1-s)(\vec{a}+k\vec{b})+s(-k\vec{a}+\vec{b})$$

$$=(1-s-ks)\vec{a}+(k-ks+s)\vec{b}\quad\cdots②$$

$\vec{a}\neq\vec{0}$，$\vec{b}\neq\vec{0}$ であり，$\vec{a}$と$\vec{b}$は平行でないから，①，②より

$$1-t=1-s-ks\quad\cdots③$$

$$t=k-ks+s\quad\cdots④$$

④を③に代入すると　$k(2s-1)=0$

$0<k<1$ より　$s=\dfrac{1}{2}$

よって　$\overrightarrow{OM}=\dfrac{1}{2}\overrightarrow{OQ}+\dfrac{1}{2}\overrightarrow{OR}$

ゆえに，点Mはkの値によらずに辺QRを1:1に内分する。

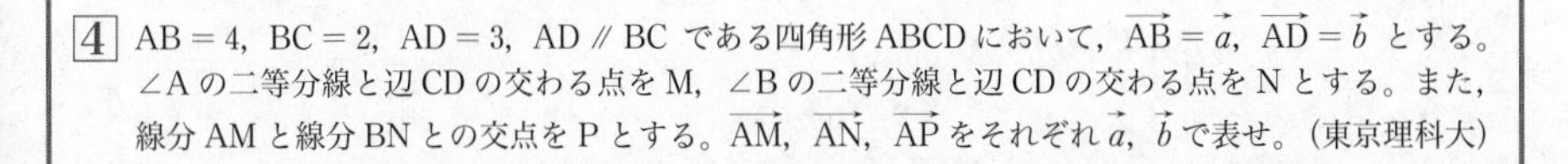

4 AB $=4$，BC $=2$，AD $=3$，AD $/\!/$ BC である四角形ABCDにおいて，$\overrightarrow{AB}=\vec{a}$，$\overrightarrow{AD}=\vec{b}$ とする。∠Aの二等分線と辺CDの交わる点をM，∠Bの二等分線と辺CDの交わる点をNとする。また，線分AMと線分BNとの交点をPとする。$\overrightarrow{AM}$，$\overrightarrow{AN}$，$\overrightarrow{AP}$をそれぞれ$\vec{a}$，$\vec{b}$で表せ。（東京理科大）

$\mathrm{DM}:\mathrm{MC}=s:(1-s)$ とおくと

$$\overrightarrow{\mathrm{AM}}=(1-s)\overrightarrow{\mathrm{AD}}+s\overrightarrow{\mathrm{AC}}$$

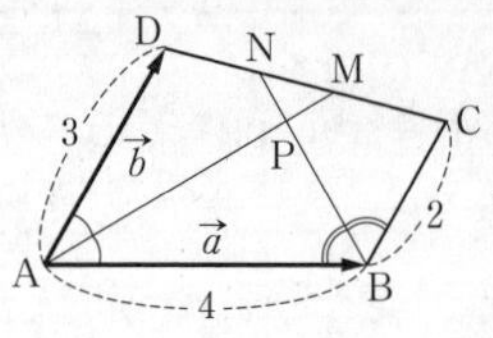

ここで，$\overrightarrow{\mathrm{AD}}=\vec{b}$，$\overrightarrow{\mathrm{AC}}=\vec{a}+\dfrac{2}{3}\vec{b}$

◀ $|\overrightarrow{\mathrm{AD}}|=3$，$|\overrightarrow{\mathrm{BC}}|=2$ で AD∥BC より $\overrightarrow{\mathrm{BC}}=\dfrac{2}{3}\vec{b}$

であるから

$$\overrightarrow{\mathrm{AM}}=(1-s)\vec{b}+s\left(\vec{a}+\frac{2}{3}\vec{b}\right)$$

$$=s\vec{a}+\left(1-\frac{1}{3}s\right)\vec{b} \quad \cdots①$$

また，AM は ∠A の二等分線であるから

$$\overrightarrow{\mathrm{AM}}=k\left(\frac{\overrightarrow{\mathrm{AB}}}{|\overrightarrow{\mathrm{AB}}|}+\frac{\overrightarrow{\mathrm{AD}}}{|\overrightarrow{\mathrm{AD}}|}\right)$$

$$=k\left(\frac{\vec{a}}{4}+\frac{\vec{b}}{3}\right)=\frac{k}{4}\vec{a}+\frac{k}{3}\vec{b} \quad \cdots②$$

◀ ひし形の性質を利用。

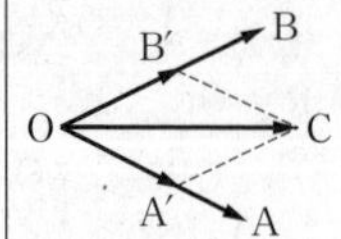

$\overrightarrow{\mathrm{OA}}$，$\overrightarrow{\mathrm{OB}}$ と同じ向きの単位ベクトル $\overrightarrow{\mathrm{OA'}}$，$\overrightarrow{\mathrm{OB'}}$ をとり，$\overrightarrow{\mathrm{OC}}=\overrightarrow{\mathrm{OA'}}+\overrightarrow{\mathrm{OB'}}$ とすると OC は，∠AOB の二等分線である。

$\vec{a}\neq\vec{0}$，$\vec{b}\neq\vec{0}$ であり，$\vec{a}$ と $\vec{b}$ は平行でないから，①，② より

$$\begin{cases} s=\dfrac{k}{4} \\ 1-\dfrac{1}{3}s=\dfrac{k}{3} \end{cases}$$

これを解いて　　$s=\dfrac{3}{5}$，$k=\dfrac{12}{5}$

よって　　$\boldsymbol{\overrightarrow{\mathrm{AM}}=\dfrac{3}{5}\vec{a}+\dfrac{4}{5}\vec{b}}$

同様に，$\mathrm{DN}:\mathrm{NC}=t:(1-t)$ とおくと

$$\overrightarrow{\mathrm{AN}}=(1-t)\overrightarrow{\mathrm{AD}}+t\overrightarrow{\mathrm{AC}}$$

$$=(1-t)\vec{b}+t\left(\vec{a}+\frac{2}{3}\vec{b}\right)=t\vec{a}+\left(1-\frac{1}{3}t\right)\vec{b} \quad \cdots③$$

BN は ∠B の二等分線であるから

$$\overrightarrow{\mathrm{BN}}=l\left(\frac{\overrightarrow{\mathrm{BA}}}{|\overrightarrow{\mathrm{BA}}|}+\frac{\overrightarrow{\mathrm{BC}}}{|\overrightarrow{\mathrm{BC}}|}\right)$$

$$=l\left(-\frac{\vec{a}}{4}+\frac{\frac{2}{3}\vec{b}}{2}\right)=-\frac{l}{4}\vec{a}+\frac{l}{3}\vec{b}$$

$\overrightarrow{\mathrm{AN}}=\overrightarrow{\mathrm{AB}}+\overrightarrow{\mathrm{BN}}$ であるから

$$\overrightarrow{\mathrm{AN}}=\vec{a}+\left(-\frac{l}{4}\vec{a}+\frac{l}{3}\vec{b}\right)=\left(1-\frac{l}{4}\right)\vec{a}+\frac{l}{3}\vec{b} \quad \cdots④$$

$\vec{a}\neq\vec{0}$，$\vec{b}\neq\vec{0}$ であり，$\vec{a}$ と $\vec{b}$ は平行でないから，③，④ より

$$\begin{cases} t=1-\dfrac{l}{4} \\ 1-\dfrac{1}{3}t=\dfrac{l}{3} \end{cases}$$

これを解いて　　$t=\dfrac{1}{3}$，$l=\dfrac{8}{3}$

よって　　$\boldsymbol{\overrightarrow{\mathrm{AN}}=\dfrac{1}{3}\vec{a}+\dfrac{8}{9}\vec{b}}$

点 P は線分 AM 上にあるから

$$\overrightarrow{AP}=u\overrightarrow{AM}=\frac{3}{5}u\vec{a}+\frac{4}{5}u\vec{b} \qquad \cdots ⑤$$

また，点Pは線分BN上にあるから，$BP:PN=v:(1-v)$ とおくと

$$\overrightarrow{AP}=(1-v)\overrightarrow{AB}+v\overrightarrow{AN}=(1-v)\vec{a}+v\left(\frac{1}{3}\vec{a}+\frac{8}{9}\vec{b}\right)$$

$$=\left(1-\frac{2}{3}v\right)\vec{a}+\frac{8}{9}v\vec{b} \qquad \cdots ⑥$$

◀始点をAに変える。

$\vec{a}\neq\vec{0}$，$\vec{b}\neq\vec{0}$ であり，$\vec{a}$ と $\vec{b}$ は平行でないから，⑤，⑥より

$$\begin{cases}\dfrac{3}{5}u=1-\dfrac{2}{3}v\\ \dfrac{4}{5}u=\dfrac{8}{9}v\end{cases}$$

これを解いて　$u=\frac{5}{6}$，$v=\frac{3}{4}$

よって　$\boldsymbol{\overrightarrow{AP}=\frac{1}{2}\vec{a}+\frac{2}{3}\vec{b}}$

5 3点A，B，Cが点Oを中心とする半径1の円上にあり，$13\overrightarrow{OA}+12\overrightarrow{OB}+5\overrightarrow{OC}=\vec{0}$ を満たしている。$\angle AOB=\alpha$，$\angle AOC=\beta$ として

(1) $\overrightarrow{OB}\perp\overrightarrow{OC}$ であることを示せ。

(2) $\cos\alpha$ および $\cos\beta$ を求めよ。

(3) AからBCへ引いた垂線とBCとの交点をHとする。AHの長さを求めよ。　(長崎大)

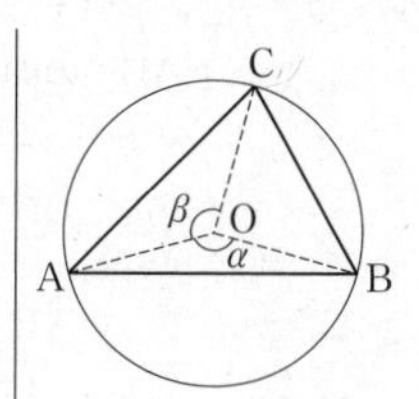

(1) $13\overrightarrow{OA}+12\overrightarrow{OB}+5\overrightarrow{OC}=\vec{0}$ より

$$13\overrightarrow{OA}=-12\overrightarrow{OB}-5\overrightarrow{OC}$$

$$|13\overrightarrow{OA}|^2=|-12\overrightarrow{OB}-5\overrightarrow{OC}|^2$$

$$169|\overrightarrow{OA}|^2=144|\overrightarrow{OB}|^2+120\overrightarrow{OB}\cdot\overrightarrow{OC}+25|\overrightarrow{OC}|^2$$

$|\overrightarrow{OA}|=|\overrightarrow{OB}|=|\overrightarrow{OC}|=1$ より

$$169=144+120\overrightarrow{OB}\cdot\overrightarrow{OC}+25$$

よって　$\overrightarrow{OB}\cdot\overrightarrow{OC}=0$

$\overrightarrow{OB}\neq\vec{0}$，$\overrightarrow{OC}\neq\vec{0}$ より　$\overrightarrow{OB}\perp\overrightarrow{OC}$

(2) $13\overrightarrow{OA}+12\overrightarrow{OB}+5\overrightarrow{OC}=\vec{0}$ より

$$5\overrightarrow{OC}=-13\overrightarrow{OA}-12\overrightarrow{OB}$$

$$|5\overrightarrow{OC}|^2=|-13\overrightarrow{OA}-12\overrightarrow{OB}|^2$$

$$25=169+312\overrightarrow{OA}\cdot\overrightarrow{OB}+144$$

$$\overrightarrow{OA}\cdot\overrightarrow{OB}=-\frac{12}{13}$$

◀α は $\overrightarrow{OA}$，$\overrightarrow{OB}$ のなす角であるから，$\overrightarrow{OA}\cdot\overrightarrow{OB}$ の値を求める。

$\overrightarrow{OA}\cdot\overrightarrow{OB}=|\overrightarrow{OA}||\overrightarrow{OB}|\cos\alpha=\cos\alpha$ であるから

$$\boldsymbol{\cos\alpha=-\frac{12}{13}}$$

同様にして

$$12\overrightarrow{OB}=-13\overrightarrow{OA}-5\overrightarrow{OC}$$

$$|12\overrightarrow{OB}|^2=|-13\overrightarrow{OA}-5\overrightarrow{OC}|^2$$

◀β は $\overrightarrow{OA}$，$\overrightarrow{OC}$ のなす角であるから，$\overrightarrow{OA}\cdot\overrightarrow{OC}$ の値を求める。

入試攻略

$$144 = 169 + 130\overrightarrow{OA}\cdot\overrightarrow{OC} + 25$$

$$\overrightarrow{OA}\cdot\overrightarrow{OC} = -\frac{5}{13}$$

$\overrightarrow{OA}\cdot\overrightarrow{OC} = |\overrightarrow{OA}||\overrightarrow{OC}|\cos\beta = \cos\beta$ であるから

$$\boldsymbol{\cos\beta = -\frac{5}{13}}$$

(3) $\sin^2\alpha = 1 - \cos^2\alpha = \dfrac{25}{169}$ より

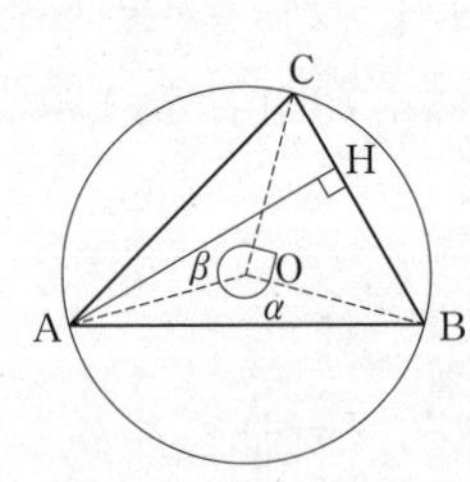

$$\sin\alpha = \frac{5}{13}$$

◀ $0° < \alpha < 180°$ より $\sin\alpha > 0$

$\sin^2\beta = 1 - \cos^2\beta = \dfrac{144}{169}$ より

$$\sin\beta = \frac{12}{13}$$

◀ $0° < \beta < 180°$ より $\sin\beta > 0$

よって　(△OAB の面積) $= \dfrac{1}{2}\cdot 1\cdot 1\cdot\sin\alpha = \dfrac{5}{26}$

(△OBC の面積) $= \dfrac{1}{2}\cdot 1\cdot 1 = \dfrac{1}{2}$

◀ (1) より　$\overrightarrow{OB} \perp \overrightarrow{OC}$

(△OCA の面積) $= \dfrac{1}{2}\cdot 1\cdot 1\cdot\sin\beta = \dfrac{6}{13}$

ゆえに　(△ABC の面積) $= \dfrac{6}{13} + \dfrac{1}{2} + \dfrac{5}{26} = \dfrac{15}{13}$　…①

一方，BC $= \sqrt{2}$ より

◀ $BC = \sqrt{OB^2 + OC^2} = \sqrt{2}$

(△ABC の面積) $= \dfrac{1}{2}\cdot\sqrt{2}\cdot AH$　…②

①，② より　$\dfrac{\sqrt{2}}{2}AH = \dfrac{15}{13}$

したがって　$\boldsymbol{AH = \dfrac{15\sqrt{2}}{13}}$

〔別解〕

$$\angle ACB = \frac{1}{2}\angle AOB = \frac{\alpha}{2}$$

$\cos\alpha = -\dfrac{12}{13}$ より　$\cos^2\dfrac{\alpha}{2} = \dfrac{1 + \cos\alpha}{2} = \dfrac{1}{26}$

よって　$\sin\dfrac{\alpha}{2} = \sqrt{1 - \cos^2\dfrac{\alpha}{2}} = \dfrac{5}{\sqrt{26}}$

◀ $0° < \alpha < 180°$ より $\sin\dfrac{\alpha}{2} > 0$

$$\begin{aligned}
&|\overrightarrow{AC}|^2 \\
&= |\overrightarrow{OC} - \overrightarrow{OA}|^2 \\
&= |\overrightarrow{OC}|^2 - 2\overrightarrow{OC}\cdot\overrightarrow{OA} + |\overrightarrow{OA}|^2 \\
&= 1^2 - 2\left(-\frac{5}{13}\right) + 1^2 \\
&= \frac{36}{13}
\end{aligned}$$

◀ △OAC において，余弦定理により $|\overrightarrow{AC}|$ を求めてもよい。

◀ (2) より $\overrightarrow{OA}\cdot\overrightarrow{OC} = -\dfrac{5}{13}$

よって　$|\overrightarrow{AC}| = \dfrac{6}{\sqrt{13}}$

したがって　$AH = AC\sin\dfrac{\alpha}{2} = \dfrac{6}{\sqrt{13}}\cdot\dfrac{5}{\sqrt{26}} = \dfrac{15\sqrt{2}}{13}$

6 点Oを中心とする半径1の円上に異なる3点A, B, Cがある。次のことを示せ。

(1) △ABCが直角三角形ならば $|\overrightarrow{OA}+\overrightarrow{OB}+\overrightarrow{OC}|=1$ である。

(2) 逆に $|\overrightarrow{OA}+\overrightarrow{OB}+\overrightarrow{OC}|=1$ ならば△ABCは直角三角形である。 (大阪市立大)

(1) $\angle BAC=90°$ とする。

このとき，線分BCが円Oの直径となるから

$$\overrightarrow{OC}=-\overrightarrow{OB}$$

よって $|\overrightarrow{OA}+\overrightarrow{OB}+\overrightarrow{OC}|$

$$=|\overrightarrow{OA}+\overrightarrow{OB}-\overrightarrow{OB}|=|\overrightarrow{OA}|=1$$

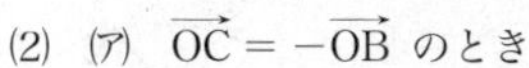

$\angle ABC=90°$, $\angle ACB=90°$ のときも同様に証明できる。

(2) (ア) $\overrightarrow{OC}=-\overrightarrow{OB}$ のとき

線分BCが円Oの直径となるから，△ABCは $\angle BAC=90°$ の直角三角形となる。

(イ) $\overrightarrow{OC}\neq-\overrightarrow{OB}$ のとき

$\overrightarrow{OC}$ と $\overrightarrow{OB}$ は一次独立であるから

$$\overrightarrow{OA}=s\overrightarrow{OB}+t\overrightarrow{OC} \quad \cdots①$$

と表すことができる。

$$|\overrightarrow{OA}+\overrightarrow{OB}+\overrightarrow{OC}|^2=|\overrightarrow{OA}|^2+|\overrightarrow{OB}|^2+|\overrightarrow{OC}|^2+2\overrightarrow{OA}\cdot\overrightarrow{OB}+2\overrightarrow{OB}\cdot\overrightarrow{OC}+2\overrightarrow{OC}\cdot\overrightarrow{OA}$$
$$=3+2\overrightarrow{OA}\cdot(\overrightarrow{OB}+\overrightarrow{OC})+2\overrightarrow{OB}\cdot\overrightarrow{OC}$$

◀ $(a+b+c)^2=a^2+b^2+c^2+2ab+2bc+2ca$

$|\overrightarrow{OA}+\overrightarrow{OB}+\overrightarrow{OC}|=1$ であるから

$$3+2\overrightarrow{OA}\cdot(\overrightarrow{OB}+\overrightarrow{OC})+2\overrightarrow{OB}\cdot\overrightarrow{OC}=1$$
$$2(s\overrightarrow{OB}+t\overrightarrow{OC})\cdot(\overrightarrow{OB}+\overrightarrow{OC})+2\overrightarrow{OB}\cdot\overrightarrow{OC}+2=0$$
$$s|\overrightarrow{OB}|^2+t|\overrightarrow{OC}|^2+(s+t+1)\overrightarrow{OB}\cdot\overrightarrow{OC}+1=0$$
$$s+t+1+(s+t+1)\overrightarrow{OB}\cdot\overrightarrow{OC}=0$$
$$(s+t+1)(\overrightarrow{OB}\cdot\overrightarrow{OC}+1)=0$$

よって $s+t+1=0$ または $\overrightarrow{OB}\cdot\overrightarrow{OC}+1=0$

ここで，$|\overrightarrow{OB}|=|\overrightarrow{OC}|=1$ より，$\overrightarrow{OB}\cdot\overrightarrow{OC}=-1$ のとき，$\overrightarrow{OC}=-\overrightarrow{OB}$ となり，不適。

◀ $\overrightarrow{OB}$ と $\overrightarrow{OC}$ のなす角を α とすると $\cos\alpha=\dfrac{\overrightarrow{OB}\cdot\overrightarrow{OC}}{|\overrightarrow{OB}||\overrightarrow{OC}|}=-1$

よって $s+t+1=0$ すなわち $s=-t-1$

① より

$$\overrightarrow{OA}=-(t+1)\overrightarrow{OB}+t\overrightarrow{OC}$$
$$|\overrightarrow{OA}|^2=(t+1)^2|\overrightarrow{OB}|^2-2t(t+1)\overrightarrow{OB}\cdot\overrightarrow{OC}+t^2|\overrightarrow{OC}|^2$$
$$=2t(t+1)+1-2t(t+1)\overrightarrow{OB}\cdot\overrightarrow{OC}$$

$|\overrightarrow{OA}|=1$ であるから

$$2t(t+1)+1-2t(t+1)\overrightarrow{OB}\cdot\overrightarrow{OC}=1$$
$$2t(t+1)(\overrightarrow{OB}\cdot\overrightarrow{OC}-1)=0$$

$|\overrightarrow{OB}|=|\overrightarrow{OC}|=1$ より，$\overrightarrow{OB}\cdot\overrightarrow{OC}=1$ のとき $\overrightarrow{OB}=\overrightarrow{OC}$ となり，不適。

よって $2t(t+1)=0$

ゆえに　　$t=-1,\ 0$

$t=-1$ のとき，$s=0$ であるから，① より

$$\overrightarrow{\mathrm{OA}}=-\overrightarrow{\mathrm{OC}}$$

このとき，線分 AC が円 O の直径となるから，△ABC は $\angle\mathrm{ABC}=90^\circ$ の直角三角形となる。

$t=0$ のとき，$s=-1$ であるから，① より

$$\overrightarrow{\mathrm{OA}}=-\overrightarrow{\mathrm{OB}}$$

このとき，線分 AB が円 O の直径となるから，△ABC は $\angle\mathrm{ACB}=90^\circ$ の直角三角形となる。

(ア)，(イ) より，$|\overrightarrow{\mathrm{OA}}+\overrightarrow{\mathrm{OB}}+\overrightarrow{\mathrm{OC}}|=1$ ならば，△ABC は直角三角形である。

〔別解〕

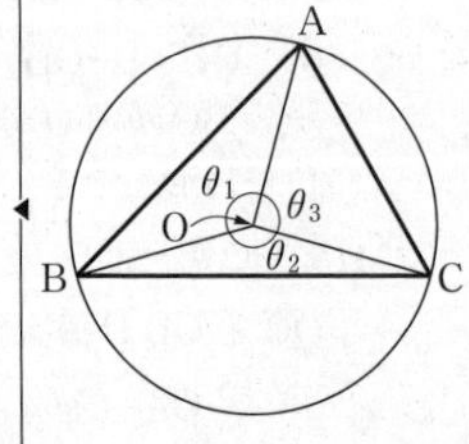

$|\overrightarrow{\mathrm{OA}}+\overrightarrow{\mathrm{OB}}+\overrightarrow{\mathrm{OC}}|=1$ とする。

$\angle\mathrm{AOB}=\theta_1$，$\angle\mathrm{BOC}=\theta_2$，$\angle\mathrm{COA}=\theta_3$ とおくと

$\theta_1+\theta_2+\theta_3=360^\circ$ より　　$\theta_3=360^\circ-(\theta_1+\theta_2)$

また　$\overrightarrow{\mathrm{OA}}\cdot\overrightarrow{\mathrm{OB}}=|\overrightarrow{\mathrm{OA}}||\overrightarrow{\mathrm{OB}}|\cos\theta_1=\cos\theta_1$

$\overrightarrow{\mathrm{OB}}\cdot\overrightarrow{\mathrm{OC}}=|\overrightarrow{\mathrm{OB}}||\overrightarrow{\mathrm{OC}}|\cos\theta_2=\cos\theta_2$

$\overrightarrow{\mathrm{OC}}\cdot\overrightarrow{\mathrm{OA}}=|\overrightarrow{\mathrm{OC}}||\overrightarrow{\mathrm{OA}}|\cos\theta_3=\cos\theta_3$

ゆえに

$$\begin{aligned}&|\overrightarrow{\mathrm{OA}}+\overrightarrow{\mathrm{OB}}+\overrightarrow{\mathrm{OC}}|^2\\&=|\overrightarrow{\mathrm{OA}}|^2+|\overrightarrow{\mathrm{OB}}|^2+|\overrightarrow{\mathrm{OC}}|^2+2(\overrightarrow{\mathrm{OA}}\cdot\overrightarrow{\mathrm{OB}}+\overrightarrow{\mathrm{OB}}\cdot\overrightarrow{\mathrm{OC}}+\overrightarrow{\mathrm{OC}}\cdot\overrightarrow{\mathrm{OA}})\\&=3+2(\cos\theta_1+\cos\theta_2+\cos\theta_3)\end{aligned}$$

$|\overrightarrow{\mathrm{OA}}+\overrightarrow{\mathrm{OB}}+\overrightarrow{\mathrm{OC}}|=1$ であるから，

$3+2(\cos\theta_1+\cos\theta_2+\cos\theta_3)=1$ より

$$\cos\theta_1+\cos\theta_2+\cos\theta_3=-1 \quad \cdots ①$$

ここで　　$\cos\theta_1+\cos\theta_2=2\cos\dfrac{\theta_1+\theta_2}{2}\cdot\cos\dfrac{\theta_1-\theta_2}{2}$

◀和と積の変換公式
LEGEND 数学Ⅱ＋B
Go Ahead 10 参照。

$$\begin{aligned}\cos\theta_3&=\cos\{360^\circ-(\theta_1+\theta_2)\}\\&=\cos\{-(\theta_1+\theta_2)\}\\&=\cos(\theta_1+\theta_2)\\&=\cos\left(2\cdot\frac{\theta_1+\theta_2}{2}\right)=2\cos^2\frac{\theta_1+\theta_2}{2}-1\end{aligned}$$

◀2 倍角の公式

よって，① より

$$2\cos\frac{\theta_1+\theta_2}{2}\cdot\cos\frac{\theta_1-\theta_2}{2}+2\cos^2\frac{\theta_1+\theta_2}{2}-1=-1$$

$$2\cos\frac{\theta_1+\theta_2}{2}\left(\cos\frac{\theta_1-\theta_2}{2}+\cos\frac{\theta_1+\theta_2}{2}\right)=0 \quad \cdots ②$$

ここで，さらに

$$\cos\frac{\theta_1+\theta_2}{2}=\cos\frac{360^\circ-\theta_3}{2}=\cos\left(180^\circ-\frac{\theta_3}{2}\right)=-\cos\frac{\theta_3}{2}$$

$$\cos\frac{\theta_1+\theta_2}{2}+\cos\frac{\theta_1-\theta_2}{2}$$

$$=2\cos\frac{\frac{\theta_1+\theta_2}{2}+\frac{\theta_1-\theta_2}{2}}{2}\cos\frac{\frac{\theta_1+\theta_2}{2}-\frac{\theta_1-\theta_2}{2}}{2}$$

◀$\cos\left(\dfrac{\theta_1}{2}+\dfrac{\theta_2}{2}\right)+\cos\left(\dfrac{\theta_1}{2}-\dfrac{\theta_2}{2}\right)$ と変形して加法定理を用いてもよい。

◀和・差を積に直す公式

$$= 2\cos\frac{\theta_1}{2}\cos\frac{\theta_2}{2}$$

ゆえに，② は　$-4\cos\frac{\theta_1}{2}\cos\frac{\theta_2}{2}\cos\frac{\theta_3}{2} = 0$

よって

$$\cos\frac{\theta_1}{2} = 0 \quad \text{または} \quad \cos\frac{\theta_2}{2} = 0 \quad \text{または} \quad \cos\frac{\theta_3}{2} = 0$$

◀ $abc = 0$
$\Longleftrightarrow a,\ b,\ c$ の少なくとも 1 つが 0

$0° < \frac{\theta_1}{2} < 180°,\ 0° < \frac{\theta_2}{2} < 180°,\ 0° < \frac{\theta_3}{2} < 180°$ であるから

$$\frac{\theta_1}{2} = 90° \quad \text{または} \quad \frac{\theta_2}{2} = 90° \quad \text{または} \quad \frac{\theta_3}{2} = 90°$$

円周角と中心角の関係より

$$\angle \mathrm{ACB} = \frac{\theta_1}{2},\ \angle \mathrm{BAC} = \frac{\theta_2}{2},\ \angle \mathrm{CBA} = \frac{\theta_3}{2}$$

であるから

$\angle \mathrm{ACB} = 90°$　または　$\angle \mathrm{BAC} = 90°$　または　$\angle \mathrm{CBA} = 90°$

すなわち △ABC は直角三角形である。

---

7 △ABC を 1 辺の長さが 1 の正三角形とする。次の問に答えよ。

(1) 実数 $s,\ t$ が $s+t=1$ を満たしながら動くとき，$\overrightarrow{\mathrm{AP}} = s\overrightarrow{\mathrm{AB}} + t\overrightarrow{\mathrm{AC}}$ を満たす点 P の軌跡 G を正三角形 ABC とともに図示せよ。

(2) 実数 $s,\ t$ が $s \geqq 0,\ t \geqq 0,\ 1 \leqq s+t \leqq 2$ を満たしながら動くとき，$\overrightarrow{\mathrm{AP}} = s\overrightarrow{\mathrm{AB}} + t\overrightarrow{\mathrm{AC}}$ を満たす点 P の存在範囲 D を正三角形 ABC とともに図示し，領域 D の面積を求めよ。

(3) 実数 $s,\ t$ が $1 \leqq |s| + |t| \leqq 2$ を満たしながら動くとき，$\overrightarrow{\mathrm{AP}} = s\overrightarrow{\mathrm{AB}} + t\overrightarrow{\mathrm{AC}}$ を満たす点 P の存在範囲 E を正三角形 ABC とともに図示し，領域 E の面積を求めよ。　(甲南大)

---

(1) $s+t=1$ であるから，点 P の軌跡 G は直線 BC であり，**右の図** のようになる。

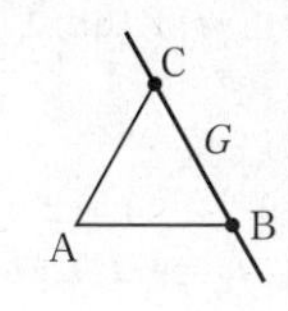

(2) $s \geqq 0,\ t \geqq 0,\ 1 \leqq s+t \leqq 2$ であるから

$s \geqq 0,\ t \geqq 0,\ s+t \geqq 1$　…①

かつ　$s \geqq 0,\ t \geqq 0,\ s+t \leqq 2$　…②

◀ ① のとき

② について，$s' = \frac{1}{2}s,\ t' = \frac{1}{2}t$ とおくと

$$s' \geqq 0,\ t' \geqq 0,\ s'+t' \leqq 1$$

$s = 2s',\ t = 2t'$ であるから

$$\overrightarrow{\mathrm{AP}} = 2s'\overrightarrow{\mathrm{AB}} + 2t'\overrightarrow{\mathrm{AC}}$$
$$= s'(2\overrightarrow{\mathrm{AB}}) + t'(2\overrightarrow{\mathrm{AC}})$$

◀ ② のとき

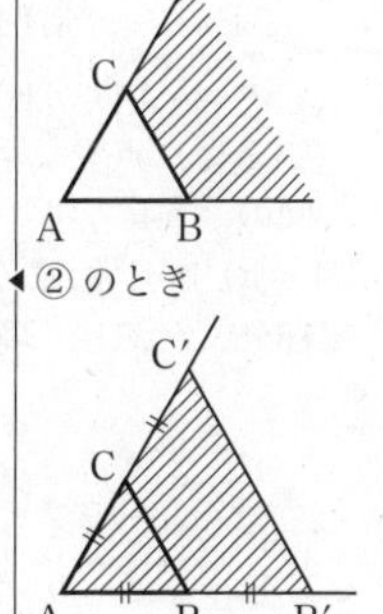

よって，$\overrightarrow{\mathrm{AB'}} = 2\overrightarrow{\mathrm{AB}},\ \overrightarrow{\mathrm{AC'}} = 2\overrightarrow{\mathrm{AC}}$ とおくと領域 D は台形 BB′C′C の周および内部であり，**右の図の斜線部分**。ただし，**境界線を含む**。

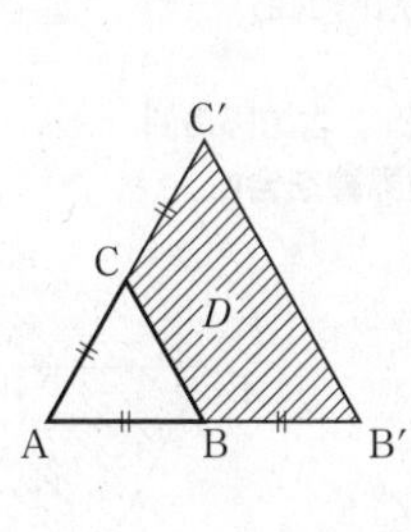

ゆえに，領域 D の面積は

$$\triangle \mathrm{AB'C'} - \triangle \mathrm{ABC} = \frac{1}{2}\cdot 2\cdot 2\sin 60° - \frac{1}{2}\cdot 1\cdot 1\cdot \sin 60°$$

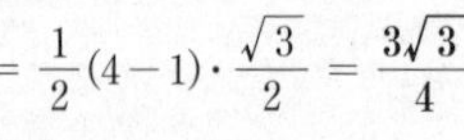

$$= \frac{1}{2}(4-1)\cdot\frac{\sqrt{3}}{2} = \frac{3\sqrt{3}}{4}$$

(3) $1 \leqq |s| + |t| \leqq 2$ …③ とおく。

(ア) $s \geqq 0,\ t \geqq 0$ のとき

③は　$1 \leqq s + t \leqq 2$

よって，Pの存在範囲は(2)の領域 D となる。

◀絶対値記号を外すために
(ア) $s \geqq 0,\ t \geqq 0$
(イ) $s \leqq 0,\ t \geqq 0$
(ウ) $s \geqq 0,\ t \leqq 0$
(エ) $s \leqq 0,\ t \leqq 0$
に場合分けする。

(イ) $s \leqq 0,\ t \geqq 0$ のとき

③は　$1 \leqq (-s) + t \leqq 2$

よって，$s_1 = -s$ とおくと

$s_1 \geqq 0,\ t \geqq 0,\ 1 \leqq s_1 + t \leqq 2$

$s = -s_1$ であるから

$$\overrightarrow{AP} = -s_1\overrightarrow{AB} + t\overrightarrow{AC}$$
$$= s_1(-\overrightarrow{AB}) + t\overrightarrow{AC}$$

ゆえに，$\overrightarrow{AB_1} = -\overrightarrow{AB}$ とおくと，点Pの存在範囲は，右の図のようになる。

◀$\overrightarrow{AP} = s_1\overrightarrow{AB_1} + t\overrightarrow{AC}$
$s_1 \geqq 0,\ t \geqq 0,$
$1 \leqq s_1 + t \leqq 2$ となり，$\triangle AB_1C$ に対して(2)と同様の関係式となる。

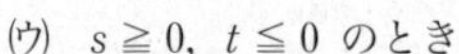

(ウ) $s \geqq 0,\ t \leqq 0$ のとき

③は　$1 \leqq s + (-t) \leqq 2$

よって，$t_1 = -t$ とおくと

$s \geqq 0,\ t_1 \geqq 0,\ 1 \leqq s + t_1 \leqq 2$

$t = -t_1$ であるから

$$\overrightarrow{AP} = s\overrightarrow{AB} + (-t_1)\overrightarrow{AC}$$
$$= s\overrightarrow{AB} + t_1(-\overrightarrow{AC})$$

ゆえに，$\overrightarrow{AC_1} = -\overrightarrow{AC}$ とおくと，点Pの存在範囲は，右の図のようになる。

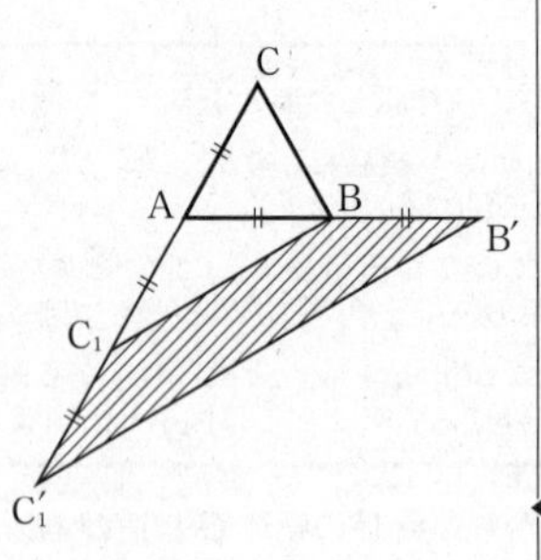

◀(イ)のときの領域と点Aに関して対称である。

(エ) $s \leqq 0,\ t \leqq 0$ のとき

③は　$1 \leqq (-s) + (-t) \leqq 2$

よって，$s_1 = -s,\ t_1 = -t$ に対して

$s_1 \geqq 0,\ t_1 \geqq 0,\ 1 \leqq s_1 + t_1 \leqq 2$

$$\overrightarrow{AP} = -s_1\overrightarrow{AB} + (-t_1)\overrightarrow{AC}$$
$$= s_1(-\overrightarrow{AB}) + t_1(-\overrightarrow{AC})$$

ゆえに，点Pの存在範囲は右の図のようになる。

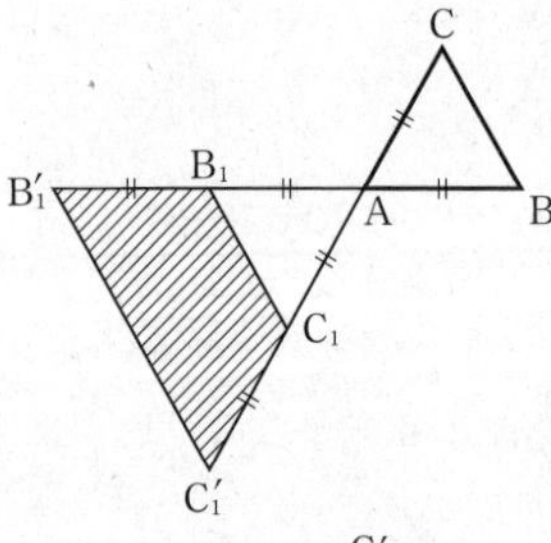

◀(ア)のときの領域 D と点Aに関して対称である。

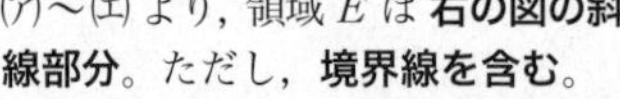

(ア)～(エ)より，領域 E は**右の図の斜線部分**。ただし，**境界線を含む**。

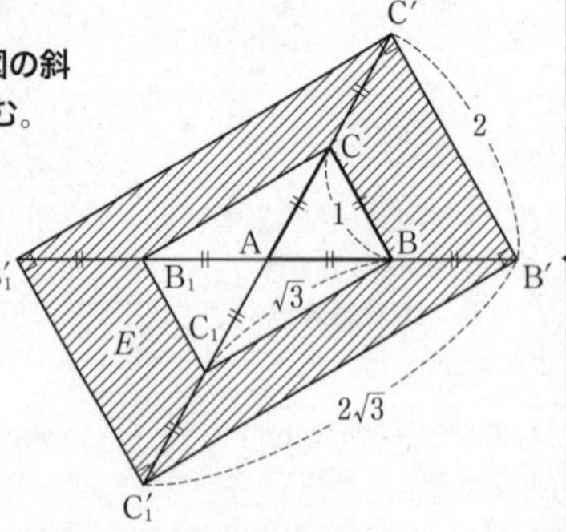

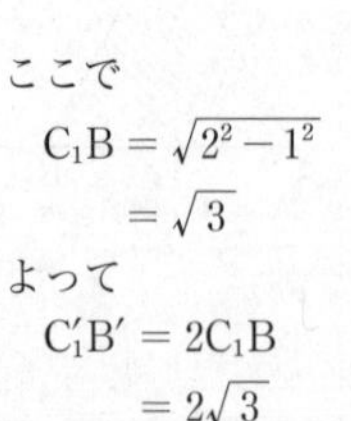

ここで

$$C_1B = \sqrt{2^2 - 1^2}$$
$$= \sqrt{3}$$

よって

$$C_1'B' = 2C_1B$$
$$= 2\sqrt{3}$$

◀対角線の長さが等しく，互いに中点で交わっているから四角形 $B_1'C_1'B'C'$，B_1C_1BC はともに長方形である。

したがって，領域 E の面積は

$$(\text{長方形 } B_1'C_1'B'C') - (\text{長方形 } B_1C_1BC)$$
$$= 2\cdot 2\sqrt{3} - 1\cdot\sqrt{3}$$
$$= \mathbf{3\sqrt{3}}$$

8 平面上に2点 A(2, 0), B(1, 1) がある。点 P(x, y) が円 $x^2+y^2=1$ 上を動くとき，内積 $\overrightarrow{PA}\cdot\overrightarrow{PB}$ の最大値を求め，そのときの点 P の座標を求めよ。 (名城大)

点 P は円 $x^2+y^2=1$ 上を動くから　$|\overrightarrow{OP}|=1$

◀原点中心，半径1の円のベクトル方程式である。

$$\overrightarrow{PA}\cdot\overrightarrow{PB} = (\overrightarrow{OA}-\overrightarrow{OP})\cdot(\overrightarrow{OB}-\overrightarrow{OP})$$
$$= \overrightarrow{OA}\cdot\overrightarrow{OB} - (\overrightarrow{OA}+\overrightarrow{OB})\cdot\overrightarrow{OP} + |\overrightarrow{OP}|^2$$

ここで，$\overrightarrow{OA}\cdot\overrightarrow{OB} = 2\cdot1+0\cdot1=2$ であるから

$$\overrightarrow{PA}\cdot\overrightarrow{PB} = 2-(\overrightarrow{OA}+\overrightarrow{OB})\cdot\overrightarrow{OP}+1^2$$
$$= -(\overrightarrow{OA}+\overrightarrow{OB})\cdot\overrightarrow{OP}+3$$

◀$|\overrightarrow{OP}|=1$ より $|\overrightarrow{OP}|^2=1$

$\overrightarrow{OA}+\overrightarrow{OB}$ と $\overrightarrow{OP}$ のなす角を θ とする。

$\overrightarrow{OA}+\overrightarrow{OB}=(3,\ 1)$ より

$$|\overrightarrow{OA}+\overrightarrow{OB}| = \sqrt{3^2+1^2} = \sqrt{10}$$

よって

$$(\overrightarrow{OA}+\overrightarrow{OB})\cdot\overrightarrow{OP} = \sqrt{10}\cdot1\cdot\cos\theta$$

ゆえに　$\overrightarrow{PA}\cdot\overrightarrow{PB} = -\sqrt{10}\cos\theta+3$

$-1 \leqq \cos\theta \leqq 1$ であるから，$\overrightarrow{PA}\cdot\overrightarrow{PB}$ は

$\cos\theta=-1$ すなわち $\theta=180^\circ$ のとき　最大値 $3+\sqrt{10}$

このとき，点 P は，点 C を (3, 1) として，円 $x^2+y^2=1$ と直線 OC の交点のうち，C から遠い方である。

◀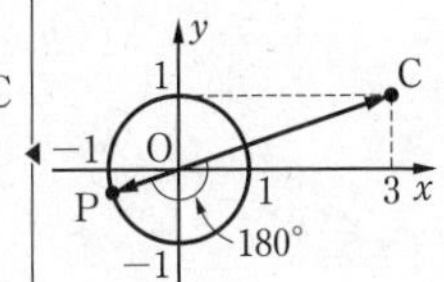

直線 OC の方程式は　$y=\dfrac{1}{3}x$　すなわち　$x=3y$　…①

$x^2+y^2=1$ に代入すると　$10y^2=1$

よって　$y=\pm\dfrac{1}{\sqrt{10}}=\pm\dfrac{\sqrt{10}}{10}$

$y<0$ であるから　$y=-\dfrac{\sqrt{10}}{10}$

① に代入すると　$x=-\dfrac{3\sqrt{10}}{10}$

したがって，$\overrightarrow{PA}\cdot\overrightarrow{PB}$ は

点 P$\left(-\dfrac{3\sqrt{10}}{10},\ -\dfrac{\sqrt{10}}{10}\right)$ のとき　最大値 $3+\sqrt{10}$

9 1辺の長さが1の正四面体OABCにおいて，$\overrightarrow{OA}=\vec{a}$，$\overrightarrow{OB}=\vec{b}$，$\overrightarrow{OC}=\vec{c}$ とする。線分OAを $s:(1-s)$ に内分する点をL，線分BCの中点をM，線分LMを $t:(1-t)$ に内分する点をPとし，$\angle POM=\theta$ とする。$\angle OPM=90°$，$\cos\theta=\dfrac{\sqrt{6}}{3}$ のとき，次の問に答えよ。

(1) 直角三角形OPMにおいて，内積 $\overrightarrow{OP}\cdot\overrightarrow{OM}$ を求めよ。

(2) $\overrightarrow{OP}$ を $\vec{a}$，$\vec{b}$，$\vec{c}$ を用いて表せ。

(3) 平面OPCと直線ABとの交点をQとするとき，$\overrightarrow{OQ}$ を $\vec{a}$，$\vec{b}$，$\vec{c}$ を用いて表せ。(名古屋市立大)

(1) $|\vec{a}|=|\vec{b}|=|\vec{c}|=1$，$\vec{a}\cdot\vec{b}=\vec{b}\cdot\vec{c}=\vec{c}\cdot\vec{a}=1\cdot1\cdot\cos60°=\dfrac{1}{2}$ より

$$\overrightarrow{OM}=\frac{1}{2}\vec{b}+\frac{1}{2}\vec{c}$$

$$|\overrightarrow{OM}|^2=\frac{1}{4}|\vec{b}|^2+\frac{1}{2}\vec{b}\cdot\vec{c}+\frac{1}{4}|\vec{c}|^2$$

$$=\frac{3}{4}$$

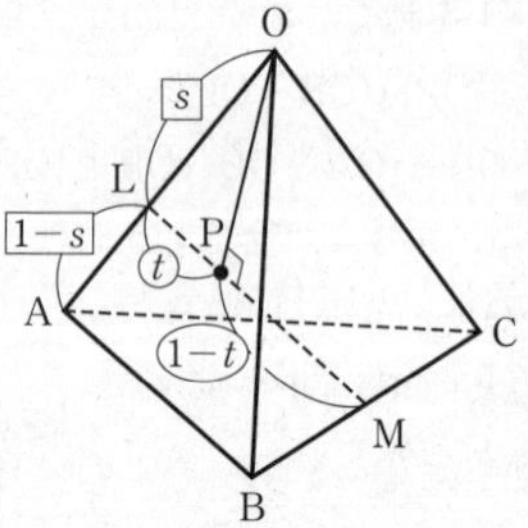

$|\overrightarrow{OM}|\geqq0$ より　　$|\overrightarrow{OM}|=\dfrac{\sqrt{3}}{2}$

◀ $|\overrightarrow{OM}|$ は，三角比を利用して求めてもよい。

$\angle POM=\theta$，$\angle OPM=90°$ より　　$|\overrightarrow{OP}|=|\overrightarrow{OM}|\cos\theta$

◀ 三角比の定義より

$\cos\theta=\dfrac{|\overrightarrow{OP}|}{|\overrightarrow{OM}|}$

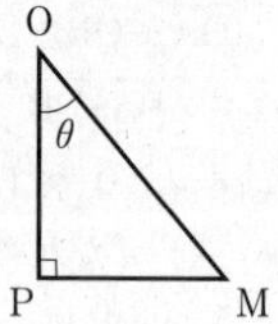

これらを用いると

$$\overrightarrow{OP}\cdot\overrightarrow{OM}=|\overrightarrow{OP}||\overrightarrow{OM}|\cos\theta$$

$$=|\overrightarrow{OM}|^2\cos^2\theta=\frac{3}{4}\cdot\left(\frac{\sqrt{6}}{3}\right)^2=\boldsymbol{\frac{1}{2}}$$

(2) $\overrightarrow{OL}=s\vec{a}$ であり，Pは線分LMの内分点であるから

$$\overrightarrow{OP}=(1-t)\overrightarrow{OL}+t\overrightarrow{OM}$$

$$=(1-t)s\vec{a}+\frac{1}{2}t\vec{b}+\frac{1}{2}t\vec{c}$$

$\angle OPM=90°$ より

$$\overrightarrow{OP}\cdot\overrightarrow{LM}=\overrightarrow{OP}\cdot(\overrightarrow{OM}-\overrightarrow{OL})$$

$$=\overrightarrow{OP}\cdot\overrightarrow{OM}-\overrightarrow{OP}\cdot\overrightarrow{OL}=0$$

よって，(1)より　　$\overrightarrow{OP}\cdot\overrightarrow{OL}=\overrightarrow{OP}\cdot\overrightarrow{OM}=\dfrac{1}{2}$

$$\overrightarrow{OP}\cdot\overrightarrow{OM}=\left\{(1-t)s\vec{a}+\frac{1}{2}t\vec{b}+\frac{1}{2}t\vec{c}\right\}\cdot\left(\frac{1}{2}\vec{b}+\frac{1}{2}\vec{c}\right)=\frac{1}{2}$$

すなわち　　$\dfrac{3}{4}t+\dfrac{1}{2}s-\dfrac{1}{2}st=\dfrac{1}{2}$　　…①

$$\overrightarrow{OP}\cdot\overrightarrow{OL}=\left\{(1-t)s\vec{a}+\frac{1}{2}t\vec{b}+\frac{1}{2}t\vec{c}\right\}\cdot s\vec{a}=\frac{1}{2}$$

すなわち　　$(1-t)s^2+\dfrac{1}{2}st=\dfrac{1}{2}$　　…②

①×2s−② より

◀ $(1-t)s^2$ を消去する。

$$st=s-\frac{1}{2}$$

$$t=1-\frac{1}{2s}\quad\cdots③$$

③ を ① に代入すると　$s=\dfrac{3}{4}$，$t=\dfrac{1}{3}$

したがって　$\overrightarrow{\mathbf{OP}}=\dfrac{\mathbf{1}}{\mathbf{2}}\vec{\boldsymbol{a}}+\dfrac{\mathbf{1}}{\mathbf{6}}\vec{\boldsymbol{b}}+\dfrac{\mathbf{1}}{\mathbf{6}}\vec{\boldsymbol{c}}$

(3)　平面 OPC 上に点 Q があるから

$\overrightarrow{OQ}=\alpha\overrightarrow{OP}+\beta\vec{c}$（$\alpha$，$\beta$ は実数）と表すことができる。

$$\overrightarrow{OQ}=\alpha\left(\frac{1}{2}\vec{a}+\frac{1}{6}\vec{b}+\frac{1}{6}\vec{c}\right)+\beta\vec{c}$$

$$=\frac{1}{2}\alpha\vec{a}+\frac{1}{6}\alpha\vec{b}+\left(\frac{1}{6}\alpha+\beta\right)\vec{c}$$

ここで，Q が直線 AB 上にあるのは

$$\frac{1}{2}\alpha+\frac{1}{6}\alpha=1,\quad \frac{1}{6}\alpha+\beta=0$$

となるときである。

これを解くと　$\alpha=\dfrac{3}{2}$，$\beta=-\dfrac{1}{4}$

したがって　$\overrightarrow{\mathbf{OQ}}=\dfrac{\mathbf{3}}{\mathbf{4}}\vec{\boldsymbol{a}}+\dfrac{\mathbf{1}}{\mathbf{4}}\vec{\boldsymbol{b}}$

◀ Q が平面 OAB 上にあるから，$\overrightarrow{OQ}$ は $\vec{a}$ と $\vec{b}$ だけで表すことができ
$\dfrac{1}{6}\alpha+\beta=0$
また，Q が直線 AB 上にあるから，$\vec{a}$ と $\vec{b}$ の係数の和が 1 となり
$\dfrac{1}{2}\alpha+\dfrac{1}{6}\alpha=1$

10　空間に四面体 OABC と点 P がある。$\overrightarrow{OA}=\vec{a}$，$\overrightarrow{OB}=\vec{b}$，$\overrightarrow{OC}=\vec{c}$ とする。$r+s+t=1$ を満たす実数 r，s，t によって $\overrightarrow{OP}=r\vec{a}+s\vec{b}+t\vec{c}$ と表されるとき

(1)　4 点 A，B，C，P は同一平面上にあることを示せ。

(2)　$|\vec{a}|=1$，$|\vec{b}|=2$，$|\vec{c}|=3$ で，$\angle AOB=\angle BOC=\angle COA$ が成り立つとする。点 P が $\angle AOP=\angle BOP=\angle COP$ を満たすとき，r，s，t の値を求めよ。　（千葉大）

(1)　$r+s+t=1$ より　$r=1-s-t$

$$\overrightarrow{OP}=r\vec{a}+s\vec{b}+t\vec{c}$$

$$=(1-s-t)\vec{a}+s\vec{b}+t\vec{c}=\vec{a}+s(\vec{b}-\vec{a})+t(\vec{c}-\vec{a})$$

ゆえに　$\overrightarrow{OP}-\overrightarrow{OA}=s\overrightarrow{AB}+t\overrightarrow{AC}$

すなわち　$\overrightarrow{AP}=s\overrightarrow{AB}+t\overrightarrow{AC}$

よって，点 P は平面 ABC 上にある。

すなわち，4 点 A，B，C，P は同一平面上にある。

◀ $\vec{b}-\vec{a}=\overrightarrow{AB}$
$\vec{c}-\vec{a}=\overrightarrow{AC}$

(2)　$\angle AOB=\angle BOC=\angle COA=\alpha$，$\cos\alpha=m$ とおくと

$0°<\alpha<180°$ より　$-1<m<1$

また $|\vec{a}|=1$，$|\vec{b}|=2$，$|\vec{c}|=3$ より

$$\vec{a}\cdot\vec{b}=2m,\ \vec{b}\cdot\vec{c}=6m,\ \vec{c}\cdot\vec{a}=3m\quad\cdots①$$

◀ $\vec{a}\cdot\vec{b}=|\vec{a}|\cdot|\vec{b}|\cos\alpha$
$=1\cdot2\cdot m=2m$

次に，$\angle AOP=\angle BOP=\angle COP=\theta$，$\overrightarrow{OP}=\vec{p}$ とおくと

$$\cos\theta=\frac{\vec{a}\cdot\vec{p}}{|\vec{a}||\vec{p}|}=\frac{\vec{b}\cdot\vec{p}}{|\vec{b}||\vec{p}|}=\frac{\vec{c}\cdot\vec{p}}{|\vec{c}||\vec{p}|}$$

$|\vec{a}|=1$，$|\vec{b}|=2$，$|\vec{c}|=3$ を代入すると

$$\vec{a}\cdot\vec{p}=\frac{\vec{b}\cdot\vec{p}}{2}=\frac{\vec{c}\cdot\vec{p}}{3}$$

この式の値を n とおくと

$$\vec{a}\cdot\vec{p}=n\quad\cdots②$$

$\vec{b}\cdot\vec{p}=2n \quad \cdots ③$

$\vec{c}\cdot\vec{p}=3n \quad \cdots ④$

①，②より　$n=\vec{a}\cdot\vec{p}=\vec{a}\cdot(r\vec{a}+s\vec{b}+t\vec{c})$

$=r|\vec{a}|^2+s\vec{a}\cdot\vec{b}+t\vec{a}\cdot\vec{c}$

$=r+2ms+3mt$

すなわち　$n=r+2ms+3mt \quad \cdots ⑤$

①，③より　$2n=\vec{b}\cdot\vec{p}=\vec{b}\cdot(r\vec{a}+s\vec{b}+t\vec{c})$

$=r\vec{a}\cdot\vec{b}+s|\vec{b}|^2+t\vec{b}\cdot\vec{c}$

$=2mr+4s+6mt$

よって　$n=mr+2s+3mt \quad \cdots ⑥$

①，④より　$3n=\vec{c}\cdot\vec{p}=\vec{c}\cdot(r\vec{a}+s\vec{b}+t\vec{c})$

$=r\vec{c}\cdot\vec{a}+s\vec{b}\cdot\vec{c}+t|\vec{c}|^2$

$=3mr+6ms+9t$

よって　$n=mr+2ms+3t \quad \cdots ⑦$

⑤－⑥より　$0=(1-m)r+2(m-1)s$

◀⑤，⑥，⑦の３元連立１次方程式を解く。

$(m-1)(r-2s)=0$

$-1<m<1$ より　$r=2s \quad \cdots ⑧$

◀$m \neq 1$

⑥－⑦より　$0=2(1-m)s+3(m-1)t$

$(m-1)(2s-3t)=0$

$-1<m<1$ より　$t=\dfrac{2}{3}s \quad \cdots ⑨$

⑧，⑨を $r+s+t=1$ に代入すると

$2s+s+\dfrac{2}{3}s=1$ より　$s=\dfrac{3}{11}$

⑧，⑨に代入すると　$r=\dfrac{6}{11}$，$t=\dfrac{2}{11}$

以上より　$\boldsymbol{r=\dfrac{6}{11}}$，$\boldsymbol{s=\dfrac{3}{11}}$，$\boldsymbol{t=\dfrac{2}{11}}$

11　１辺の長さが１の正十二面体を考える。点 O，A，B，C，D，E，F を図に示す正十二面体の頂点とし，$\overrightarrow{OA}=\vec{a}$，$\overrightarrow{OB}=\vec{b}$，$\overrightarrow{OC}=\vec{c}$ とおくとき，次の問に答えよ。なお，正十二面体では，すべての面は合同な正五角形であり，各頂点は３つの正五角形に共有されている。

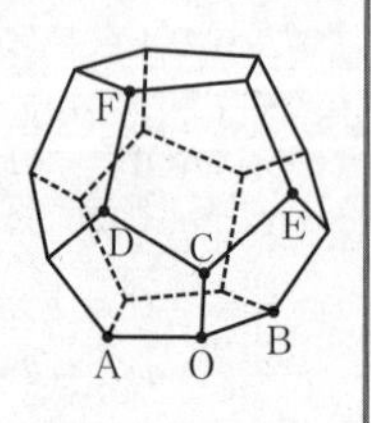

(1)　１辺の長さが１の正五角形の対角線の長さを求めて，内積 $\vec{a}\cdot\vec{b}$ を求めよ。

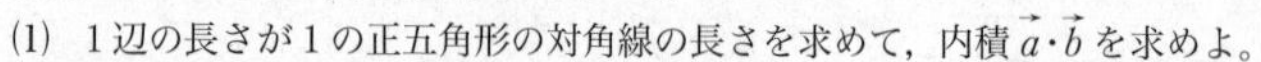

(2)　$\overrightarrow{CD}$，$\overrightarrow{OF}$ を $\vec{a}$，$\vec{b}$，$\vec{c}$ を用いて表せ。

(3)　O から平面 ABD に垂線 OH を下ろす。$\overrightarrow{OH}$ を $\vec{a}$，$\vec{b}$，$\vec{c}$ を用いて表せ。さらにその大きさを求めよ。　(福井大)

(1)　正五角形は円に内接し，等しい長さの弧がつくる円周角は等しいから，右の図において

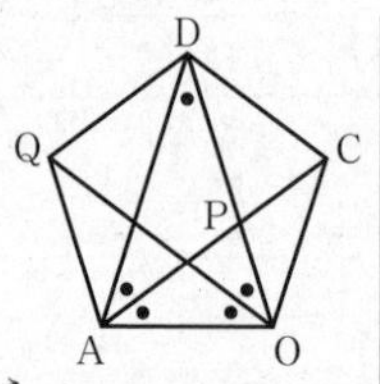

$\angle DOQ=\angle QOA$

$=\angle ADO=\angle OAC$

$=\angle CAD$

$\triangle DAO$ と $\triangle APO$ において

$\angle ADO=\angle PAO$，$\angle DOA=\angle AOP$ であるから

$\triangle DAO \backsim \triangle APO$

また，$\triangle APO$，$\triangle PDA$ は二等辺三角形であるから

$PD=PA=AO=1$

ここで，$DO=t$ とおくと，$DO:AO=AO:PO$ より

$t:1=1:(t-1)$

ゆえに　　$t^2-t-1=0$

したがって　　$t=\dfrac{1\pm\sqrt{5}}{2}$

$t>0$ であるから，正五角形の対角線の長さは　　$t=\boldsymbol{\dfrac{1+\sqrt{5}}{2}}$

◀ $\angle APO=\angle ADP+\angle DAP$

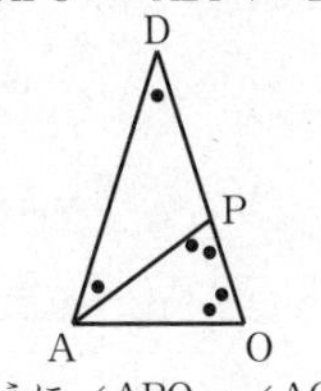

ゆえに $\angle APO=\angle AOP$

さらに，$|\overrightarrow{AB}|=|\overrightarrow{OB}-\overrightarrow{OA}|=|\vec{b}-\vec{a}|=\dfrac{1+\sqrt{5}}{2}$ であるから

$|\vec{b}-\vec{a}|^2=\left(\dfrac{1+\sqrt{5}}{2}\right)^2$

$|\vec{b}|^2-2\vec{a}\cdot\vec{b}+|\vec{a}|^2=\dfrac{3+\sqrt{5}}{2}$

◀ $|\vec{a}|=|\vec{b}|=1$

したがって　　$\boldsymbol{\vec{a}\cdot\vec{b}=\dfrac{1-\sqrt{5}}{4}}$

(2)　(1)の図において，$DA /\!/ CO$，$DA:CO=\dfrac{1+\sqrt{5}}{2}:1$ であるから

◀ 錯角が等しい。

$\overrightarrow{AD}=\dfrac{1+\sqrt{5}}{2}\overrightarrow{OC}=\dfrac{1+\sqrt{5}}{2}\vec{c}$

$\overrightarrow{CD}=\overrightarrow{CO}+\overrightarrow{OA}+\overrightarrow{AD}=-\vec{c}+\vec{a}+\dfrac{1+\sqrt{5}}{2}\vec{c}$

$\quad=\boldsymbol{\vec{a}+\dfrac{-1+\sqrt{5}}{2}\vec{c}}$

同様にして　　$\overrightarrow{CE}=\vec{b}+\dfrac{-1+\sqrt{5}}{2}\vec{c}$

◀ $EB /\!/ CO$，
$EB:CO=\dfrac{1+\sqrt{5}}{2}:1$，
$\overrightarrow{CE}=\overrightarrow{CO}+\overrightarrow{OB}+\overrightarrow{BE}$

また，$\overrightarrow{EF}=\dfrac{1+\sqrt{5}}{2}\overrightarrow{CD}$ であるから

$\overrightarrow{OF}=\overrightarrow{OC}+\overrightarrow{CE}+\overrightarrow{EF}$

$\quad=\vec{c}+\vec{b}+\dfrac{-1+\sqrt{5}}{2}\vec{c}+\dfrac{1+\sqrt{5}}{2}\overrightarrow{CD}$

◀ 同様にして
$\overrightarrow{DF}=\overrightarrow{CE}+\dfrac{-1+\sqrt{5}}{2}\overrightarrow{CD}$
を用いてもよい。

$\quad=\vec{b}+\dfrac{1+\sqrt{5}}{2}\vec{c}+\dfrac{1+\sqrt{5}}{2}\left(\vec{a}+\dfrac{-1+\sqrt{5}}{2}\vec{c}\right)$

$\quad=\dfrac{1+\sqrt{5}}{2}\vec{a}+\vec{b}+\dfrac{1+\sqrt{5}}{2}\vec{c}+\vec{c}$

$\quad=\boldsymbol{\dfrac{1+\sqrt{5}}{2}\vec{a}+\vec{b}+\dfrac{3+\sqrt{5}}{2}\vec{c}}$

(3)　点 H は平面 ABD 上にあるから，

$\overrightarrow{OH}=k\vec{a}+l\vec{b}+m\overrightarrow{OD}$ かつ $k+l+m=1$

とおける。

よって，(2) より

$\overrightarrow{OH}=k\vec{a}+l\vec{b}+m\left(\vec{a}+\dfrac{1+\sqrt{5}}{2}\vec{c}\right)$

入試攻略

$$= (k+m)\vec{a} + l\vec{b} + \frac{1+\sqrt{5}}{2}m\vec{c}$$

$$= (1-l)\vec{a} + l\vec{b} + \frac{1+\sqrt{5}}{2}m\vec{c}$$

◀ $k+l+m=1$ より，$k+m=1-l$

また，$\vec{a}\cdot\vec{b} = \vec{b}\cdot\vec{c} = \vec{c}\cdot\vec{a} = \frac{1-\sqrt{5}}{4}$ に注意すると，$\overrightarrow{\mathrm{OH}} \perp \overrightarrow{\mathrm{AB}}$ より，

$\overrightarrow{\mathrm{OH}}\cdot\overrightarrow{\mathrm{AB}} = 0$ であるから

$$\overrightarrow{\mathrm{OH}}\cdot\overrightarrow{\mathrm{AB}} = \left\{(1-l)\vec{a} + l\vec{b} + \frac{1+\sqrt{5}}{2}m\vec{c}\right\}\cdot(\vec{b}-\vec{a})$$

$$= (1-l)\vec{a}\cdot\vec{b} + l|\vec{b}|^2 + \frac{1+\sqrt{5}}{2}m\vec{c}\cdot\vec{b} - (1-l)|\vec{a}|^2 - l\vec{b}\cdot\vec{a} - \frac{1+\sqrt{5}}{2}m\vec{c}\cdot\vec{a}$$

$$= (1-l)\frac{1-\sqrt{5}}{4} + l + \frac{1+\sqrt{5}}{2}m\frac{1-\sqrt{5}}{4} - (1-l) - l\frac{1-\sqrt{5}}{4} - \frac{1+\sqrt{5}}{2}m\frac{1-\sqrt{5}}{4}$$

$$= \frac{3+\sqrt{5}}{2}l - \frac{3+\sqrt{5}}{4} = 0$$

ゆえに　$l = \frac{1}{2}$

さらに，$\overrightarrow{\mathrm{OH}} \perp \overrightarrow{\mathrm{AD}}$ より，$\overrightarrow{\mathrm{OH}}\cdot\overrightarrow{\mathrm{AD}} = 0$ であるから

$$\overrightarrow{\mathrm{OH}}\cdot\overrightarrow{\mathrm{AD}} = \left\{(1-l)\vec{a} + l\vec{b} + \frac{1+\sqrt{5}}{2}m\vec{c}\right\}\cdot\frac{1+\sqrt{5}}{2}\vec{c}$$

$$= \frac{1+\sqrt{5}}{2}\left\{(1-l)\vec{a}\cdot\vec{c} + l\vec{b}\cdot\vec{c} + \frac{1+\sqrt{5}}{2}m|\vec{c}|^2\right\}$$

$$= \frac{1+\sqrt{5}}{2}\left\{(1-l)\frac{1-\sqrt{5}}{4} + l\frac{1-\sqrt{5}}{4} + \frac{1+\sqrt{5}}{2}m\right\}$$

$$= \frac{1+\sqrt{5}}{2}\left(\frac{1-\sqrt{5}}{4} + \frac{1+\sqrt{5}}{2}m\right) = 0$$

ゆえに　$\frac{1+\sqrt{5}}{2}m = \frac{\sqrt{5}-1}{4}$

したがって　$\boldsymbol{\overrightarrow{\mathrm{OH}} = \frac{1}{2}\vec{a} + \frac{1}{2}\vec{b} + \frac{\sqrt{5}-1}{4}\vec{c}}$

また

$$|\overrightarrow{\mathrm{OH}}|^2 = \left|\frac{1}{2}\vec{a} + \frac{1}{2}\vec{b} + \frac{\sqrt{5}-1}{4}\vec{c}\right|^2$$

$$= \frac{1}{4}|\vec{a}|^2 + \frac{1}{4}|\vec{b}|^2 + \left(\frac{\sqrt{5}-1}{4}\right)^2 \times |\vec{c}|^2 + \frac{1}{2}\vec{a}\cdot\vec{b} + \frac{\sqrt{5}-1}{4}\vec{b}\cdot\vec{c} + \frac{\sqrt{5}-1}{4}\vec{c}\cdot\vec{a}$$

$$= \frac{1}{4} + \frac{1}{4} + \left(\frac{\sqrt{5}-1}{4}\right)^2 + \frac{1}{2}\times\frac{1-\sqrt{5}}{4} + \frac{\sqrt{5}-1}{4}\times\frac{1-\sqrt{5}}{4} + \frac{\sqrt{5}-1}{4}\times\frac{1-\sqrt{5}}{4}$$

$$= \frac{1}{4} + \frac{1}{4} + \frac{3-\sqrt{5}}{8} + \frac{1-\sqrt{5}}{8} + \frac{\sqrt{5}-3}{8} + \frac{\sqrt{5}-3}{8}$$
$$= \frac{1}{4}$$

$|\overrightarrow{OH}| > 0$ より　　$|\overrightarrow{OH}| = \mathbf{\frac{1}{2}}$

12 点Oを1つの頂点とする4面体OABCを考える。$\overrightarrow{OA} = \vec{a}$, $\overrightarrow{OB} = \vec{b}$, $\overrightarrow{OC} = \vec{c}$ とし，$\vec{a}$ と $\vec{b}$, $\vec{b}$ と $\vec{c}$, $\vec{c}$ と $\vec{a}$ がそれぞれ直交するとき，次の問に答えよ。

(1) k, l, m を実数とする。空間の点Pを $\overrightarrow{OP} = k\vec{a} + l\vec{b} + m\vec{c}$ とするとき，内積 $\overrightarrow{OP}\cdot\overrightarrow{AP}$ を k, l, m, $\vec{a}$, $\vec{b}$, $\vec{c}$ を用いて表せ。

(2) 点Oから△ABCに垂線OHを下ろすとする。$\overrightarrow{OH}$ を $\vec{a}$, $\vec{b}$, $\vec{c}$ を用いて表せ。

(3) △ABCの面積 S を $\vec{a}$, $\vec{b}$, $\vec{c}$ を用いて表せ。

(4) △OABの面積を S_1, △OBCの面積を S_2, △OCAの面積を S_3 とする。△ABCの面積 S を S_1, S_2, S_3 を用いて表せ。（同志社大）

(1) $\vec{a}$, $\vec{b}$, $\vec{c}$ はどの2つも直交するから

$$\vec{a}\cdot\vec{b} = \vec{b}\cdot\vec{c} = \vec{c}\cdot\vec{a} = 0$$

内積 $\overrightarrow{OP}\cdot\overrightarrow{AP}$ を求めると

$$\overrightarrow{OP}\cdot\overrightarrow{AP}$$
$$= \overrightarrow{OP}\cdot(\overrightarrow{OP} - \overrightarrow{OA})$$
$$= (k\vec{a} + l\vec{b} + m\vec{c})\cdot(k\vec{a} + l\vec{b} + m\vec{c} - \vec{a})$$
$$= k^2|\vec{a}|^2 - k|\vec{a}|^2 + l^2|\vec{b}|^2 + m^2|\vec{c}|^2$$
$$= \boldsymbol{(k^2 - k)|\vec{a}|^2 + l^2|\vec{b}|^2 + m^2|\vec{c}|^2}$$

◀ $\vec{a}\cdot\vec{b} = \vec{b}\cdot\vec{c} = \vec{c}\cdot\vec{a} = 0$ を代入する。

C
O
B
A

(2) $\overrightarrow{OH} = x\vec{a} + y\vec{b} + z\vec{c}$ とする。

点Hは△ABC上にあるから　　$x + y + z = 1$　　…①

$\overrightarrow{OH}$ は平面ABCと垂直であるから

$$\overrightarrow{OH} \perp \overrightarrow{AB},\ \overrightarrow{OH} \perp \overrightarrow{BC}$$

すなわち　　$\overrightarrow{OH}\cdot\overrightarrow{AB} = 0$ …②，$\overrightarrow{OH}\cdot\overrightarrow{BC} = 0$ …③

②より　　$\overrightarrow{OH}\cdot\overrightarrow{AB} = (x\vec{a} + y\vec{b} + z\vec{c})\cdot(\vec{b} - \vec{a}) = 0$

$$-x|\vec{a}|^2 + y|\vec{b}|^2 = 0$$

よって　　$x|\vec{a}|^2 = y|\vec{b}|^2$　　…④

③より　　$\overrightarrow{OH}\cdot\overrightarrow{BC} = (x\vec{a} + y\vec{b} + z\vec{c})\cdot(\vec{c} - \vec{b}) = 0$

$$-y|\vec{b}|^2 + z|\vec{c}|^2 = 0$$

よって　　$y|\vec{b}|^2 = z|\vec{c}|^2$　　…⑤

④，⑤より　　$x|\vec{a}|^2 = y|\vec{b}|^2 = z|\vec{c}|^2$

ここで，$x|\vec{a}|^2 = y|\vec{b}|^2 = z|\vec{c}|^2 = s$ とおくと

$$x = \frac{s}{|\vec{a}|^2},\ y = \frac{s}{|\vec{b}|^2},\ z = \frac{s}{|\vec{c}|^2}$$

①に代入すると　　$\dfrac{s}{|\vec{a}|^2} + \dfrac{s}{|\vec{b}|^2} + \dfrac{s}{|\vec{c}|^2} = 1$

$$s=\frac{|\vec{a}|^2|\vec{b}|^2|\vec{c}|^2}{|\vec{a}|^2|\vec{b}|^2+|\vec{b}|^2|\vec{c}|^2+|\vec{c}|^2|\vec{a}|^2}$$

したがって

$$\overrightarrow{\mathbf{OH}}=\frac{|\vec{\boldsymbol{b}}|^2|\vec{\boldsymbol{c}}|^2\vec{\boldsymbol{a}}+|\vec{\boldsymbol{c}}|^2|\vec{\boldsymbol{a}}|^2\vec{\boldsymbol{b}}+|\vec{\boldsymbol{a}}|^2|\vec{\boldsymbol{b}}|^2\vec{\boldsymbol{c}}}{|\vec{\boldsymbol{a}}|^2|\vec{\boldsymbol{b}}|^2+|\vec{\boldsymbol{b}}|^2|\vec{\boldsymbol{c}}|^2+|\vec{\boldsymbol{c}}|^2|\vec{\boldsymbol{a}}|^2}$$

◀ x, y, z に s を代入する。

(3) $S=\frac{1}{2}\sqrt{|\overrightarrow{AB}|^2|\overrightarrow{AC}|^2-(\overrightarrow{AB}\cdot\overrightarrow{AC})^2}$

ここで，$|\overrightarrow{AB}|=|\vec{b}-\vec{a}|$，$|\overrightarrow{AC}|=|\vec{c}-\vec{a}|$ より

◀ $\vec{a}\cdot\vec{b}=\vec{b}\cdot\vec{c}=\vec{c}\cdot\vec{a}=0$

$$|\overrightarrow{AB}|^2=|\vec{b}|^2-2\vec{a}\cdot\vec{b}+|\vec{a}|^2=|\vec{a}|^2+|\vec{b}|^2$$

$$|\overrightarrow{AC}|^2=|\vec{c}|^2-2\vec{c}\cdot\vec{a}+|\vec{a}|^2=|\vec{c}|^2+|\vec{a}|^2$$

$$\overrightarrow{AB}\cdot\overrightarrow{AC}=(\vec{b}-\vec{a})\cdot(\vec{c}-\vec{a})=|\vec{a}|^2$$

よって $S=\frac{1}{2}\sqrt{(|\vec{a}|^2+|\vec{b}|^2)(|\vec{c}|^2+|\vec{a}|^2)-(|\vec{a}|^2)^2}$

$$=\frac{\mathbf{1}}{\mathbf{2}}\sqrt{|\vec{\boldsymbol{a}}|^2|\vec{\boldsymbol{b}}|^2+|\vec{\boldsymbol{b}}|^2|\vec{\boldsymbol{c}}|^2+|\vec{\boldsymbol{c}}|^2|\vec{\boldsymbol{a}}|^2}$$

(4) $\vec{a}$，$\vec{b}$，$\vec{c}$ はどの 2 つも直交するから，△OAB，△OBC，△OCA は直角三角形である。

よって $S_1=\frac{1}{2}|\vec{a}||\vec{b}|$，$S_2=\frac{1}{2}|\vec{b}||\vec{c}|$，$S_3=\frac{1}{2}|\vec{c}||\vec{a}|$

ゆえに $|\vec{a}|^2|\vec{b}|^2=4S_1{}^2$，$|\vec{b}|^2|\vec{c}|^2=4S_2{}^2$，$|\vec{c}|^2|\vec{a}|^2=4S_3{}^2$

したがって，(3) の結果より

$$S=\frac{1}{2}\sqrt{4(S_1{}^2+S_2{}^2+S_3{}^2)}=\boldsymbol{\sqrt{S_1{}^2+S_2{}^2+S_3{}^2}}$$

---

13 a，b を正の数とする。空間内の 3 点 A$(a,\ -a,\ b)$，B$(-a,\ a,\ b)$，C$(a,\ a,\ -b)$ を通る平面を α，原点 O を中心とし 3 点 A，B，C を通る球面を S とする。

(1) 線分 AB の中点を D とするとき，$\overrightarrow{DC}\perp\overrightarrow{AB}$ および $\overrightarrow{DO}\perp\overrightarrow{AB}$ であることを示せ。また，△ABC の面積を求めよ。

(2) ベクトル $\overrightarrow{DC}$ と $\overrightarrow{DO}$ のなす角を θ とするとき，$\sin\theta$ を求めよ。また，平面 α に垂直で原点 O を通る直線と平面 α との交点を H とするとき，線分 OH の長さを求めよ。

(3) 点 P が球面 S 上を動くとき，四面体 ABCP の体積の最大値を求めよ。ただし，P は平面 α 上にないものとする。

（九州大）

---

(1) $\overrightarrow{OD}=(0,\ 0,\ b)$ であるから

$$\overrightarrow{DC}=(a,\ a,\ -2b),\ \overrightarrow{DO}=(0,\ 0,\ -b)$$

また，$\overrightarrow{AB}=(-2a,\ 2a,\ 0)$ より

$$\overrightarrow{DC}\cdot\overrightarrow{AB}=a\times(-2a)+a\times 2a+(-2b)\times 0=0$$

$$\overrightarrow{DO}\cdot\overrightarrow{AB}=0\times(-2a)+0\times 2a+(-b)\times 0=0$$

$a>0$，$b>0$ より $\overrightarrow{DC}\neq\vec{0}$，$\overrightarrow{DO}\neq\vec{0}$，$\overrightarrow{AB}\neq\vec{0}$ であるから

$$\overrightarrow{DC}\perp\overrightarrow{AB},\ \overrightarrow{DO}\perp\overrightarrow{AB}$$

また，$|\overrightarrow{DC}|=\sqrt{2(a^2+2b^2)}$，$|\overrightarrow{AB}|=2\sqrt{2}\,a$ であるから，△ABC の面積は

◀

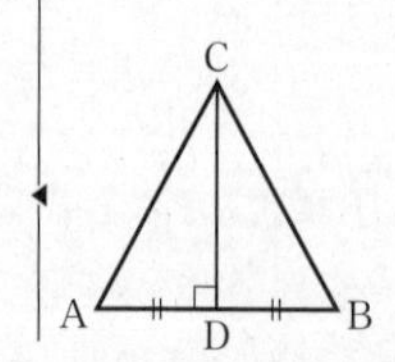

$$\frac{1}{2}|\overrightarrow{DC}||\overrightarrow{AB}|=\frac{1}{2}\sqrt{2(a^2+2b^2)}\cdot 2\sqrt{2}\,a$$

$$= \boldsymbol{2a\sqrt{a^2+2b^2}}$$

(2)　$\overrightarrow{\mathrm{DC}}\cdot\overrightarrow{\mathrm{DO}} = a\times 0 + a\times 0 + (-2b)\times(-b) = 2b^2$ より

$$\cos\theta = \frac{2b^2}{\sqrt{2(a^2+2b^2)}\times b} = \frac{\sqrt{2}\,b}{\sqrt{a^2+2b^2}}$$

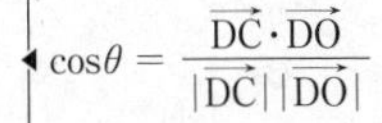

よって　　$\sin\theta = \sqrt{1-\cos^2\theta}$

$$= \sqrt{1-\frac{2b^2}{a^2+2b^2}} = \boldsymbol{\frac{a}{\sqrt{a^2+2b^2}}}$$

◀ $0° < \theta < 180°$ より $\sin\theta > 0$

◀ $a > 0$ より $\sqrt{a^2} = a$

(1)より，AB ⊥ 平面 DOC であるから

平面α ⊥ 平面 DOC

よって，点 H は直線 CD 上にある。

◀ AB ⊥ DC, AB ⊥ DO より

したがって　　$\mathrm{OH} = |\overrightarrow{\mathrm{DO}}|\sin\theta = \boldsymbol{\frac{ab}{\sqrt{a^2+2b^2}}}$

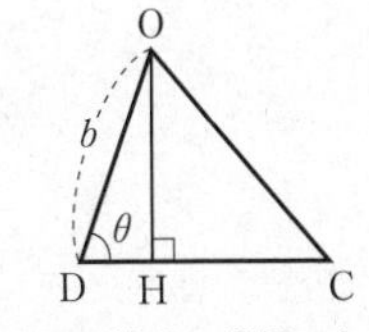

(3)　点 P は球面 S 上を動くことより

$$|\overrightarrow{\mathrm{OP}}| = |\overrightarrow{\mathrm{OA}}| = \sqrt{2a^2+b^2}$$

◀ OP は球 S の半径である。

であり一定であるから，四面体 ABCP の体積が最大となるのは，点 P から平面 α への距離が最大となるとき，すなわち 3 点 P，O，H がこの順に一直線上にあるときである。

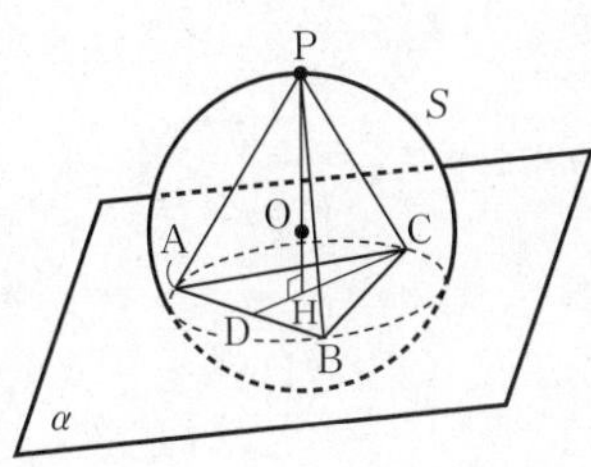

このとき　　$\mathrm{PO}+\mathrm{OH} = \sqrt{2a^2+b^2} + \dfrac{ab}{\sqrt{a^2+2b^2}}$

よって，四面体 ABCP の体積の最大値は

$$\frac{1}{3}\times 2a\sqrt{a^2+2b^2}\times\left(\sqrt{2a^2+b^2}+\frac{ab}{\sqrt{a^2+2b^2}}\right)$$

$$= \boldsymbol{\frac{2a}{3}\left\{\sqrt{(2a^2+b^2)(a^2+2b^2)}+ab\right\}}$$

◀ $\dfrac{1}{3}$ × 底面積 × 高さ

◀ (1)より，△ABC の面積は $2a\sqrt{a^2+2b^2}$